基于 MDK 的 LPC1100 处理器开发应用

李 宁 编著

北京航空航天大学出版社

内 容 简 介

本书介绍了基于 MDK 的 LPC1100 处理器应用开发。全书共 8 章，分为 4 部分：第一部分包括第 1 到第 3 章，详细介绍了 Cortex－M0 处理器的编程模型、存储结构、异常处理机制、指令集、NVIC、系统控制块 SCB 和调试系统等。第二部分包括第 4、5 章，简要介绍了 LPC1100 处理器的系统控制器、片上外设、GPIO 及引脚配置、EM－LPC1100LK 开发板和 MDK 使用方法，并在此基础上给出了一个简单的 LPC1100 例程，是读者学习使用 MDK 进行 LPC1100 处理器应用开发的准备知识。第三部分包括第 6、7 章，介绍了 LPC1110 处理器的所有系统控制以及片上外设，对每个模块都详细介绍其结构、特点及功能，并提供了一个小的应用实例。第四部分为第 8 章，介绍了两个基于 LPC1100 处理器的综合应用实例。

本书既是使用 MDK 进行 LPC1100 处理器应用开发的指导书，还可作为 LPC1100 处理器的开发参考手册。另外，还可以作为 ARM Cortex－M0 的编程入门指南。

图书在版编目(CIP)数据

基于 MDK 的 LPC1100 处理器开发应用/李宁编著. --北京：北京航空航天大学出版社，2010.11

ISBN 978－7－5124－0228－7

Ⅰ. ①基…　Ⅱ. ①李…　Ⅲ. ①微处理器—系统开发　Ⅳ. ①TP332

中国版本图书馆 CIP 数据核字(2010)第 189536 号

基于 MDK 的 LPC1100 处理器开发应用

李　宁　编著

责任编辑　董立娟

*

北京航空航天大学出版社出版发行

北京市海淀区学院路 37 号(邮编 100191)　http://www.buaapress.com.cn

发行部电话：(010)82317024　传真：(010)82328026

读者信箱：emsbook@gmail.com　邮购电话：(010)82316936

北京时代华都印刷有限公司印装　各地书店经销

*

开本：787×960　1/16　印张：16.5　字数：370 千字

2010 年 11 月第 1 版　2010 年 11 月第 1 次印刷　印数：4000 册

ISBN 978－7－5124－0228－7　定价：29.50 元

序

近几十年来，8 位微控制器一直占据着整个嵌入式市场的主导地位。其中，8051 系列芯片的应用最为广泛，然而其指令系统和寻址能力都有着一定的局限性，有时为了提高性能，甚至需对 8051 指令系统进行大幅修改。

随着时代的发展、MCU 应用范围的扩展，市场对更强大性能、更低功耗的低价 MCU 的需要越来越强烈。于是我们 NXP 半导体公司开始寻找 8051 系列芯片的替代品，NXP 公司与 ARM 公司的产品经理也对此开始进行了深入地研讨。当时，Cortex－M3 已经在 32 位处理器市场崭露头角，NXP 也有了相应的 Cortex－M3 处理器 LPC13xx 系列和 LPC17xx 系列，但它们还没有涉足 16 位和高端 8 位处理器市场，在价格上还不能替代 8051 微控制器。

由于意识到 8/16 位微控制器市场是不容忽视的，NXP 公司的微控制器经理与 ARM 公司有了一次会谈，向 ARM 公司定制一个极小的 32 位微控制器，这次会谈的结果就是 Cortex－M0 微处理器的诞生，它主要包含了以下特性：

- 精简的指令集，仅有 56 个指令，向后兼容 ARMv6 指令集(Thumb－2)。
- 增加了一个 32 位输入中断控制器。
- 处理器活动功耗与主流 8/16 位微处理器相当。
- 逻辑门减少到 1 万 2 千个(总逻辑门与 8051 并齐，比 ColdFire v1 少得多)。
- 可以复用已有的 ARM 集成开发环境(IDE)和硬件调试工具。

ARM 的生态系统(编译器、工具、软件、社区等)把 MCU 用户从重复学习和不断的投资中解救了出来。有了 ARM 的良好生态系统，LPC1xx(基于 Cortex－M0)系列处理器一面世就很快吸引了很多合作者提供廉价甚至免费的开发工具、解决方案。除了传统的 MDK 和 IAR 开发工具之外，像 CooCox Tools 这样的免费开发工具，就是 LPC1xx 受世界范围大量支持的证明。CooCox 这种基于云计算采用组件开发模式的开发工具，给开发者提供了一个非常低廉且容易上手的交互平台，开发 LPC1xx MCU 应用所需的各种信息都可从中获得，而且它还成为了众多开发者和爱好者交流 ARM MCU 开发经验及知识的平台。

2009 年 2 月，NXP 的 Cortex－M0 微控制器家族从提供简单外设的 LPC11xx 系列发轫。通过先进的硅几何处理技术，LPC1xx 微控制器的各项性能得到了更高效的发挥，比如 130 nm 工艺可以在每平方毫米的硅片得到 24 万个逻辑门（基于 TSMC 工序），90 nm工艺得到的逻辑门密度则几乎是 130 nm 技术的两倍，这代表着更复杂的功能也可以被集成。2010 年，NXP 发布了带有 CAN 总线的 LPC11C1xx 系列，之后 NXP 还将继续不断地扩展 Cortex－M0 系列，例如，提供 USB 2.0、高速串口等更高级的外设，提供更高级模拟子系统等。

武汉理工大学的 UP 团队为 LPC1xx 微控制器的普及和推广做了很多贡献。首先，他们将 LPC11xx 的数据手册翻译成中文，帮助中国用户更方便地学习；之后他们推出了全新概念的 CooCox Tools，让众多工程师和爱好者能轻松体验 LPC11xx 的强大功能，并可快速进行 LPC1xx 应用开发；这次，李宁博士编写的《基于 MDK 的 LPC1100 处理器开发应用》又为工程师开发 LPC11xx 的应用提供了有力帮助。在此，我要非常感谢武汉理工大学的 UP 团队及李宁博士为 LPC1xx 推广所付出的辛勤劳动，感谢他们为 NXP MCU 普及所做的贡献。

CK. Phua
Strategy & Innovation Manager
Product Line Microcontrollers, NXP Semiconductor

前 言

ARM 于 2009 年 2 月推出了 ARM Cortex-M0 处理器，是市场上现有的最小、能耗最低、最节能的 ARM 处理器。Cortex-M0 能耗非常低、门数量少、代码占用空间小，使得 MCU 开发人员能够以 8 位处理器的价位来获得 32 位处理器的性能。超低门数还使其能够用于模拟信号设备、混合信号设备及 MCU 应用中，可明显节约系统成本，同时保留功能强大的 Cortex-M3 处理器的工具和二进制兼容能力。ARM 凭借其作为低能耗技术的领导者和创建超低能耗设备主要推动者的丰富专业技术，使得 Cortex-M0 处理器在不到 12K 门的面积内能耗仅有 85 μW/MHz。Cortex-M0 把 ARM 的 MCU 路线图扩展到超低能耗 MCU 和 SoC 应用中，如医疗器械、电子测量、照明、智能控制、游戏装置、紧凑型电源、电源和电动机控制、精密模拟系统和 IEEE 802.15.4 (ZigBee)及 Z-Wave 系统。Cortex-M0 处理器还适合诸如智能传感器和调节器的可编程混合信号市场，这些应用在传统上一直要求使用独立的模拟设备和数字设备。

在 ARM 公司发布 Cortex-M0 数周之后，恩智浦半导体(NXP)在 2009 年的嵌入式系统大会上推出了业界首款基于 Cortex-M0 内核的功能性硅芯片，并于 2010 年初推出基于 Coretex-M0 的 LPC1100 系列产品，随后又不断扩展该系列，迅速引起了业界的广泛关注。

本书是一本介绍基于 MDK 进行 LPC1100 处理器应用开发的书籍。全书共分 8 章，可以分为如下 4 个部分：

第一部分包括第 1～3 章，介绍 Cortex-M0 处理器内核。在对 Cortex-M0 处理器结构做基本介绍的基础上，详细介绍了 Cortex-M0 处理器的编程模型、存储结构、异常处理机制、指令集、NVIC、系统控制块 SCB 和调试系统等，以帮助读者熟悉和掌握 Cortex-M0 处理器应用开发的基本知识。

第二部分包括第 4、5 章，分别简要介绍了 LPC1100 处理器的系统控制器、片上外设、GPIO 及引脚配置、EM-LPC1100 开发板和 MDK 使用方法，并在此基础上给出了一个简单的 LPC1100 例程，通过这个例程读者可以初步掌握使用 MDK 进行 LPC1100 处理器应用开发的准备知识。关于 MDK 的详细介绍，读者可以参考《ARM 开发工具 RealView MDK 使用入门》一书。

第三部分包括第 6、7 章，分别介绍 LPC1114 处理器的所有片上控制器和外设，对于

每个接口模块的结构、特点、功能及所有相关寄存器进行了介绍，并在此基础上为读者提供一个小的应用实例，所有的实例都给出硬件原理图、部分源代码及运行结果。读者可以根据自己的应用需求，有选择地阅读相关章节。另外，为了满足不习惯阅读英文手册读者的需求，作者组织了武汉理工大学 UP 团队的一些学生对 LPC1100 手册的一些章节做了翻译，放在 up. whut. edu. cn 上；这些中文手册没有经过严格的校对，不用于生产和研发，仅供读者参考，也特别欢迎读者能帮助我们修正其中的错误。

第四部分是第 8 章，介绍了两个基于 LPC1100 处理器的综合应用实例。其中，第一个应用实例是 CoOS_Blinky，主要介绍如何将实时操作系统 CoOS 移植到 LPC1100 上去，并实现多任务调度；第二个应用实例是 Energy Friendly Socket，这是一个无线传感器网络节点的实例，通过 LPC1114 处理器实现对每个插座的电量检测及智能控制，实现经济、合理的用电策略。第二个实例是 UP 团队刘翠玲等同学参加 NXP Cortex - M0 LPC1100 Design Challenge 作品的一部分，该项目进入决赛排名第四，并最终获得了 NXP 的 HONORABLE MENTIONS 奖。

在本书的写作过程中得到各方面的支持和帮助。首先，本书写作得到 NXP 公司和 Embest 公司的大力支持，NXP 公司在第一时间为作者提供了 LPC1114 样片、开发板和相关资料；Embest 公司则为作者提供了最新的 MDK 中国版和仿真器，并在技术上给作者提供了大量的无私帮助，在此要对 NXP 公司的王朋朋、张林，Embest 公司的刘炽、廖武、刘鑫、景朝斌、周麒、张斌、范佳等资深工程师表示感谢。其次，要感谢武汉理工大学计算机科学与技术学院 UP 团队的硕士研究生：刘翠玲、王冲、段义鹏、宋薇、冯义力、张国琛、张孟东、范云龙、王博、李明、成虎超、卢涛、姚金波，他们完成了大量而繁杂的资料收集整理工作，并帮助完成例程的部分编写及测试工作；本书是他们汗水的结晶，LPC1100 处理器中文手册也是他们努力的结果。最后要感谢北京航空航天大学出版社的编辑，对于本书的内容安排、文字校对以及出版等方面给了作者大量有益的建议和帮助。另外，本书借鉴和使用了 ARM 公司网站的内容、MDK 软件的帮助、NXP 公司数据手册、CooCox OS 手册，这些已经得到了 ARM 公司和 NXP 公司的授权。

为了让广大的嵌入式开发者能尽快地得到一本使用 MDK 进行 Cortex - M0 处理器应用开发的书籍，本书的写作在时间上非常仓促，加上作者水平所限，书中难免会有一些错误，敬请各位读者批评指正。作者非常乐意为广大读者提供力所能及的帮助，作者的电子邮箱是 ningli_2008@163. com。另外，为了节省成本，本书不附带例程光盘，所有例程都可在 up. whut. edu. cn 或 www. embedinfo. com 网站上下载。

武汉理工大学 计算机科学与技术学院

李 宁 博士

2010 - 8 - 8

目 录

第1章

Cortex－M0 处理器简介

ARM 公司于 2009 年 2 月推出了 ARM Cortex－M0 处理器，该处理器一出现即得到来自业界的大量关注。目前，市场上已经出现了多种基于 ARM Cortex－M0 核的微控制器，如 NXP 公司（恩智浦半导体公司）的 LPC1100 系列、Nuvoton 公司的 NuMicro 系列等。

本章简要介绍 ARM Cortex－M0 处理器的特点、应用领域、基本结构以及 NXP 公司的 LPC1110 系列 ARM Cortex－M0 处理器。

1.1 Cortex－M0 处理器的特点

ARM Cortex－M0 是市场上现有的面积最小、能耗最低的 ARM 处理器。该处理器能耗非常低、门数量少、代码占用空间小，使得 MCU 开发人员能够以 8 位处理器的价位获得 32 位处理器的性能；以 16 位的资源占用来提供 32 位的性能和效率，是超低功耗 MCU 和混合信号应用的理想之选。其主要特点为：

1）32 位的性能和效率

Cortex－M0 是 32 位的 RISC 处理器，基于 ARMv6－M 架构，为 3 段流水线的冯诺·依曼结构。该处理器使用 ARMv6－M Thumb 指令集，包含 Thumb－2 技术；因此该处理器拥有 32 位处理器的高性能，又有着比 8 位、16 位处理器更好的代码密度。

2）小尺寸、低功耗

Cortex－M0 处理器的门数不到 12 000 门，如果使用 180 nm 超低漏电（ULL）的工艺，其功耗仅为 85 μW/MHz，而其性能可达到 0.9 DMIPS/MHz。另外，Cortex－M0 处理器具有的睡眠模式和深度睡眠模式可以进一步节省功耗。因此，Cortex－M0 处理器将更多地应用于电池供电的应用之中。

3）高效而且可确定的中断处理

Cortex－M0 处理器内置一个紧密连接的可配置的内嵌向量中断控制器（Nested Vectored InterruptController，NVIC），以实现中断服务程序（ISR）的高速执行。同时，还采用硬件实现寄存器堆栈、尾链（Tail－chaining）、抢占（Preemption）、迟到（Late－arriving）等技术，大大降低了中断处理延迟。而且中断处理程序不需要任何汇编封装代码，去掉了 ISR 的所有多余代码开销。

Cortex - M0 处理器的指令执行时间和中断处理时间都是可确定的，因此其中断处理是可确定的。

4) 硬件乘法器

Cortex - M0 处理器提供两种硬件乘法器可选，以实现性能或尺寸优化：

- 单周期乘法器，以实现高性能的优化；
- 32 周期乘法器，以实现面积的优化。

5) 简单易用

编程模型简单，没有 ARM7、ARM9 那么多工作模式，指令集简单。更重要的是可以 100%使用 C 语言编程。

6) 良好的兼容性

Cortex - M0 处理器的工具及二进制代码可以向上兼容其他 Cortex - M 系列处理器，因此非常方便用户将其应用进行移植和扩展。

7) 方便的调试接口

IC 厂商在实现 Cortex - M0 处理器时，可选 0～4 个硬件断点、0～2 个观测点。另外，厂商可以选择 JTAG 或 SWD 接口作为调试端口。

由于 Cortex - M0 具有以上特性，因此它特别适用于医疗器械、电子测量、照明、智能控制、游戏装置、电源控制、电机控制、精密模拟系统、ZigBee 及 Z - Wave 系统等领域。

另外，Cortex - M0 处理器还适用于可编程混合信号应用，比如以往需要使用单独模拟和数字设备的智能传感器和传动装置。

1.2 Cortex - M0 处理器的基本结构

ARM Cortex - M0 处理器的基本结构如图 1 - 1 所示，除了 Cortex - M0 处理器核之外，还包括 NVIC、总线矩阵、唤醒中断控制器（Wakeup Interrupt Controller，WIC）、调试部件、调试访问接口（Debug Access Port，DAP）。其中，WIC、调试部件及 DAP 是可选部件。下面将分别对这些部件做简要介绍。

1) Cortex - M0 处理器核

处理器核 Coretx - M0 Core 是 Cortex - M 系列中最低端的结构，主要特点有：

- 使用 ARMv6 - M Thumb 指令集；
- 采用 Thumb2 指令集；
- 采用 von Neumann 结构；
- 三段流水线；
- 可选 ARMv6 - M 兼容 24 位系统定时器；

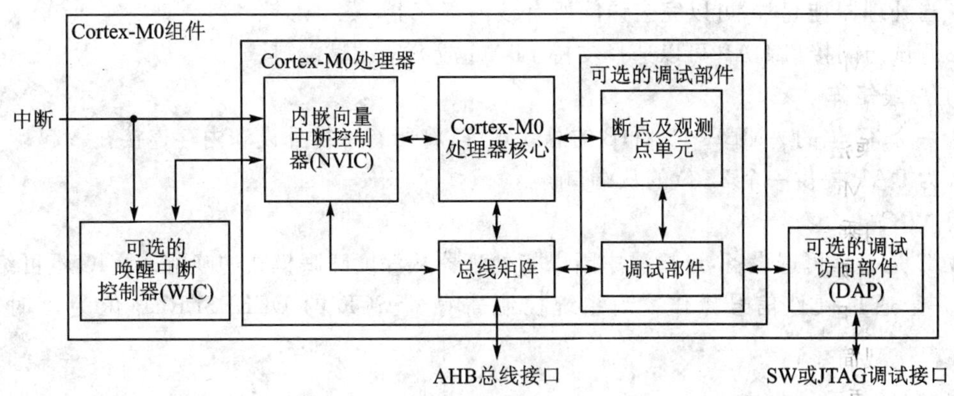

图 1－1　ARM Cortex－M0 处理器基本结构

- 带 32 位硬件乘法器，有单周期或者 32 周期两种可选；
- 支持小端访问和字节不变的大端访问；
- 有 Handler 和 Thread 两种操作模式；
- 支持随眠和深度睡眠两种低功耗模式；
- Cortex－M0 核内部包含 13 个通用 32 位寄存器 R0～R12、2 个堆栈指针寄存器 SP、链接寄存器 LR、程序计数寄存器 PC 和程序状态寄存器 PSR。

2）NVIC

NVIC 是 Cortex－M0 实现快速中断处理的关键部件，主要特点有：

- 可选 1、2、4、8、16、24、32 个外部中断，有 4 个优先级；
- 有一个不可屏蔽中断 NMI；
- 支持电平触发和边沿触发中断；
- 采用硬件实现寄存器堆栈、尾链、抢占、迟到等技术，降低中断处理延时；
- 可选 WIC，支持超级功耗随眠模式。

3）调试部件及调试访问接口

调试部件是可选的，主要特点有：

- 0～4 个硬件断点；
- 0～2 个硬件观测点；
- 如果至少有一个硬件数据观测点，则可使用程序计数采样寄存器(Program Counter Sampling Register，PCSR)进行非打扰的代码性能分析；
- 具有单步和向量捕捉能力；
- 使用 BKPT 指令，支持无限量的软件断点；
- 可非打扰地访问核外设、通过总线矩阵连接的零等待系统从设备，即使在处理器运行时，调试器也可以访问这些设备和内存；

➢ 当处理器挂起时,可以完全访问所有核内寄存器;

➢ 调试访问接口 DAP 可以选择支持 JTAG 或 SW 调试端口。

4) 总线矩阵

➢ 一个 32 位的 AMBA-3AHB 的总线矩阵,将所有系统外设和内存连接在一起;

➢ 为 DAP 提供一个 32 位的从端口。

5) WIC

WIC 是一个可选设备,可检测中断以将处理器从深度睡眠模式中唤醒。WIC 不可编程设置,它完全通过硬件信号操作。当系统控制寄存器 SCR 的 DEEPSLEEP 位为 1 时,WIC 工作。

1.3 LPC1100 系列处理器

2009 年 11 月,NXP 公司推出了基于 ARM Cortex-M0 的 LPC1100 系列 MCU。LPC1100 以每秒 4 500 多万条指令的性能让 8 位(每秒不到 100 万条指令)及 16 位(每秒 300 万~500 万条指令)MCU 相形见绌;它不仅能执行基本的控制任务,还能进行繁锁的运算。在高执行效率的同时,还实现了低功耗,目前 LPC1100 频率为 50 MHz,其平均电流不到 10 mA。

2010 年,第一批面市的 LPC1100 处理器是 LPC1110 系列,有 4 种产品,能满足所有那些寻求用可扩展 ARM 架构来进行整个产品开发过程的 8/16 位用户,满足其产品开发无缝整合需求。在未来,NXP 还将会推出具有各种特色 LPC1100 处理器系列,如带 USB 接口的、带 CAN 接口的、带高精度时钟的、带高精度 ADC 的、带大容量片上 Flash、超小封装的各种系列。本节介绍 LPC1110 MCU 的性能特点、产品系列、基本结构和开发工具。

1.3.1 LPC1110 处理器的性能特点

LPC1110 处理器的基本功能特性如下:

➢ ARM Cortex-M0 处理器,工作频率高达 50 MHz。

➢ 片上 Flash 分别为:32 KB (LPC1114)、24 KB (LPC1113)、16 KB (LPC1112)或 8 KB (LPC1111)。

➢ 片上 SRAM 高达 8 KB。

➢ 可通过片上引导(bootloader)软件实现现场编程(ISP)和在线编程(IAP)。

➢ 串行接口:

——UART:带分数波特率发生器、内部 FIFO,支持 RS-485/EIA-485 总线和 modem 控制。

——SPI:最多可有两个具有 SSP 特性的、带 FIFO 的 SPI 控制器(第二个 SPI 只在

LQFP48 和 PLCC44 封装中存在)，能兼容多种协议。

- I^2C:支持全速 I^2C 总线规格和增强快速模式(速率可达到 1 Mbit/s，具有多地址识别监听模式)。
- 其他外设:
  ——多达 42 个带有可配置上拉/下拉电阻的 GPIO 引脚。
  ——每个引脚有大电流(20 mA)驱动输出。
  ——两个 I^2C 总线引脚在增强快速模式时，为大电流灌入驱动(20 mA)。
  ——4 个通用定时器/计数器(共 4 个捕获输入和 13 个比较输出)。
  ——看门狗定时器(WDT)。
  ——系统嘀嗒定时器。
- 串行线调试(SWD)。
- 集成 PMU(功耗管理单元)，可自动调整其内部电压调节器，以最小化睡眠、深度睡眠和深度掉电模式期间的功耗。
- 3 种省电模式:睡眠、深度睡眠和深度掉电。
- 单一3.3 V 供电(1.8～3.6 V)。
- 8 通道 10 位 ADC。
- GPIO 引脚可以用作对边沿和电平敏感的中断源。
- 带分频器的时钟输出功能可以反映主振荡器时钟 IRC 时钟、CPU 时钟和看门狗时钟的状态。
- 多达 13 个功能引脚可通过一个专门的启动逻辑来将处理器从深度睡眠模式中唤醒。掉电检测具有 4 个独立的阈值，用于产生中断和强制复位。
- 上电复位(POR)。
- 晶体振荡器的工作范围为 1 MHz～25 MHz。
- 12 MHz 内部 RC 振荡器精度误差不超过 1%，可以选择作为系统时钟使用。
- 可以使用主振荡器和内部 RC 振荡器。PLL 允许 CPU 达到最高工作频率而不需要外部高频振荡器。
- 具有用于识别的唯一设备序列号。
- 有 LQFP48、PLCC44 和 HVQFN33 这 3 种封装形式。

1.3.2 LPC1110 处理器的产品系列

LPC1110 系列处理器目前有 5 种：LPC1111、LPC1112、LPC1113、LPC1114 和 LPC11C1X，封装形式有 3 种。LPC1110 系列处理器的型号如表 1－1 所列。

表 1-1　LPC1110 系列处理器型号列表

编　号	Flash	SRAM	UART	I^2C	ADC	ADC 通道	C_CAN	封装形式
LPC1111								
LPC1111FHN33/101	8 KB	2 KB	1	1	1	8	—	HVQFN33
LPC1111FHN33/201	8 KB	4 KB	1	1	1	8	—	HVQFN33
LPC1112								
LPC1112FHN33/101	16 KB	2 KB	1	1	1	8	—	HVQFN33
LPC1112FHN33/201	16 KB	4 KB	1	1	1	8	—	HVQFN33
LPC1113								
LPC1113FHN33/201	24 KB	4 KB	1	1	1	8	—	HVQFN33
LPC1113FHN33/301	24 KB	8 KB	1	1	1	8	—	HVQFN33
LPC1113FBD48/301	24 KB	8 KB	1	1	2	8	—	LQFP48
LPC1114								
LPC1114FHN33/201	32 KB	4 KB	1	1	1	8	—	HVQFN33
LPC1114FHN33/301	32 KB	8 KB	1	1	1	8	—	HVQFN33
LPC1114FBD48/301	32 KB	8 KB	1	1	2	8	—	LQFP48
LPC1114FA44/301	32 KB	8 KB	1	1	2	8	—	PLCC44
LPC11C1X								
LPC11C12FBD48/301	16 KB	8 KB	1	1	2	8	1	LQFP48
LPC11C14FBD48/301	32 KB	8 KB	1	1	2	8	1	LQFP48

其中，HVQFN33 是塑封高耐热型超薄四侧引脚扁平封装，无引脚，33 个接线端子，体积为 7 mm×7 mm×0.85 mm；LQFP48 是塑封薄小型方块平面封装，48 引脚，体积 7 mm×7 mm×1.4 mm；PLCC44 是塑封有引线芯片载体，44 引脚。

1.3.3　LPC1110 处理器的基本结构

LPC1110 系列处理器的内部结构如图 1-2 所示。

1.3.4　LPC1100 处理器的开发工具

目前已有多种支持 LPC1110 处理器的开发工具，既有第三方提供的专业工具，也有 NXP 公司提供的简易开发工具，还有免费的工具。用户可以根据自身习惯、经济条件、目标以及需求来选择适合的开发工具。

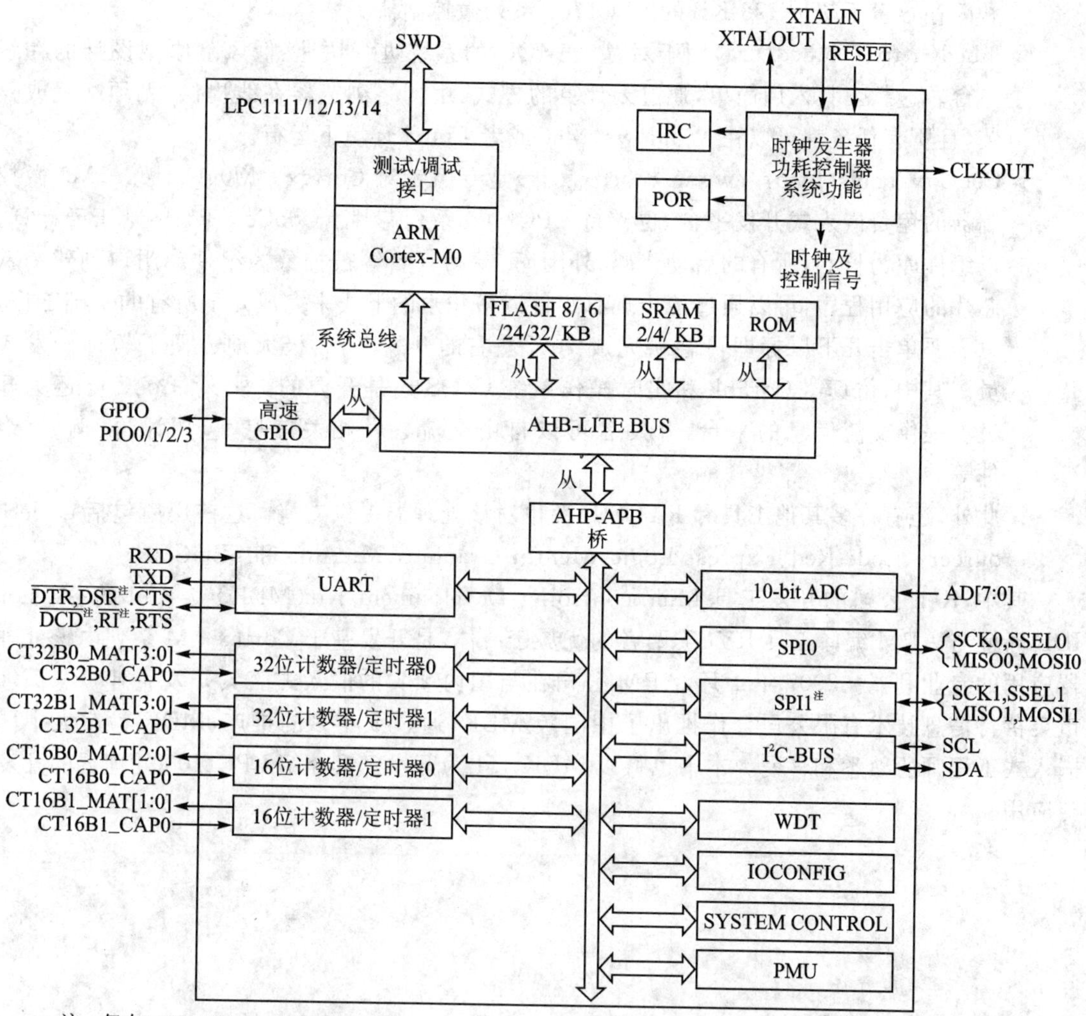

图 1－2 LPC1110 系统处理器内部结构

主要的开发环境有：

➢ Keil 公司的 RealView MDK(www. keil. com)，采用 ARM 的 RVCT 编译工具链，支持几乎所有基于 ARM 的 MCU 处理器。

➢ IAR 公司的 EWARM(www. iar. com)，采用 ICCARM 编译器，支持几乎所有基于 ARM 的 MCU 处理器。

➢ LPCXpresso(http://ics. nxp. com/lpcxpresso)，是 NXP 针对采用 ARM 核的 LPC 系列 MCU 推出的一款低成本在线开发工具平台，全面支持目前的 LPC1100、LPC1300

和闪存容量不超过 128 KB 的 LPC1700 系列微控制器。

- mbed(http://mbed.org)用于对基于 MCU 的系统进行快速、低风险原型设计的在线平台。这款工具入门简单，通过云计算的方式，由网络浏览器在线提供，无须配置或安装，且所有任务都可以在 Windows、Mac 或者 Linux 环境下运行。
- CooCox Tools(http://www.coocox.org)是专门针对 Cortex-M0、Cortex-M3 微控制器的免费嵌入式开发平台，也支持 LPC1100 系列芯片。CooCox Tools 基于云计算、以组件库为核心，所有的启动代码、外围库、驱动、OS 等被抽象为组件。用户创建一款芯片的应用程序，可以通过使用现有组件以搭积木的形式来完成几乎所有的基础工作，只需要单击几下鼠标即可轻松完成 70%左右的开发工作，极大地方便了软件开发人员。其中，仿真器 CoLink 和实时操作系统 CoOS 还是开源的。另外，CooCox 还为开发者提供交流信息的平台，开发者可以自由交流各种相关信息，包括评论、例程、组件等。
- 此外，还有许多其他工具和 RTOS 厂商也对该处理器提供支持。这些厂商包括 CodeSourcery、Code Red、Express Logic、Mentor Graphics、Micrium 和 SEGGER。

其中，Keil 公司的开发工具 Microcontroller Development Kit(MDK)集 Keil 的 μVision IDE 环境与 ARM 编译工具 RVCT 两者的优势于一体，是开发基于 Cortex-M 系列内核处理器应用的专业利器。2007 年 4 月，ARM 公司在与国内顶尖的嵌入式工具开发企业——深圳市英蓓特信息技术有限公司合作推出了中国版 MDK，通过 3 年多的推广，MDK 为广大中国嵌入式工程师所熟悉和喜爱。本书也将以 MDK 4.1 为开发工具介绍 LPC1100 处理器的开发与应用。

第 2 章

Cortex - M0 处理器编程模型

LPC1100 处理器所采用的 Cortex - M0 核是 ARMv6 - M 架构。为了能让读者对 Cortex - M0 处理器有所了解，本章主要介绍 Cortex - M0 处理器的编程模型，包括该处理器的寄存器、工作方式、存储系统、指令集、中断异常处理等。这些是读者编写、调试基于 Cortex - M0 处理器的应用程序必须掌握的基本知识。

Cortex - M0 处理器的编程模型与 Cortex - M3 有较多相似之处，熟悉 Cortex - M3 的读者，可以快速地略读本章。

2.1 处理器核寄存器组

Cortex - M0 处理器的寄存器组如下：

- 13 个通用寄存器：R0～R12；
- 分组栈指针寄存器：R13(PSP 和 MSP)；
- 链接寄存器：R14；
- 程序计数器：R15；
- 程序状态寄存器：PSR(APSR、IPSR 和 EPSR)；
- 中断屏蔽寄存器组：PRIMASK；
- 控制寄存器：CONTROL。

Cortex - M0 处理寄存器如图 2 - 1 所示。

1. 通用寄存器

R0～R12 是 32 位通用寄存器，用于数据操作，绝大多数指令可以使用。

2. 堆栈指针寄存器

寄存器 R13 用于栈指针(SP)。在 Thread 模式中，CONTROL 寄存器的位[1]用于指示堆栈指针寄存器当前的用途：

- 0＝主堆栈指针(MSP)，复位值；
- 1＝进程堆栈指针(PSP)。

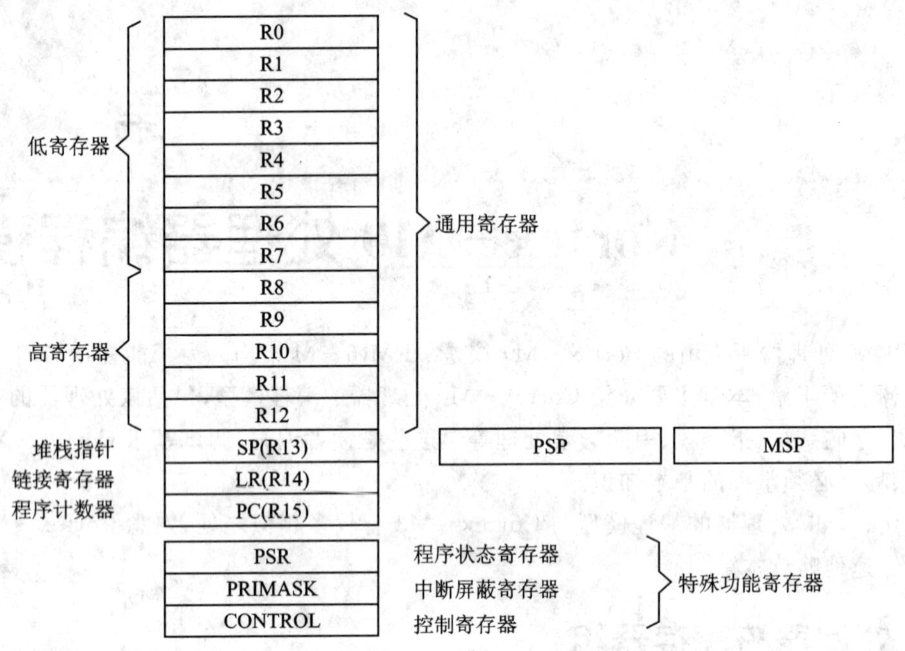

图 2-1 Cortex-M0 处理器寄存器

复位时,处理器将地址 0x00000000 处的内容装载到 MSP 中。

3. 链接寄存器

寄存器 R14 是链接寄存器(LR),用于存放子程序、函数调用和异常处理的返回信息。处理器复位时,R14 的值未知。

4. 程序计数寄存器

寄存器 R15 为程序计数器(PC),包含当前程序的地址,复位时将地址 0x00000004 处的内容装载入 R15 中。该寄存器的位[0]在复位时总为 1,并被装入到 EPST 寄存器的 T 位中,也就是 Cortex-M0 处理器处于 Thumb 状态,使用 Thumb 指令集。

5. 状态寄存器

在系统层,处理器状态可分为 3 种类型:Application、Interrupt 和 Execution,与之对应的有 3 个程序状态寄存器(PSR): APSR、IPSR 和 EPSR。这 3 个寄存器实际上是合成一个的,可以使用 MRS 和 MSR 指令来访问。在进入异常时,处理器会把该寄存器的信息入栈。

(1) APSR

APSR 包含上一条指令执行后的条件标志的状态,如图 2-2 所示,寄存器位域定义见表 2-1。

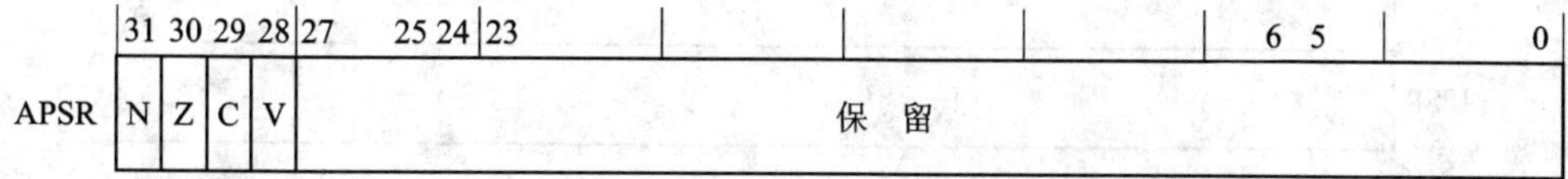

图 2-2 APSR寄存器

表 2-1 APSR寄存器各位域定义

位 域	名 称	说 明
[31]	N	负数或小于标志 1=负数或小于;0=正数或大于
[30]	Z	零标志 1=结果为零;0=结果非零
[29]	C	进位/借位标志 1=进位或借位;0=无进位或借位
[28]	V	溢出标志 1=溢出;0=无溢出
[27:0]	—	保留

(2) IPSR

IPSR包含当前正在执行的中断服务子程序(ISR)的异常号,如图2-3所示,寄存器位域定义见表2-2。

表 2-2 IPSR寄存器各位域定义

位 域	名 称	说 明
[31:6]	—	保留
[5:0]	异常号	当前异常号: 0=Thread模式;1=保留;2=NMI; 3=HardFault;4~10=保留;11=SVCall; 12~13=保留;14=PendSV; 15=SysTick,如果不配置则保留;16=IRQ0 ⋮ n+15=IRQ(n-1); (n+16)-63=保留

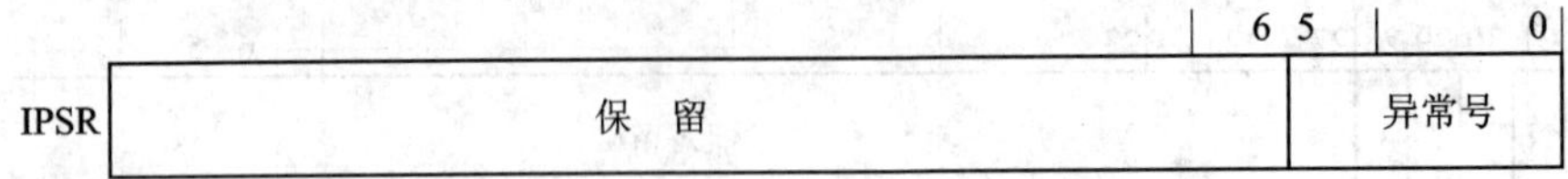

图 2-3 IPSR 寄存器

在 LDM 或 STM 指令执行过程中如果发生中断，则处理器放弃批量读取或批量存放操作；如果乘法指令采用 32 周期实现，而在乘法指令执行过程中发生中断，则处理器也放弃该指令。在中断服务结束之后，处理器将从被放弃的指令开始重新继续执行。

(3) EPSR

EPSR 包含 Thumb 状态位。EPSR 如图 2-4 所示，其位域定义见表 2-3。

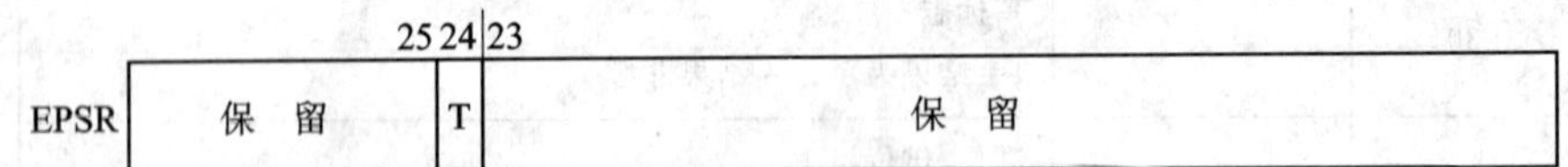

图 2-4 EPSR 寄存器

表 2-3 EPSR 寄存器各位域定义

位 域	名 称	说 明
[31：25]	—	保 留
[24]	T	Thumb 状态位，Cortex-M0 处于 Thumb 状态
[23：0]	—	保 留

在应用程序中使用 MRS 指令读 EPSR，将总是返回 0；试图用 MRS 写 EPSR 寄存器则被忽略。在故障处理程序，可以通过压栈的 RSR 寄存器来检测 EPSR，以确定产生故障的原因。

以下方法可以将 T 位清 0：

- BLX、BX 和 POP{PC}指令；
- 在异常处理返回时，用压栈的 xPSR 值来恢复 EPSR；
- 异常处理入口向量值的[0]位为 0。

当 T 位为 0 时，执行一条指令将导致硬故障或者锁定。

6. 中断屏蔽寄存器

PRIMASK 寄存器用于屏蔽所有可配置优先级的异常，对于时序要求非常严格的代码序列，有时需要屏蔽异常的发生。除了可通过使用 MRS 和 MSR 指令访问 PRIMASK 寄存器之外，还可使用专用的 CPS 指令来进行设置。

PRIMASK 如图 2-5 所示，其各位分配及含义见表 2-4。

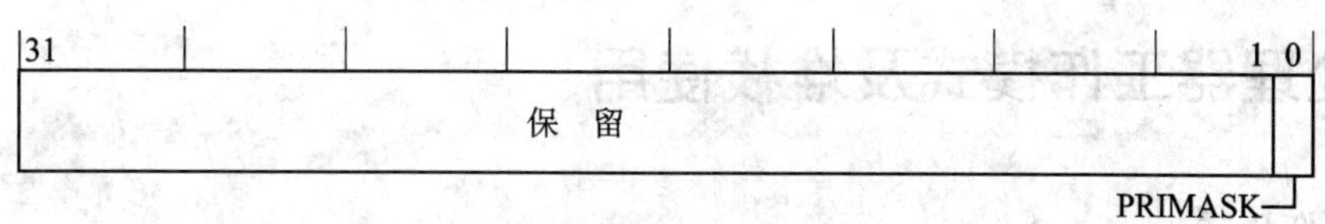

图 2-5 PRIMASK 寄存器

表 2-4 PRIMASK 寄存器位域定义

位 域	名 称	说 明
[31:1]	—	保留
[0]	PRIMASK	0=无影响 1=屏蔽所有可配置优先级的异常

7. 控制寄存器

控制寄存器 CONTROL 用于选择在 Thread 模式下当前使用哪个堆栈指针。该寄存器如图 2-6 所示,各位域定义如表 2-5 所列。

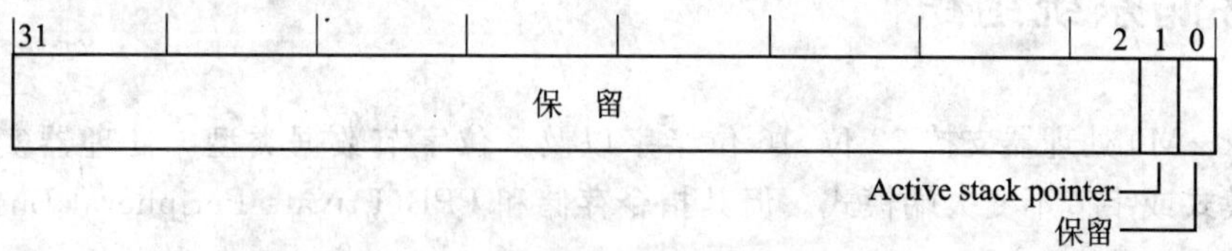

图 2-6 CONTROL 寄存器

表 2-5 CONTROL 寄存器各位域定义

位 域	名 称	说 明
[31:2]	—	保 留
[1]	Active stack pointer	定义当前堆栈: 0=MSP 作为当前堆栈;1=PSP 作为当前堆栈。 在 Handler 模式下,该位读为 0,不可写
[0]	—	保 留

注意,如果要更换堆栈,则软件在使用 MSR 指令后一定要使用 ISB 指令;这可以确保在 ISB 之后的指令都将使用新的堆栈指针。

2.2 处理器工作模式及堆栈使用

(1) 工作模式

Cortex-M0 处理器有 Thread 和 Handler 两种工作模式，分别适用于普通应用程序代码和异常处理代码。

- Thread 模式，用于执行应用程序，当处理器完成复位处理之后即进入 Thread 模式。
- Handler 模式，用于异常处理，当处理器完成所有异常处理之后进入 Thread 模式。

(2) main 栈和 process 栈

Cortex-M0 处理器可使用两个满递减堆栈：主栈(main stack)和进程栈(process stack)，任何时候仅有一个栈可见。这两个栈的指针寄存器分别是 MSP 和 PSP，均为寄存器 R13，可参见 2.1 节。

在 Thread 模式下，由 CONTROL 寄存器的[0]位控制处理器使用主栈还是进程栈。在 Handler 模式下，处理器固定使用主栈。

2.3 存储系统组织

Cortex-M0 处理器支持 32 位、16 位半字以及 8 位字节数据类型。处理器实现时，可以采用小端模式或字节不变大端模式。但其指令存储和 PPB(Private Peripheral Bus)访问总是采用小端模式。

2.3.1 Cortex-M0 处理器的存储模型

Cortex-M0 处理器的存储映射关系是固定的，地址空间有 4 GB，如图 2-7 所示。其中，1 MB 的 PPB(Private peripheral bus)地址区域用于处理器及核内设备。

在图 2-7 中，存储映射被分成多个区，每个区都有其存储类型，有些区还有附加属性。存储类型及附加属性决定了如何访问该存储区。

1. 存储类型

普通型(Normal)：为了提高效率或执行预测读，处理器可以对该类型存储器的存取操作进行重排序。

设备型(Device)：该类型存储器与设备型或强顺序型存储器之间的存取操作，处理器将保持其顺序。

强顺序型(Strongly-ordered)：任何与该类型存储器相关的存取操作，处理器将保持其顺序。

对于设备型和强顺序型存储器的不同顺序要求，意味着存储系统可以将一个写操作缓存

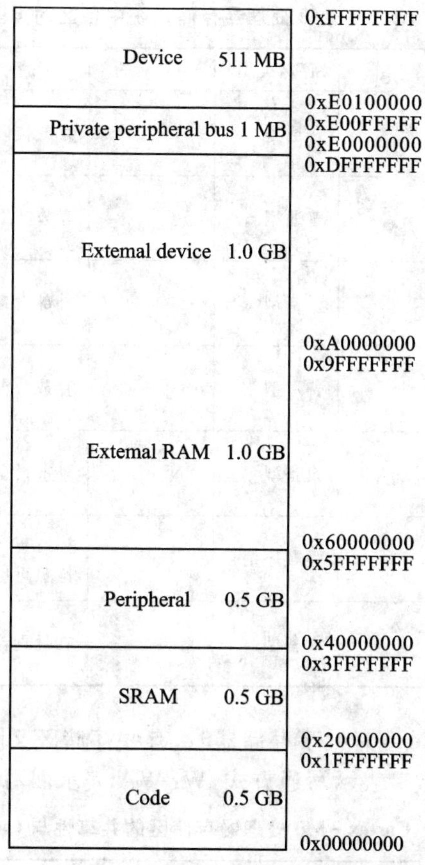

图 2－7　Cortex－M0 处理器存储映射图

到一个设备型存储器中，但是不能缓存到一个强顺序型的存储器中。

2. 附加属性

可共享属性(Shareable)：对于可共享的存储区，在多总线主设备系统中，存储系统可提供主设备之间的数据同步，比如某个带有 DMA 控制器的处理器。强顺序型存储器都具有可共享属性。如果多个总线主设备访问一个不可分享的存储区域，必须通过软件来保证多个总线主设备之间的数据一致性。仅当处理器在共享存储器的多处理器系统中时，该属性才有关系。

不可执行属性(Execute Never)：处理器将阻止不可执行存储区指令的执行。如果从一个不可执行存储区取指令并执行，则产生一个硬故障。

图 2－7 所示的 Cortex－M0 处理器存储系统中，各区的类型如表 2－6 所列，其中，Code、SRAM 和 external RAM 区可以存放程序。

表 2-6 Cortex-M0 处理器存储系统中各区的类型与属性

地址范围	存储区	存储类型	可执行否	描 述
0x00000000～0x1FFFFFFF	Code	普通型	—	存放代码的可执行区，也可以放数据
0x20000000～0x3FFFFFFF	SRAM	普通型	—	存放数据的可执行区，也可以放代码
0x40000000～0x5FFFFFFF	Peripheral	设备型	XN	外部设备存储区
0x60000000～0x9FFFFFFF	External RAM	普通型	—	存放数据的可执行区
0xA0000000～0xDFFFFFFF	External devicc	设备型	XN	外部设备存储区
0xE0000000～0xE00FFFFF	Private Peripheral Bus	强顺序型	XN	该区包含 NVIC、系统时钟、系统控制块。该区只可以进行字访问
0xE0100000～0xEFFFFFFF	Device	设备型	XN	在处理器实现时定制

当一个系统中包含 Cache 或者共享存储器时，有些存储区又附加访问约束，有些区被再次细分，如表 2-7 所列，其中 WT 表示写通方式，WBWA 表示回写方式。

表 2-7 Cortex-M0 处理器存储区的共享性与 Cahce 方式

地址范围	存储区	存储类型	可共享性	Cache 方式
0x00000000～0x1FFFFFFF	Code	普通型	—	WT
0x20000000～0x3FFFFFFF	SRAM	普通型	—	WBWA
0x40000000～0x5FFFFFFF	Peripheral	设备型	—	—
0x60000000～0x7FFFFFFF	External RAM	普通型	—	WBWA
0x80000000～0x9FFFFFFF				WT
0xA0000000～0xBFFFFFFF	External Device	设备型	可分享	—
0xC0000000～0xDFFFFFFF			不可分享	—
0xE0000000～0xE00FFFFF	Private Peripheral Bus	强顺序型	可分享	—
0xE0100000～0xFFFFFFFF	Device	设备型	—	—

3. 存储访问的顺序关系

对于多数显式的存取指令所产生的存储器访问，存储系统不能保证指令的顺序与实际操作的顺序是一致的，而且对指令的重排序并不会影响到指令序列的行为结果。但存储系统要保证设备型存储器访问操作和强顺序存储器访问操作的正确顺序关系，如表 2－8 所列，其中 A1 指令发生在 A2 指令之前，“—”表示存储系统将不保证访问之间顺序，“<”表示在 A2 执行之前 A1 的访问必须已完成。

表 2－8　两个存储器访问指令之间的关系

A1	A2			
	访问普通型	访问设备型，不可共享	访问设备型，可共享	访问强顺序型
访问普通型	—	—	—	—
访问设备型、不可共享	—	<	—	<
访问设备型、可共享	—	—	<	<
访问强顺序型	—	<	<	<

如果一定要完全按照指令序列来执行，则需要在两个存储访问指令之间插入一个存储隔离指令 DMB、DSB 或 ISB。这 3 条隔离指令的功能分别为：

① DMB：数据存储隔离指令，确保 DMB 之前所有显式存储访问完成之后，其后的存储访问才可以开始执行。

② DSB：数据同步隔离指令，当 DSB 之前所有的显式存储访问完成之后，其后的指令才可以开始执行。

③ ISB：指令同步隔离指令，在 ISB 后续的指令被取之前，处理器的流水线必须被清空。

2.3.2　LPC1110 处理器的存储系统

LPC1110 处理器的存储器和外设的地址空间分配如图 2－8 所示。其中，AHB 外设区域大小为 2 MB，可以被划分成最多支持 128 个外设使用。在 LPC1110 上，GPIO 端口是唯一的 AHB 外设。APB 外设区域大小为 512 KB，可以划分成最多支持 32 个外设划分使用。任意一种类型的外设实际都分配 16 KB 的空间，这样可以简化每个外设的地址解码。

所有的外设寄存器地址，无论大小，都是 32 位字对齐，这表示访问字寄存器和半字寄存器都需要一个周期。因此，无法单独读写一个字的高字节。

LPC1110 处理器的 Flash 配置有所不同，LPC1111 为 8 KB、LPC1112 为 16 KB、LPC1113 为 24 KB、LPC1114 为 32 KB。

2.3.3　LPC1110 处理器的 Boot ROM

Boot ROM 是 LPC1110 处理器存储系统中从 01xFFF 0000 开始的一块特殊的存储区域，其内部固化了一段代码 BootLoader，用户无法对其修改或删除，这段代码在处理器复位之后

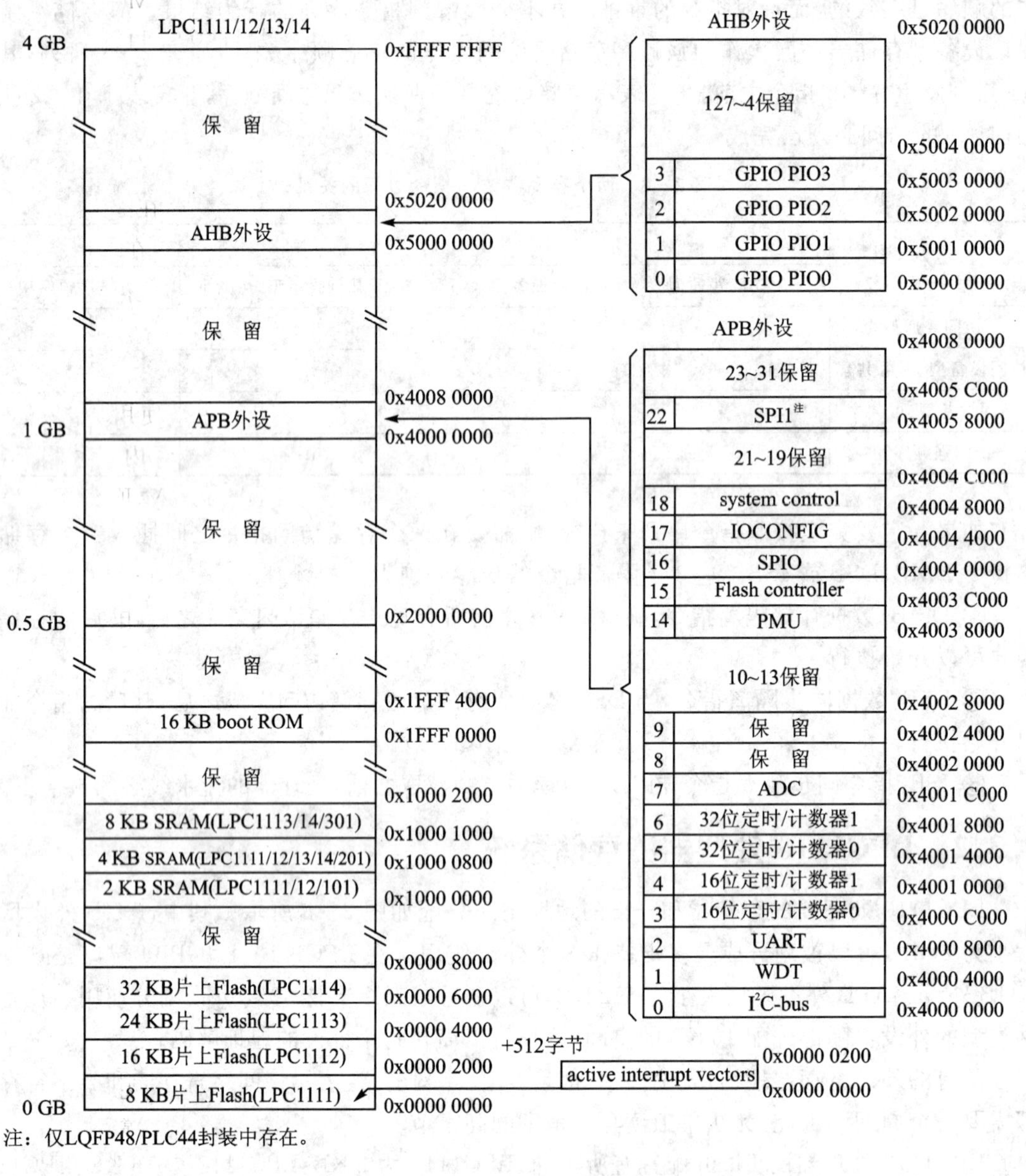

LPC1111/12/13/14

地址	区域
4 GB 0xFFFF FFFF	
	保 留
0x5020 0000	
	AHB外设
0x5000 0000	
	保 留
0x4008 0000	
	APB外设
1 GB 0x4000 0000	
	保 留
0.5 GB 0x2000 0000	
	保 留
0x1FFF 4000	
	16 KB boot ROM
0x1FFF 0000	
	保 留
0x1000 2000	
	8 KB SRAM(LPC1113/14/301)
0x1000 1000	
	4 KB SRAM(LPC1111/12/13/14/201)
0x1000 0800	
	2 KB SRAM(LPC1111/12/101)
0x1000 0000	
	保 留
0x0000 8000	
	32 KB片上Flash(LPC1114)
0x0000 6000	
	24 KB片上Flash(LPC1113)
0x0000 4000	
	16 KB片上Flash(LPC1112)
0x0000 2000	
	8 KB片上Flash(LPC1111)
0 GB 0x0000 0000	

AHB外设

编号	外设	起始地址
	127~4保留	0x5004 0000（至 0x5020 0000）
3	GPIO PIO3	0x5003 0000
2	GPIO PIO2	0x5002 0000
1	GPIO PIO1	0x5001 0000
0	GPIO PIO0	0x5000 0000

APB外设

编号	外设	起始地址
	23~31保留	0x4005 C000（至 0x4008 0000）
22	SPI1[注]	0x4005 8000
	21~19保留	0x4004 C000
18	system control	0x4004 8000
17	IOCONFIG	0x4004 4000
16	SPIO	0x4004 0000
15	Flash controller	0x4003 C000
14	PMU	0x4003 8000
	10~13保留	0x4002 8000
9	保 留	0x4002 4000
8	保 留	0x4002 0000
7	ADC	0x4001 C000
6	32位定时/计数器1	0x4001 8000
5	32位定时/计数器0	0x4001 4000
4	16位定时/计数器1	0x4001 0000
3	16位定时/计数器0	0x4000 C000
2	UART	0x4000 8000
1	WDT	0x4000 4000
0	I^2C-bus	0x4000 0000

+512字节 active interrupt vectors 0x0000 0200 ~ 0x0000 0000

注：仅LQFP48/PLC44封装中存在。

图 2-8 LPC1110 处理器的存储系统

首先运行。

BootLoader 在系统复位后执行初始化操作，并且提供完成 Flash 存储器编程的方式。它可执行处理器的初始化，也可对一个已写入程序的处理器进行擦除或重写，还可以在系统执行阶段对 Flash 存储器进行编程。其功能包括：

➢ 判断用户代码是否有效。有效用户代码的判定标准是保留的 Cortex - M0 中断向量位置 7(在中断向量表中偏移地址为 0x0000 001C) 中应该包含向量表入口 0～6 的检验和的补码,这将导致前 8 个表入口的检验和为 0。BootLoader 代码检查 Flash 扇区 0 的前 8 个位置的检验和。如果结果为 0,则将执行权限交给用户代码。

➢ 是否进行代码保护。代码读保护是一种允许用户在系统上设置以不同的片上 Flash 安全级别访问以及限制 ISP 使用的保护机制。如果需要,程序可通过在 Flash 0x0000 02FC 地址处写入一个代码保护标志。当 BootLoader 检测到该地址存在代码标志时,则根据代码保护标志对芯片的 JTAG 和 ISP 操作进行相应限制,达到代码效果。代码读保护不影响 IAP 命令。

➢ 在线编程(ISP,In System Programming)。使用 BootLoader 和异步串口,对片上 Flash 进行编程或重新编程,并通过这种方式向用户板烧写程序。ISP 命令使用片上地址从 0x1000 017C～0x1000 025B 的 RAM。用户可以使用该区域,但复位后内容可能丢失。ISP Flash 编程命令使用片上最顶端的 32 字节 RAM。堆栈位于 RAM 顶端－32。用户最大可使用的堆栈是 256 字节,堆栈是向下增加的。

➢ 现场编程(IAP,In Application Programming)。应用代码直接执行对片上 Flash 存储器的擦除和编程。IAP Flash 编程命令使用片上顶端的 32 字节 RAM。用户最大可使用的堆栈是 128 字节,堆栈是向下增加的。

2.4 异常处理

Cortex - M0 处理器将外部中断、SVC 和 Reset 等均称为异常,其分类如表 2 - 9 所列。

表 2 - 9 Cortex - M0 处理器的异常分类

异常类型	描 述
Reset	复位由加电或热复位引起,是一种特殊形式的异常。当复位信号有效时,无论指令执行到什么位置,处理器都停止当前的指令。复位信号失效之后,从复位异常规定的入口地址处开始执行,按 Thread 模式工作
NMI	不可屏蔽中断(NMI)可由外设引起或软件触发,是除 Reset 之外的最高优先级的异常,NMI 永远是被允许的,拥有固定的优先级－2。NMI 不能被任何别的异常屏蔽或阻止,除了 Reset 之外任何异常都不能抢占 NMI
HardFault	硬故障(HardFault)是指在正常情况或异常处理时出现错误所引起的一种异常,硬故障有固定的优先级－1,表明硬故障比任何一个可以配置优先级的异常的优先级都高
SVCall	超级管理员调用(SVC,SuperVisor Call)是一种由 SVC 指令触发的异常,在操作系统环境下,应用程序可使用 SVC 指令访问操作系统内核或设备驱动程序

续表 2-9

异常类型	描　述
PendSV	PendSV 是一种中断驱动的请求，用于面向系统级服务。在操作系统环境下，当没有别的异常激活时，使用 PendSV 进行上下文切换
SysTick	如果处理器中实现了系统滴答定时器，则 SysTick 是由系统滴答定时器计数到 0 时所产生的一种异常。软件也能产生 SysTick 异常，在操作系统环境下，处理器可使用这一异常作为系统滴答计时
IRQ	中断(IRQ)是由外设或软件请求而产生的异常，所有的中断对指令的执行是异步进行的。在计算机系统中，外设通过中断与处理器通信

异常有以下 4 种不同的状态：

➢ 未激活：异常没有被激活也没有被挂起。
➢ 挂起：异常正等待被处理器服务；如果异常来自外设或软件的中断请求，则相应中断变为挂起状态。
➢ 激活：异常正在被处理器服务，并且服务尚未结束。如果一个异常处理抢占了另一个异常处理，这时两个异常都处于激活态。
➢ 激活且挂起：异常正在被处理器服务时，又出现了来自同一异常源的异常。

2.4.1 异常的优先级

所有的异常都有一个优先级，优先级数值越小则优先级越高。除了 Reset、HardFault 和 NMI 之外，其余所有异常都能配置其优先级。Reset、HardFault 和 NMI 是具有负数值的固定优先级异常，比其他异常具有更高的优先级。可配置优先级的数值范围是 0～192。不同类型异常的优先级如表 2-10 所列。

给 IRQ[0]分配一个较大的优先级数值，而给 IRQ[1]分配一个较小的优先级数值，就意味着 IRQ[1]比 IRQ[0]的优先级高；如果 IRQ[1]和 IRQ[0]都被触发，则 IRQ[1]比 IRQ[0]先执行。如果多个挂起的异常具有同等的优先级，那么具有较小异常号的异常优先执行。例如，如果 IRQ[0]和 IRQ[1]具有相同的优先级，且都挂起，则 IRQ[0]比 IRQ[1]优先执行。

当处理器在执行一个异常处理时，如果有更高优先级的异常发生，则该异常可以被抢占。如果发生的异常与正在执行的异常具有相同的优先级，则不管其异常号为多少，正在执行的异常都不会被抢占，而新发生的异常的状态变为挂起。

如果在软件中没有配置优先级，那么所有可配置优先级的异常的优先级为 0，关于异常优先级的配置的信息可见 3.1 节中和 3.2 节中相关的寄存器。

表 2－10 不同类型优先级的编号及向量地址

异常编号	IRQ 编号	异常类型	优先级	向量地址	激 活
1	—	Reset	−3	0x00000004	异步
2	−14	NMI	−2	0x00000008	异步
3	−13	HardFault	−1	0x0000000C	同步
4～10	—	保留	—	—	—
11	−5	SVCall	可配置	0x0000002C	同步
12～13	—	保留	—	—	—
14	−2	PendSV	可配置	0x00000038	异步
15	—	SysTick	可配置	0x0000003C	异步
15	—	保留	—	—	—
16 及之上	0 及之上	IRQ	可配置	0x00000040 及之上	异步

在表 2－10 中有两个异常编号 15，是指如果在处理器中没有实现系统滴答定时器则异常 15 被保留。

为简化软件层，在 CMSIS 标准中仅使用 IRQ 号，因此采用负数作为异常的编号；而 IPSR 则返回异常编号，详见 2.1 节的 IPSR 介绍。

异步异常是指处理器在异常被触发到异常开始被处理的这段时间内，仍能继续执行指令，但 Reset 除外。

2.4.2 异常处理及异常向量

处理 IRQ 异常子程序称为 ISR；处理故障 Fault 的程序称为 Fault handler；处理 NMI、PendSV、SVCall SysTick 和硬故障的程序称为 System handlers。

异常处理程序的起始地址称为异常向量，每个向量的最低位必须为 1，表明异常处理是用 Thumb 代码实现的。在 Cortex－M0 处理器中，堆栈指针的复位值和起始地址一起被称为异常向量，向量表固定在 0x0000 0000 处，如图 2－9 所示。

2.4.3 异常的进入及返回

1. 异常进入

如果一个具有足够高优先级的挂起异常，并满足以下条件之一，则可以进入异常：

- 处理器处于 Thread 模式；
- 新的异常比正在处理的异常具有更高的优先级。这种情况下，新异常抢占正在执行的异常。

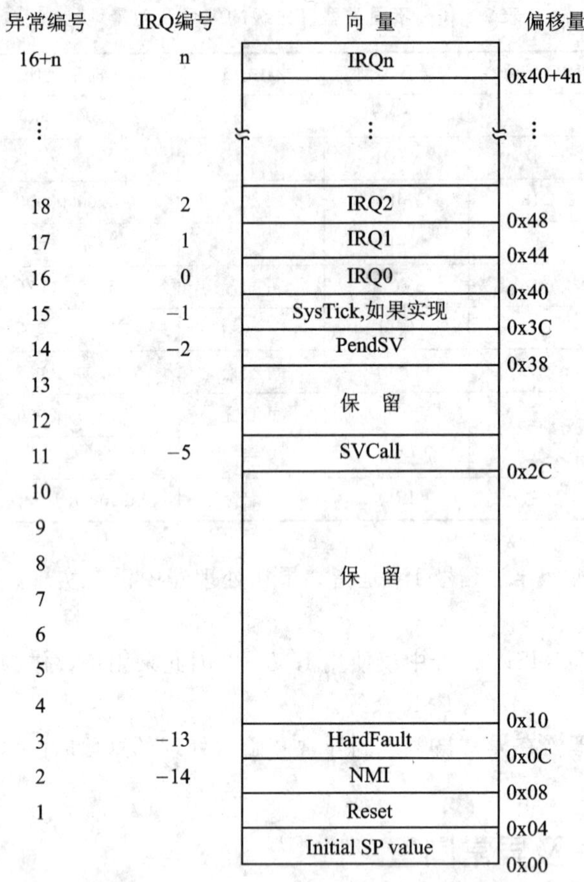

图 2-9 Cortex-M0 处理器向量表

这里足够高优先级的含义是指,该异常比所有被屏蔽寄存器限制的异常的优先级都高,而优先级低的异常将挂起,不执行。如果在进入异常时没有发生更高优先级的异常,则处理器开始执行该异常处理,并自动把该异常的状态由挂起修改为激活。

关于异常进入,可能会发生以下特殊几种情况:

- 抢占(Prcemption):当处理器在执行一个异常处理时,另一个异常处理可以抢占这个正在被执行的异常处理,只要其优先级比正在被处理的异常优先级高。一个异常处理抢占另一个异常处理,被称为异常嵌套。
- 尾链(Tail-chaining):当一个异常处理刚好完成时,若此时有一个挂起的异常满足进入执行的条件,则从堆栈弹出数据的操作被跳过,直接转到这个新的异常处理。该机制加速了异常服务。
- 迟到(Late-arriving):当一个异常处理正在保存状态时,如果出现了一个更高优先级的异常，则处理器切换去执行这个优先级更高的异常，为新异常初始化预取向量。迟到异常并不影响向量的保存，因为两个异常所需要保存的状态是一致的。在迟到异常返回时，正常的尾链规则依然有效。该机制加速抢占。

当处理器处理一个异常时，除非该异常是一个尾链或迟到的异常，处理器把信息压入当前堆栈，这一操作称为入栈，而这个8字的数据结构被称为一个堆栈帧，堆栈帧包含的信息如图2－10所示。堆栈帧信息包含返回地址，这个返回地址是被中断程序的下一条要执行指令的地址，该地址值保存在堆栈帧信息的PC中，因此被中断程序恢复现场。入栈后，堆栈指针指向帧的最低地址，堆栈帧是双字地址对齐的。

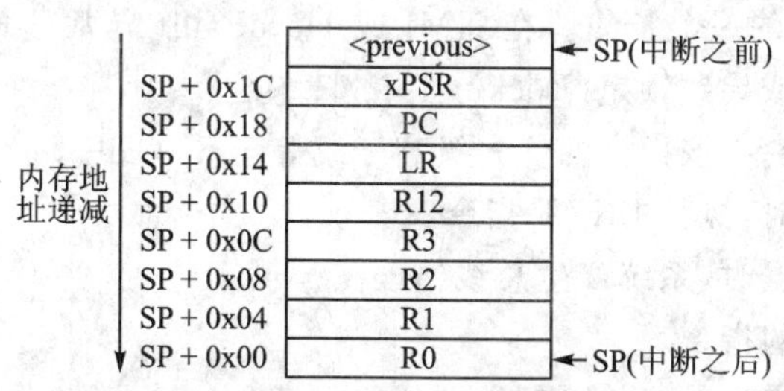

图2－10 异常处理压栈帧

处理器从向量表中读取异常处理程序的起始地址，当保护现场的入栈操作完成后，处理器开始执行异常处理程序。与此同时，处理器会将一个EXC_RETURN值写到LR寄存器，这能指明与堆栈信息帧相应的堆栈指针，以及进入异常之前处理器所处的操作模式。

2. 异常返回

当处理器处于Handler模式，且执行以下之一指令并将PC的值置为EXC_RETURN的值，则发生异常返回：

➢ 执行POP指令，加载PC寄存器；

➢ 执行BX指令(任何寄存器均可)。

在异常进入时，处理器把EXC_RETURN的值保存到LR寄存器，并根据此数值来决定异常处理完成时的动作。EXC_RETURN值的[31：4]位是0xFFFFFFF，当处理器加载的值与之匹配时，处理器将检测到这不是一个正常的分支操作，而是异常结束。因此，处理器将开始异常返回操作。EXC_RETURN值的[3：0]位指出所需的返回堆栈以及处理器模式，如表2－11所列。

表2－11 异常返回行为

EXC_RETURN	返回行为描述
0xFFFFFFF1	返回Handler模式。异常返回从主栈获取状态，返回之后使用MSP

续表 2-11

EXC_RETURN	返回行为描述
0xFFFFFFF9	返回 Thread 模式。异常返回从主栈获取状态，返回之后使用 MSP
0xFFFFFFFD	返回 Thread 模式。异常返回从进程栈获取状态，返回之后使用 PSP
其他值	保留

2.4.4 故障处理

故障(Fault)是异常的一个子集。在 NMI 或 HardFault 异常处理时如果发生了故障，将会引起 HardFault 异常或导致锁定(Lockup)。故障包含：

- 执行一条 SVC 指令，该指令的优先级高于或等于 SVCall。
- 缺少调试器连接时，执行 BKPT 指令。
- 在加载或存储数据时，系统产生总线错误。
- 执行 XN 存储区的指令。
- 执行来自系统已产生总线故障的地址位置的指令。
- 取向量时系统产生总线错误。
- 执行一条未定义的指令。
- T 位已清为 0，处理器不在 Thumb 状态时执行指令。
- 试图读取或保存数据到未对齐的地址。

注意：只有 Reset 和 NMI 能抢占具有固定优先级的 HardFault 异常；而 HardFault 异常则能抢占除 Reset、NMI 或另一个 HardFault 异常之外的所有异常。

处理器会进入锁定(Lockup)状态的情况是：执行 NMI 或 HardFault 异常处理时发生故障；或在使用 MSP 异常返回时，还没有从堆栈恢复 PSR 寄存器的值系统就产生总线错误。

当处理器处于锁定状态时，不能执行任何指令。处理器将保持锁定状态直到以下情况之一发生：

- 处理器被复位；
- 调试器中止处理器运行；
- 发生 NMI 异常，并且当前锁定是处于 HardFault 异常处理中。

注意：如果锁定状态出现在 NMI 异常处理中，后续的 NMI 异常不能导致处理器离开锁定状态。

2.5 功耗管理

Cortex-M0 处理器的睡眠模式可减少功耗。需要注意的是，睡眠模式是在处理器实现时

定义的,可以是以下的一种或两种:

- 停止处理器时钟的睡眠模式。
- 深度睡眠模式,停止系统时钟,并关掉 PLL 和 Flash 存储器。

如果处理器实现了两种睡眠模式,则可以提供不同级别的节能,系统控制寄存器的 SLEEPDEEP 位用于选择睡眠模式。本节介绍 Cortex-M0 功耗管理机制,关于 LPC1100 处理器功耗管理的具体实现将在第 4 章中做详细介绍。

1. 进入睡眠模式

进入睡眠模式的方式有以下几种:

- 等待中断指令 WFI,使处理器立即进入睡眠模式;当处理器执行一条 WFI 指令时,它停止执行指令并进入睡眠模式。
- 等待事件指令 WFE,根据条件让处理器进入睡眠模式,这里的条件是根据 1 位事件寄存器的值。当处理器执行一条 WFE 指令时,它将检查事件寄存器的值:如果是 0,则处理器停止执行指令,进入睡眠模式;如果是处理器将寄存器该位的值置为 1,并继续执行指令,则不进入睡眠模式。如果事件寄存器的值为 1,表明处理器在执行 WFE 指令时不能进入睡眠模式。典型的情况:这是由于一个外部事件信号的要求,或在多处理器系统中的另一个处理器执行了一条 SEV 指令。
- 异常退出时睡眠(sleep-on-exit),如果 SCR 寄存器的 SLEEPONEXIT 位置 1,则当处理器完成执行一个异常处理并返回 Thread 模式时,处理器立即进入睡眠状态,这一机制用于仅仅需要处理器在中断发生时才运行的应用中。

系统可能产生伪唤醒事件,例如,一个调试操作可唤醒处理器。因此软件在此事件后,必须能重新让处理器进入睡眠模式。为了把处理器置回睡眠模式,程序可能需要一个空闲循环。

2. 从睡眠模式唤醒

唤醒处理器的条件依赖于导致处理器进入睡眠模式的机制。

- 从 WFI 或 sleep-on-exit 产生的睡眠中唤醒,正常情况下,处理器只在检测到具有足够优先级的异常,并进入异常时才会唤醒。处理器唤醒后,在执行中断处理之前,某些嵌入式系统可能必须执行系统恢复任务。这通过置 PRIMASK 位为 1 来实现。如果有被允许的一个中断到达了,且比当前异常的优先级高,则处理器唤醒,但直到 PRIMASK 位置为 0,处理器才执行中断处理。
- 从 WFE 产生的睡眠中唤醒,如果出现以下情况,处理器将被唤醒:
  ——处理器检测到一个足够高优先级的异常而进入异常。
  ——处理器检测到一个外部事件信号。
  ——在多处理器系统中的另一个处理器执行了一条 SEV 指令。

另外,如果系统控制寄存器的 SEVONPEND 位置为 1,任何一个新的挂起的中断都能触发一个事件并唤醒处理器，哪怕该中断是禁止的或没有足够的优先级而不能进入异常。关于系统控制寄存器可以参考 3.2 节。

3. 可选的唤醒中断控制器

Cortex-M0 处理器可包含一个唤醒中断控制器（WIC），它是一个可选的外设，能检测中断并将处理器从深度睡眠模式唤醒。仅当系统控制寄存器的 DEEPSLEEP 位置 1 时，WIC 才被允许。WIC 是不可编程的，也没有任何寄存器或用户接口，完全通过硬件信号工作。当 WIC 被允许，处理器进入深度睡眠模式时，系统功耗管理单元能关闭 Cortex-M0 处理器大部分组成部分的功耗。但同时也有一个副作用，就是停止了系统滴答定时器。当 WIC 接收到一个中断时，它需要花费几个时钟周期唤醒处理器，并恢复处理器的状态，而后处理器才能处理中断。这意味着在深度睡眠模式下，中断延时增加了。

4. 外部事件信号

处理器可能包含一个外部事件信号，处理器外设使用此信号与处理器联络，用于将处理器从 WFE 状态唤醒；或将内部的 WFE 事件寄存器置 1，以表示处理器在执行下一个 WFE 指令后不能进入深度睡眠模式。

5. 功耗管理编程

由于 ISO/IEC C 语言中不能直接产生 WFI、WFE 和 SEV 指令，因此 CMSIS 为这些指令提供以下内部函数：

```
void    WFE(void)  //等待事件唤醒
void    WFI(void)  //等待中断唤醒
void    SEV(void)  //发送事件
```

2.6 指令集

Cortex-M0 处理器采用 ARMv6-M 架构，仅 56 条 Thumb 指令。这一指令集不仅向上兼容 Cortex-M3，同时也已能与 ARM7 处理器实现二进制兼容。

由于在 Cortex-M0 处理器应用程序开发时，用户可以完全不使用汇编语言，因此这里仅对该处理器的指令集做简要的列表介绍，Cortex-M0 处理器指令集如表 2-12 所列。指令详细使用说明可参考《Cortex-M0 Device Generic User Guide》手册。

如果读者希望熟悉 Cortex-M0 处理器的汇编语言编程以及在 C 语言中如何调用汇编语言，则可以打开本书例程包中的 0604_Blinky_ASM 例程和 0604_Blinky_C&ASM 进行了解和学习。

表 2-12 Cortex-M0 处理器指令集

助记符	操作数	描 述	影响标志位
ADCS	{Rd,} Rn, Rm	带进位加	N,Z,C,V
ADD{S}	{Rd,} Rn, <Rm|#imm>	加	N,Z,C,V
ADR	Rd, label	取 label 地址到寄存器	—
ANDS	{Rd,} Rn, Rm	位"与"运算	N,Z
ASRS	{Rd,} Rm, <Rs|#imm>	算术右移	N,Z,C
B{cc}	label	(条件)分支跳转到 label 处	—
BICS	{Rd,} Rn, Rm	位清除	N,Z
BKPT	#imm	断点	—
BL	label	带链接的分支跳转,跳转到 label 处	—
BLX	Rm	带链接的直接分支跳转,跳转到 Rm 所指处	—
BX	Rm	直接分支跳转	—
CMN	Rn, Rm	Rm 取反比较	N,Z,C,V
CMP	Rn, <Rm|#imm>	比较	N,Z,C,V
CPSID	i	修改处理器状态,禁止中断	—
CPSIE	i	修改处理器状态,允许中断	—
DMB	—	数据存储隔离	—
DSB	—	数据同步隔离	—
EORS	{Rd,} Rn, Rm	异或	N,Z
ISB	—	指令同步隔离	—
LDM	Rn{!}, reglist	批量加载寄存器,Rn 递增	—
LDR	Rt, label	将 label 所指单元内容加载到 Rt 中	—
LDR	Rt, [Rn, <Rm|#imm>]	按字加载寄存器 Rt	—
LDRB	Rt, [Rn, <Rm|#imm>]	按字节加载寄存器,不足 32 位则 0 扩展	—
LDRH	Rt, [Rn, <Rm|#imm>]	按半字加载寄存器,不足 32 位则 0 扩展	—
LDRSB	Rt, [Rn, <Rm|#imm>]	按字节加载寄存器,不足 32 位则符号扩展	—
LDRSH	Rt, [Rn, <Rm|#imm>]	按半字加载寄存器,不足 32 位则符号扩展	—
LSLS	{Rd,} Rn, <Rs|#imm>	逻辑左移	N,Z,C
LSRS	{Rd,} Rn, <Rs|#imm>	逻辑右移	N,Z,C
MOV{S}	Rd, Rm	传送 Rd 数据到 Rm	N,Z
MRS	Rd, spec_reg	传送特殊功能寄存器内容到通用寄存器中	—

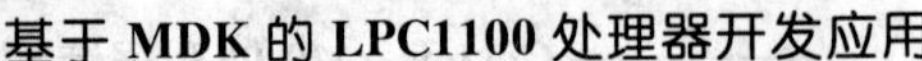

续表 2-12

助记符	操作数	描　述	影响标志位
MSR	Spec_reg, Rm	传送通用寄存器内容到特殊功能寄存器中	N,Z,C,V
MULS	Rd, Rn, Rm	乘法,结果为 32 位	N,Z
MVNS	Rd, Rm	Rm 按位求反之后传送到 Rd	N,Z
NOP	—	空操作	—
ORRS	{Rd,} Rn, Rm	逻辑或	N,Z
POP	reglist	寄存器出栈	—
PUSH	reglist	寄存器压栈	—
REV	Rd, Rm	按字节反转(32 位大小端数据转换)	—
REV16	Rd, Rm	按半字反转(2 个 16 位大小端数据转换)	—
REVSH	Rd, Rm	按有符号半字反转	—
RORS	{Rd,} Rn, Rs	循环右移	N,Z,C
RSBS	{Rd,} Rn, ＃0	逆向减法	N,Z,C,V
SBCS	{Rd,} Rn, Rm	带符号减	N,Z,C,V
SEV	—	发送事件	—
STM	Rn!, reglist	批量存储寄存器,Rn 递增	—
STR	Rt, [Rn, <Rm|＃imm>]	按字存储寄存器	—
STRB	Rt, [Rn, <Rm|＃imm>]	按字节存储寄存器	—
STRH	Rt, [Rn, <Rm|＃imm>]	按半字存储寄存器	—
SUB{S}	{Rt,} Rn, <Rm|＃imm>	减法	N,Z,C,V
SVC	＃imm	管理调用	—
SXTB	Rd, Rm	字节符号扩展到 32 位	—
SXTH	Rd, Rm	半字符号扩展到 32 位	—
TST	Rd, Rm	逻辑与测试	N,Z
UXTB	Rd, Rm	字节零扩展到 32 位	—
UXTH	Rd, Rm	字节零扩展到 32 位	—
WFE	—	等待事件	—
WFI	—	等待中断	—

第3章

Cortex - M0 核外设

Cortex - M0 处理器核带有 3 种核外设:NVIC、系统控制块和可选的系统时钟,本章将分别介绍。

3.1 内嵌向量中断控制器 NVIC

Cortex - M0 处理器内嵌的 NVIC 能大大加快对外部中断的响应和处理速度。NVIC 支持:

- 对 1～32 个向量中断的处理,所能处理中断的数量由半导体厂商在具体实现 Cortex - M0 处理器时定义。LPC1100 处理器实现了 32 个向量中断。
- 每个中断的优先级均可编程设置为 0～192(步长值为 64),数值越小优先级越高,0 级为最高优先级。
- 电平触发和边沿触发中断。
- 中断尾链。
- 一个外部不可屏蔽中断 NMI。

3.1.1 相关功能寄存器

用户可以通过设置 NVIC 的相关功能寄存器来实现对中断系统的控制,本小节将详细介绍这些功能寄存器。

(1) 中断设置允许寄存器(ISER)

ISER 寄存器的地址为 0xE000E100,可读可写。该寄存器用于允许中断,以及查询哪些中断被允许,其位域定义如表 3 - 1 所列。

表 3-1 ISER 寄存器位域定义

位 域	名 称	功能描述
[31:0]	SETENA	中断设置允许位,每位对应一个中断 读:0=无效;1=允许相应的中断 写:0=相应中断被禁止;1=相应中断被允许

如果一个挂起的中断被允许,则 NVIC 根据其优先级决定是否激活该中断。如果一个中断不被允许,则即使中断信号令该中断被挂起,NVIC 也不会激活该中断,无论其优先级有多高。

(2) 中断清除允许寄存器(ICER)

ICER 寄存器的地址为 0xE000E180,可读可写。该寄存器用于禁止中断,以及查询哪些中断被允许,其位域定义如表 3-2 所列。

表 3-2 ICER 寄存器位域定义

位 域	名 称	功能描述
[31:0]	CLRENA	中断清除允许位,每位对应一个中断 读:0=无效;1=禁止相应的中断 写:0=相应中断被禁止;1=相应中断被允许

(3) 中断挂起设置寄存器(ISPR)

ISPR 寄存器的地址为 0xE000E200,可读可写。该寄存器用于将中断置为挂起状态,以及查询哪些中断处于挂起状态,其位域定义如表 3-3 所列。

表 3-3 ISPR 寄存器位域定义

位 域	名 称	功能描述
[31:0]	SETPEND	中断挂起设置位,每位对应一个中断 读:0=无效;1=将相应的中断设置为挂起状态 写:0=相应中断未被挂起;1=相应中断被挂起

对某个处于挂起状态的中断进行挂起设置,将不会影响该中断的挂起状态;如果对于某个被禁止的中断进行挂起设置,则该中断的状态会变为挂起。

(4) 中断挂起清除寄存器(ICPR)

ICPR 寄存器的地址为 0xE000E280,可读可写。该寄存器用于将清除中断的挂起状态,以及查询哪些中断处于挂起状态,其位域定义如表 3-4 所列。

表 3－4 ICPR 寄存器位域定义

位 域	名 称	功能描述
[31：0]	CLRPEND	中断挂起清除位，每位对应一个中断 读：0＝无效；1＝清除相应中断的挂起状态 写：0＝相应中断未被挂起；1＝相应中断被挂起

对某个处于激活状态的中断进行挂起状态清除操作是无效的。

(5) 中断优先权寄存器(IPR0～7)

中断优先权寄存器共有 8 个，分别是 IPR0～IPR7，其地址为 0xE000E400～0xE000E41C，可读可写。中断优先权寄存器为每个中断提供一个 8 位的优先权位域，32 个中断则需要 8 个 32 位的寄存器。这些寄存器只能进行字访问。各中断的优先权位域如图 3－1 所示，位域定义如表 3－5 所列。

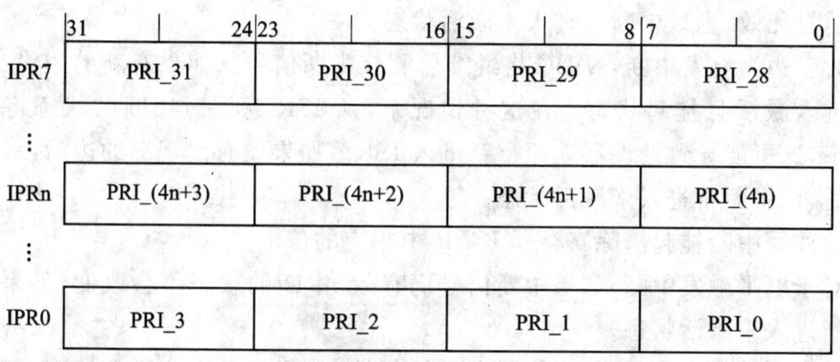

图 3－1 IPR0～IPR7 寄存器

表 3－5 IPR 寄存器位域定义

位 域	功能描述
[31：24]	每个优先权位域保存一个优先权值，即 0～192。该值越低，所对应中断的优先级就越高。优先权位域实际上只使用了高两位，读低 6 位将返回 0，写低 6 位无效。也就是说，对一个优先权位域写 255 和写 192 是一样的
[23：16]	
[15：8]	
[7：0]	

3.1.2 中断的触发与处理

NVIC 支持电平触发中断和边沿触发中断。对于电平触发，中断触发信号将一直保持有效，直到相应外设取消该信号；通常是在相应的中断服务程序 ISR 中，清除相应外设的中断请求。对于边沿触发，处理器是在处理器时钟的上升沿进行采样，该信号必须持续至少一个时钟周期，处理器才能识别该中断触发信号。

当处理器进入 ISR 之后，自动清除该中断的挂起状态。对于电平触发，如果在从 ISR 中返回之前中断信号仍有效，处理器将再次执行同样的 ISR，因此对于电平触发必须在 ISR 中将相应的中断触发信号清除。

Cortex－M0 处理器锁存所有的中断请求，在以下情况下外设中断将被挂起：

➤ NVIC 检测到某个中断信号有效，且该中断未处于激活状态。

➤ NVIC 在中断信号上检测到上升沿。

➤ 通过软件设置 ISPR 寄存器。

当一个中断被挂起之后，只有以下两种情况会让中断脱离挂起状态：

➤ 处理器进入相应的中断服务程序 ISR，这将让该中断从挂起状态进入激活状态。

——对于电平触发中断，从 ISR 中返回时，NVIC 将采样中断信号。如果原来的信号仍有效，则该中断将进入挂起状态，可能会导致处理器立即重新进入 ISR。如果中断信号无效，则该中断将进入未激活状态。

——对于边沿触发中断，NVIC 将继续监测该中断信号。如果有新的边沿出现，该中断进入激活且挂起状态。在这种情况下，从 ISR 返回时中断的状态将变为挂起状态，这可能导致处理器立即重新进入 ISR。如果没有出现新的边沿，从 ISR 返回之后，该中断将进入未激活状态。

➤ 通过软件写中断挂起清除寄存器 ICPR 中相应的位。

——对于电平触发中断，如果中断信号仍有效，中断的状态不会改变；如果无效则该中断进入未激活状态。

——对于边沿触发中断，如果原状态是挂起的，中断将进入非激活状态；如果原状态是挂起且激活的，则中断将进入激活状态。

3.1.3 NVIC 的编程

用户可以自主编程对 3.1.1 小节所述寄存器进行控制，也可以使用 CMSIS 标准提供的函数对 NVIC 控制寄存器进行操作，这将简化对 NVIC 的编程。相关函数如表 3－6 所列，表中 IRQn 是指 IRQ 号，IRQ 号详见表 2－10。关于 CMSIS 标准，将在 6.3 节做详细介绍。

表 3－6 访问 NVIC 的 CMSIS 函数

CMSIS 函数	描 述
void NVIC_EnableIRQ(IRQn_Type IRQn)	允许某个中断或异常
void NVIC_DisableIRQ(IRQn_Type IRQn)	禁止某个中断或异常
void NVIC_SetPendingIRQ(IRQn_Type IRQn)	将某个中断或异常的挂起状态设置为 1
void NVIC_ClearPendingIRQ(IRQn_Type IRQn)	将某个中断或异常的挂起状态清除为 0

续表 3-6

CMSIS 函数	描 述
uint32_t NVIC_GetPendingIRQ(IRQn_Type IRQn)	读某个中断或异常的挂起状态。如果挂起状态为 1,则该函数返回非零值
void NVIC_SetPriority(IRQn_Type IRQn, uint32_t priority)	将某个中断或异常的可配置优先级设置为 1
uint32_t NVIC_GetPriority(IRQn_Type IRQn)	读某个中断或异常的优先级,该函数返回其当前优先级
void NVIC_SystemReset (void)	复位 NVIC

3.2 系统控制块

Cortex-M0 处理器的系统控制块用于提供系统实现的信息和对系统的控制,其中包括系统配置、控制和系统异常的报告。本节将分别介绍系统控制块中的相关控制寄存器 CPUID、ICSR、AIRCR、SCR、CCR、SHPR2 和 SHPR3 以及使用方法。

(1) CPUID 寄存器(CPUID)

CPUID 寄存器的地址为 0xE000ED00,只读。该寄存器包含处理器的分类号、版本号以及实现的相关信息,其位域定义如表 3-7 所列。CPUID 寄存器的复位值与处理器实现有关,LPC1110 系列处理器复位值为 0x410CC200。

表 3-7 CPUID 寄存器位域定义

位 域	名 称	功能描述
[31:24]	Implemneter	实现者编号:0x41 对应 ARM
[23:20]	Variant	变体号:版本修订号 rnpn 中 r 的值,其中 0x0 对应版本 0
[19:16]	Constant	处理器的架构:0xC 对应 ARMv6-M 架构
[15:4]	Partnon	处理器的分类号:0xC20 对应 Cortex-M0
[3:0]	Revision	修订号:版本修订号 rnpn 中 p 的值,其中 0x0 对应修订 0

(2) 中断控制与状态寄存器(ICSR)

ICSR 寄存器的地址为 0xE000ED04,可读可写,复位值为 0x00。写该寄存器可实现对 NMI 异常挂起的设置,实现 PendSV 和 SysTick 异常挂起的设置及清除。读 ICSR 可知道:当前正在处理异常的编号,是否有抢占的活动异常,所有挂起异常中优先级最高的异常的编号,是否有中断被挂起。ICSR 的位域定义如表 3-8 所列。

表 3-8 ICSR 寄存器位域定义

位 域	名 称	类 型	功能描述
[31]	NMIPENDSET	RW	NMI 挂起设置位： 写：0=无效；1=将 NMI 异常挂起 读：0=NMI 异常未被挂起；1=NMI 异常被挂起 因为 NMI 是最高优先级异常，通常检测到该位为 1，处理器立即进入 NMI 异常处理，进入 NMI 异常处理之后该位立即被清 0。这意味着仅在执行 NMI 异常处理时 NMI 信号再次有效时，才能读该位为 1
[30：29]	—	—	保留
[28]	PENDSVSET	RW	PendSV 挂起设置位： 写：0=无效；1=将 PendSV 异常挂起 读：0=PendSV 异常未被挂起；1=PendSV 异常被挂起 将该位写“1”是唯一能将 PendSV 异常挂起的方法
[27]	PENDSVCLR	WO	PendSV 挂起清除位： 写：0=无效；1=清除 PendSV 挂起状态
[26]	PENDSTSET	RW	SysTick 异常挂起设置位： 写：0=无效；1=将 SysTick 异常挂起 读：0=SysTick 异常未被挂起；1=SysTick 异常被挂起 如果实现处理器时没有 SysTick 定时器，则该位保留
[25]	PENDSVSTCLR	WO	SysTick 异常挂起清除位： 写：0=无效；1=清除 SysTick 异常挂起 如果实现处理器时没有 SysTick 定时器，则该位保留
[24：23]	—	—	保留
[22]	ISRPENDING	RO	中断挂起标志(不包含 NMI 和硬故障) 0=无中断挂起；1=中断有挂起
[21：18]	—	—	保留
[17：12]	VECTPENDING	RO	指示当前挂起异常中优先级最高异常的异常号 0=无挂起异常；非零=当前挂起异常中优先级最高异常的异常号
[11：6]	—	—	保留
[5：0]	VECTACTIVE	RO	当前正在被处理器处理异常的号。如果为 0 为 Thread 模式

对 ICSR 的 PENDSVSET 位、PENDSVCLR 位、PENDSTSET 位和 PENDSTCLR 位写 1 可能导致不可预料的结果，因此要慎重。

(3) 应用中断和复位控制寄存器(AIRCR)

AIRCR 寄存器的地址为 0xE000ED0C，可读可写，复位值为 0xFA050000。AIRCR 的位域定义如表 3 - 9 所列。对 AIRCR 写操作时，VECTKEY 位域必须为 0x05FA，写其他值无效。

表 3 - 9　AIRCR 寄存器位域定义

位　域	名　称	类　型	功能描述
[31 : 16]	读：保留 写：VECTKEY	RW	寄存器关键码。读的结果未知。写操作时，必须写入 0x05FA，写入其他值无效
[15]	ENDIANESS	RO	端模式。0＝小端模式，1＝大端模式
[14 : 3]	—	—	保留
[2]	SYSRESETREQ	WO	系统复位请求。0＝无效，1＝请求一个系统级复位。该位读为 0
[1]	VECTCLRACTIVE	WO	保留，用于调试。该位读为 0。写操作是，必须写入 0，写入其他值可能导致不可预料的行为
[0]	—	—	保留

(4) 系统控制寄存器(SCR)

SCR 寄存器的地址为 0xE000ED10，可读可写，复位值为 0x00000000。SCR 用于控制处理器进入和退出低功耗模式的特性，其位域定义如表 3 - 10 所列。

表 3 - 10　SCR 寄存器位域定义

位　域	名　称	功能描述
[31 : 5]	—	保留
[4]	SEVONPEND	发送事件挂起位。 0＝仅有被允许的中断或事件可以唤醒处理器，禁止的中断除外 1＝所有中断或事件都可唤醒处理器 当一个事件或中断进入挂起状态，事件信号会将处理器从 WFE 中唤醒；如果处理器不是等待事件，该事件将记录并影响下一个 WFE
[3]	—	保留
[2]	SLEEPDEEP	控制处理器进入低功耗模式时，是随眠还是深度随眠模式 0＝随眠模式，1＝深度随眠模式 如果处理器不支持这个两种随眠模式，该位由处理器厂家定义

续表 3-10

位　域	名　称	功能描述
[1]	SLEEPONEXIT	当从 Handler 模式返回到 Thread 模式时，是否进入随眠状态 0＝当返回到 Thread 模式时，不进入随眠状态 1＝当从 ISR 返回到 Thread 模式时，进入随眠状态和深度随眠状态
[0]	—	保留

(5) 配置与控制寄存器(CCR)

CCR 寄存器的地址为 0xE000ED14，只读，复位值为 0x00000208。CCR 用于指示 Cortex-M0 处理器的某些行为特征，其位域定义如表 3-11 所列。

表 3-11　CCR 寄存器位域定义

位　域	名　称	功能描述
[31：10]	—	保留
[9]	STKALIGN	总是读为 1，指示在异常入口 8 字节堆栈对齐
[8：4]	—	保留
[3]	UNALIGN_TRP	总是读为 1，指示非对齐访问产生一个硬故障
[2：0]	—	保留

(6) 系统异常优先权寄存器(SHPR2～SHPR3)

SHPR2 和 SHPR3 寄存器的地址分别为 0xE000ED1C、0xE000ED20，可读可写，复位值均为 0x00。SHPR2 和 SHPR3 用于设置系统异常的优先权级别，其位域定义分别如表 3-12 和表 3-13 所列。

表 3-12　CSHPR2 寄存器位域定义

位　域	名　称	功能描述
[31：24]	PRI_11	SVCall(异常编号 11)的优先级
[23：0]	—	保留

表 3-13　CSHPR3 寄存器位域定义

位　域	名　称	功能描述
[31：24]	PRI_15	SysTick(异常编号 15)异常的优先级
[23：16]	PRI_14	PendSV(异常编号 14)异常的优先级
[15：0]	—	保留

为了提高软件的效率，CMSIS 标准中，数组 SHP[1]对应寄存器 SHPR2_SHPR3。

3.3 系统定时器 SysTick

系统定时器 SysTick 是一个可选部件。如果处理器有 SysTick 且允许其工作时，该定时器按时钟周期从 SYST_RVR 寄存器的值开始向下计数，当计数为 0 后 SYST_CSR 寄存器 COUNTFLAG 状态位置 1，并重载 SYST_RVR 的值。在处理器调试停机时，SysTick 不继续计数。将 SYST_RVR 寄存器设置为 0，则禁止计时器的下一个计数循环。读 SYST_CSR 寄存器将对 COUNTFLAG 状态位清 0。

SysTick 的当前计数值可以通过读 SYST_CVR 寄存器获得。如果写 SYST_CVR 寄存器，则对该寄存器以及 SYST_CSR 寄存器的 COUNTFLAG 位清 0，写操作不会触发 SYsTick 的异常逻辑。

本节将详细介绍 SysTick 相关寄存器的功能以及如何通过这些寄存器使用 SysTick。

3.3.1 SysTick 相关寄存器

(1) SysTick 控制与状态寄存器(SYST_CSR)

SYST_CSR 寄存器的地址为 0xE000E010，可读可写。该寄存器用于允许 SysTick 的功能，其位域定义如表 3－14 所列。如果处理器中有 SysTick 部件，SYST_CSR 复位值为 0x00000000；如果无 SysTick 部件，复位值为 0x00000002。

表 3－14 SYST_CSR 寄存器位域定义

位 域	名 称	功能描述
[31：17]	—	保留
[16]	COUNTFLAG	从上次读该寄存器之后，如果定时器计数为 0，则返回 1
[15：3]	—	保留
[2]	CLKSOURCE	选择 SysTick 的时钟源 0＝参考时钟，1＝处理器时钟 如果处理器无参考时钟，则该位读为 1，写无效
[1]	TICKINT	SysTick 异常请求允许 0＝计数为 0 之后，不发出 SysTick 异常请求 1＝计数为 0 之后，发出 SysTick 异常请求
[0]	ENABLE	0＝允许计数，1＝禁止计数

(2) SysTick 重载值寄存器(SYST_RVR)

SYST_RVR 寄存器的地址为 0xE000E014,可读可写,用于指定 SysTick 向下计数的初值,其位域定义如表 3-15 所列。

表 3-15　SYST_RVR 寄存器位域定义

位　域	名　称	功能描述
[31:24]	—	保留
[23:0]	RELOAD	重载值。重载值的范围是 0x00000001～0x00FFFFFF,如果为 0 则 SysTick 将不会计数。若要计数 *N* 个时钟周期,重载值应为 *N*−1,因为计数是从 *N*−1 到 0

(3) SysTick 当前值寄存器(SYST_CVR)

SYST_CVR 寄存器的地址为 0xE000E018,可读可写,保存 SysTick 当前计数值,其位域定义如表 3-16 所列。

表 3-16　SYST_CVR 寄存器位域定义

位　域	名　称	功能描述
[31:24]	—	保留
[23:0]	CURRENT	当前值。从该位域可以读出 SysTick 的当前值;向该位域写任何值都将清 0 该位域,同时 SYST_CSR 的 COUNTFLAG 位也被清 0

(4) SysTick 基准寄存器(SYST_CALIB)

SYST_CALIB 寄存器的地址为 0xE000E01C,只读,用于存放 SysTick 的时钟基准信息,其位域定义如表 3-17 所列。

表 3-17　SYST_CALIB 寄存器位域定义

位　域	名　称	功能描述
[31]	NOREF	指示处理器是否有基准时钟,由 IC 厂家实现时决定。如果无基准时钟,那么 SYST_CSR 的 CLKSOURCE 位读为 1,写无效 0=有基准时钟;1=无基准时钟 LPC1110 处理器无基准时钟
[30]	SKEW	指示 TENMS 值是否精确: 0=TENMS 值精确;1=TENMS 值不精确,或者未提供 不精确的 TENMS 值将影响到 SysTick 是否适合作为软件的实时钟 LPC1110 处理器未提供 TENMS 值
[29:24]	—	保留

续表 3-17

位域	名称	功能描述
[23:0]	TENMS	在发生系统时钟扭曲错误时，在 10 ms(100 Hz)时序下的校正值。如果为 0，则表示校正值未知。这种情况下，需要根据处理器时钟或外部时钟频率来计算基准时钟 LPC1110 处理器的校正值未知

3.3.2 SysTick 的使用

SysTick 中断控制器时钟更新 SysTick 计数器。有些 IC 厂家在处理器进入低功耗模式时关闭时钟信号，这种情况下 SysTick 计数器将停止工作。

SysTick 计数器的重载值和当前值不能由硬件初始化，因此必须使用软件按以下步骤对 SYsTick 计数器进行初始化：

① 设置重载值；

② 对当前计数值清 0；

③ 对 SysTick 的控制与状态寄存器进行编程。

3.4 调试系统

Cortex-M0 处理器的调试系统由 IC 厂商在具体实现时决定。处理器可以有也可以没有调试系统。如果有调试系统，那么就具备以下基本功能：处理器暂停、单步，访问处理器核寄存器，访问系统内存、无限的软件断点、复位和硬故障向量捕获。在处理器实现调试系统时，还可以选择 1～4 个硬件断点、1～2 个数据观测点。

ARM 推荐使用 CoreSight 调试体系结构，且在实现时调试部件的电源可与处理器核、NVIC 部件分开。

LPC1110 处理器带有调试部件的，支持 ARM SWD(串行调试)模式。拥有 4 个硬件断点、2 个数据观测点。其调试功能引脚如表 3-18、3-19 所列，注意其中有些引脚是复用的。

表 3-18 JTAG 引脚说明

引脚名	类型	描述
TCK	输入	JTAG 测试时钟。JTAG 调试模式时，为调试逻辑提供时钟
TMS	输入	JTAG 测试模式选择，用于选择 TAP 状态机的下一个状态
TDI	输入	JTAG 测试数据输入，串行数据通过 TDI 进入移位寄存器
TDO	输出	JTAG 测试数据输出，在 TCK 的下降沿，移位寄存器数据通过 TDO 输出
TRST	输入	JTAG 测试复位，用于复位调试逻辑

表 3-19 SWD 引脚说明

引脚名	类 型	描 述
SWCLK	输入	串行时钟。SWD 调试模式时，为调试逻辑提供时钟
SWDIO	输入/输出	串行调试数据输入/输出。用于 LPC1110 处理器，与外部调试工具通信

在调试模式下，LPC1110 处理器不能从深度睡眠模式下唤醒，因此在调试过程中不能使用深度睡眠模式。

另外，调试模式会改变处理器的低功耗状态，并波及整个系统，这意味着调试模式下的功耗会高于正常运行的情况，因此在调试状态下测量系统功耗是无意义的。

调试过程中，当 CPU 被停止时系统滴答时钟将自动停止，其他外设不受影响。

第 4 章

LPC1110 处理器基础

本章将对 LPC1110 处理器的系统控制模块做详细介绍，对处理器引脚的配置和 I/O 复用做简要介绍，让读者对 LPC1110 处理器有一个初步的认识。在后续章节中将会对片上外设做详细介绍。

为了让读者能按照第 4 章的介绍迅速开发第一个 LPC1110 处理器应用小例程，本章还详细介绍了 GPIO 的功能以及 I/O 引脚的配置情况。

4.1 系统控制模块

LPC1110 系列处理器的系统控制模块包括：复位模块、时钟模块、功耗管理模块、掉电检测模块和内部 Flash 访问控制模块，本节将分别介绍这些模块。

系统控制块中寄存器的基地址为 0x40048000，与系统控制模块相关的处理器引脚如表 4-1 所列。

表 4-1 系统控制模块相关引脚

名 称	方 向	描 述
CLKOUT	输出	时钟输出引脚
PIO0_0～ PIO0_11	输入	通过 PIO0 启动唤醒逻辑
PIO1_0	输入	通过 PIO1 启动唤醒逻辑

每种 LPC1110 处理器都有其设备 ID，保存在 DEVICE_ID 寄存器，该寄存器只读，地址为 0x400483F4，位域定义如表 4-2 所列。

表 4-2 设备 ID 寄存器 DEVICE_ID

位 域	符 号	描 述
[31:0]	DEVICE_ID	0x041E 502B:对应于 LPC1111FHN33/101 0x0416 502B:对应于 LPC1111FHN33/201 0x042D 502B:对应于 LPC1112FHN33/101 0x0425 502B:对应于 LPC1112FHN33/201 0x0434 502B:对应于 LPC1113FHN33/201 0x0434 102B:对应于 LPC1113FHN33/301、LPC1113FBD48/301 0x0444 502B:对应于 LPC1114FHN33/201 0x0444 102B:对应于 LPC1114FHN33/301、LPC1114FBD48/301、LPC1114FA44/301

4.1.1 复位模块

LPC1110 有 4 个硬件复位源:RESET 引脚、看门狗复位、上电复位(POR)和掉电检测(BOD)。此外,还有软件复位。

RESET 引脚是一个施密特触发器输入引脚,一旦其电压达到一个可用电平,将会启动 IRC(内部 RC 振荡器)使复位一直保持有效直到外部复位失效,而振荡器将一直在运行,Flash 控制器也已完成其初始化。

当 Cortex-M0 处理器之外的外部中断源(POR、OBD 复位、外部复位、看门狗复位)有效时,IRC 启动。在 IRC 开始计时后(上电后最多 6 μs),IRC 提供一个稳定的时钟输出。

复位之后,将执行以下动作:

① 执行 ROM 启动处的引导代码,引导代码完成引导任务,并可能跳转到 Flash 中。

② Flash 上电大约需要 100 μs;然后 Flash 初始化序列开始大约需要 250 个周期。

当内部复位被移除之后,处理器从地址 0 处(即最初的从引导块映射的复位向量)开始执行。在那里,所有的处理器和外设的寄存器被初始为预定值。

系统启动是从 ROM、Flash 还是 SRAM 中读取 ARM 中断向量由系统内存重映射寄存器 SYSMEMREMAP 来决定,其地址为 0x4004 8000。位域定义如表 4-3 所列,复位值为 0x00。

表 4-3 重映射寄存器 SYSMEMREMAP

位 域	符 号	描 述
[1:0]	MAP	系统内存映射 00:BootLoader 模式,中断向量被重映射到 Boot ROM 中 01:UserRAM 模式,中断向量被重映射到 SRAM 中 10/11:用户 Flash 模式,中断向量没被重映射,仍驻留在 Flash 中
[31:2]	—	保留

系统复位状态寄存器 SYSRSTSTAT 可以保存最新的复位事件源。其地址为 0x40048030，位域定义如表 4-4 所列，复位值为 0x00。通过往该寄存器中任何位写 1 清除该位。POR 事件(Power on Reset，上电复位)可清除该寄存器中其他所有位，但是如果另外一个复位信号(如 EXTRST)在 POR 信号消失之后仍然存在，那么它相应的位将被设置为已被检测状态。

表 4-4　系统复位状态寄存器 SYSRSTSTAT

位　域	符　号	描　述
0	POR	POR 复位状态： 0：未检测到 POR；1：已检测到 POR
1	EXTRST	外部 RESET 引脚的状态： 0：未检测到 RESET；1：已检测到 RESET
2	WDT	看门狗复位的状态： 0：未检测到 WDT 事件；1：已检测到 WDT 复位
3	BOD	掉电检测(BOD)复位状态： 0：未检测到 BOD 复位；1：已检测到 BOD 复位
4	SYSRST	软件系统复位状态： 0：未检测到系统复位；1：已检测到系统复位
[31：5]	—	保留

系统上电复位之后，PIO 端口的状态可以从 POR 捕获 PIO 状态寄存器 PIOPORCAP0 和 PIOPORCAP1 中读取，这两个寄存器均为只读寄存器，地址分别为 0x4004 8100 和 0x4004 8104。位域定义如表 4-5 和表 4-6 所列，复位值依赖用户的实现。

表 4-5　POR 捕获 PIO 状态寄存器 PIOPORCAP0

位　域	符　号	描　述
0	CAPPIO0_0	PIO0_0 原始复位输入状态
1	CAPPIO0_1	PIO0_1 原始复位输入状态
[11：2]	CAPPIO0_11～CAPPIO0_2	PIO0_11～PIO0_2 原始复位输入状态
[23：12]	CAPPIO1_11～CAPPIO1_0	PIO1_11～PIO1_0 原始复位输入状态
[31：24]	CAPPIO2_7～CAPPIO2_0	PIO2_7～PIO2_0 原始复位输入状态

表 4－6　POR 捕获 PIO 状态寄存器 PIOPORCAP1

位　域	符　号	描　述
0	CAPPIO2_8	PIO2_8 原始复位输入状态
1	CAPPIO2_9	PIO2_9 原始复位输入状态
2	CAPPIO2_10	PIO2_10 原始复位输入状态
3	CAPPIO2_11	PIO2_11 原始复位输入状态
4	CAPPIO3_0	PIO3_0 原始复位输入状态
5	CAPPIO3_1	PIO3_1 原始复位输入状态
6	CAPPIO3_2	PIO3_2 原始复位输入状态
7	CAPPIO3_3	PIO3_3 原始复位输入状态
8	CAPPIO3_4	PIO3_4 原始复位输入状态
9	CAPPIO3_5	PIO3_5 原始复位输入状态
[31：10]	—	保留

如果希望对处理器上的片上外设 SPI 和 I^2C 复位，则可使用外设复位控制寄存器 PRESETCTRL。该寄存器的地址为 0x40048004，位域定义如表 4－7 所列，复位值为 0x00。

表 4－7　外设复位控制寄存器 PRESETCTRL

位　域	符　号	描　述
0	SSP0_RST_N	SPI0 复位控制： 0：复位 SPI0 外设；1：SPI0 复位失效
1	I^2C_RST_N	I^2C 复位控制： 0：复位 I^2C 外设；1：I^2C 复位失效
2	SSP1_RST_N	SPI1 复位控制： 0：复位 SPI1 外设；1：SPI1 复位失效
[31：5]	—	保留

4.1.2　时钟模块

LPC1110 时钟发生单元内部结构(CGU)如图 4－1 所示。时钟源包括 3 个独立的振荡器，它们分别是系统振荡器、内部 RC 振荡器(IRC)和看门狗振荡器。在具体应用程序中，每个振荡器都可以有不止一个用途。

如 4.1.1 小节所述,复位之后处理器首先使用 IRC,直到通过软件进行切换振荡器,因此系统 Bootloader 是运行在一个已知的频率下,而不受任何外部晶振的影响。

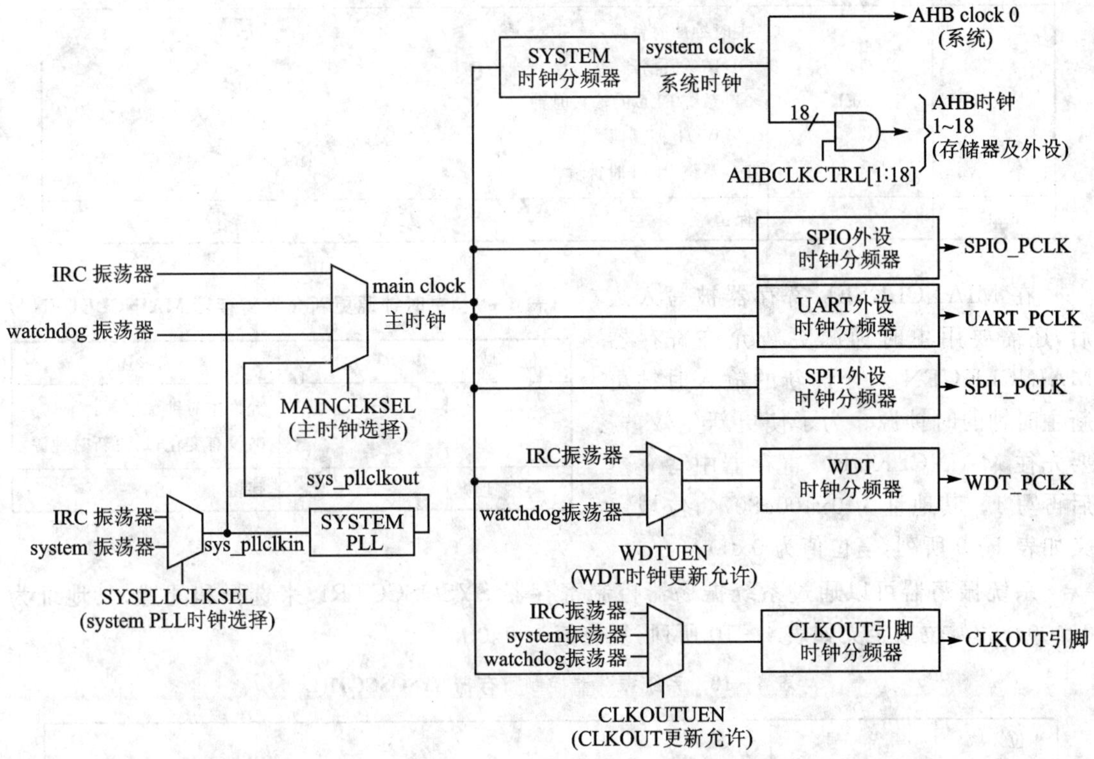

图 4-1　时钟发生单元内部结构

SYSAHBCLKCTRL 寄存器用于分配系统时钟给不同的外设和存储器。UART、SPI0/1 和 SysTick 定时器都有各自的时钟分频器,以从主时钟获得适合各自的外设时钟。

主时钟、IRC 输出的时钟、系统振荡器和看门狗振荡器可以从 CLKOUT 引脚直接观察到。

系统选择哪个振荡器作为系统主时钟,由主时钟源选择寄存器 MAINCLKSEL 决定,可直接选择 System PLL 的任何输入,也可以选择 sys_pllclkout、看门狗或 IRC 振荡器作为系统主时钟。系统主时钟为内核、外设和存储器提供时钟。MAINCLKSEL 的地址为 0x4004 8070,位域定义如表 4-8 所列,复位值为 0x00。

表 4-8　主时钟源选择寄存器 MAINCLKSEL

位　域	符　号	描　述
[1:0]	SEL	主时钟的时钟源： 00:IRC 振荡器 01:系统 PLL 的输入时钟 10:WDT 振荡器 11:系统 PLLl 时钟输出
[31:8]	—	保留

在 MIANCLKSEL 寄存器被写入之后，还需要用主时钟源更新允许寄存器 MAINCLKUEN 来允许新的输入时钟更新主时钟的时钟源。为了使更新生效，需要先在 MAINCLKUEN 寄存器中写 0 然后再写 1。其地址为 0x40048074，位域定义如表 4-9 所列，复位值为 0x00。

表 4-9　主时钟源更新允许寄存器 MAINCLKUEN

位　域	符　号	描　述
0	ENA	允许主时钟源更新： 0:没有变化；1:更新时钟源
[31:1]	—	保留

系统振荡器可以通过系统振荡器控制寄存器 SYSOSCCTRL 来选择和配置，其地址为 0x40048020，位域定义如表 4-10 所列，复位值为 0x00。

表 4-10　系统振荡器控制寄存器 SYSOSCCTRL

位　域	符　号	描　述
0	BYPASS	是否旁路系统振荡器： 0:振荡器不被旁路 1:旁路被允许。PLL 输入(sys_osc_clk)由 XTALIN 和 XTALOUT 直接提供
1	FREQRANGE	为低功耗振荡器确定频率范围： 0:1～20 MHz 频率范围 1:15～25 MHz 频率范围
[31:2]	—	保留

看门狗振荡器通过看门狗振荡器控制寄存器 WDTOSCCTRL 来选择和配置，其地址为 0x40048024，位域定义如表 4-11 所列，复位值为 0x00。看门狗振荡器包含一个模拟部分和一个数字部分。模拟部分包括振荡器功能及产生模拟时钟，通过数字部分将模拟输出时钟(Fclkana)分频为所需的输出时钟频率 wdt_osc_clk。模拟输出时钟的频率可以根据频率选择位(FREQSEL)在 500 kHz～3.4 MHz 之间调整；通过数字部分，使用分频器选择位(DIVSEL)将 Fclkana 分频以达到 wdt_osc_clk 所设置的频率(分频器的值为 2,4,……,64)。看

门狗振荡器输出时钟频率可以根据 wdt_osc_clk＝Fclkana/(2×(1＋DIVSEL))计算。

注意，任何 FREASEL 位的设置都将产生一个列出的频率值± 25％误差的频率。

表 4－11　看门狗振荡器控制寄存器 WDTOSCCTRL

位　域	符　号	描　述
[4：0]	DIVSEL	为 Fclkana 选择分频值 DIVSEL： 0000：2　0001：4　0010：6 … 1111：64
[8：5]	FREQSEL	选择看门狗振荡器模拟输出频率(Fclkana)： 0001：0.5 MHz　0010：0.8 MHz　0011：1.1 MHz 0100：1.4 MHz　0101：1.6 MHz (复位值) 0110：1.8 MHz　0111：2.0 MHz　1000：2.2 MHz 1001：2.4 MHz　1010：2.6 MHz　1011：2.7 MHz 1100：2.9 MHz　1101：3.1 MHz　1110：3.2 MHz 1111：3.4 MHz
[31：9]	—	保留

IRC 振荡器可以由内部 RC 振荡器控制寄存器 IRCCTRL 来调整，其地址为 0x40048028，位域定义如表 4－12 所列，复位值为 0x080，调整值由厂家预置，并在启动时被 Bootloader 写入。

表 4－12　IRC 控制寄存器 IRCCTRL

位　域	符　号	描　述
[7：0]	TRIM	调整值，复位值为 0x10000000
[31：8]	—	保留

图 4－1 中，CLKOUT 的时钟源 clkout_clk 可以是所有振荡器或主时钟。通过 CLKOUT 时钟源选择寄存器 CLKOUTCLKSEL 来选择 clkout_clk 时钟源。其地址为 0x4004 80E0，位域定义如表 4－13 所列，复位值为 0x00。

表 4－13　CLKOUT 时钟源选择寄存器 CLKOUTCLKSEL

位　域	符　号	描　述
[1：0]	SEL	PLL 时钟源： 00：IRC 振荡器；　01：系统振荡器 10：WDT 振荡器；　11：主时钟
[31：2]	—	保留

在 CLKOUTCLKSEL 寄存器被写入以后，必须通过对 CLKOUTUEN 寄存器先写 0 再写 1 才能更新 CLKOUT 时钟源 clkout_clk。其地址为 0x4004 80E4，位域定义如表 4-14 所列，复位值为 0x00。

表 4-14 CLKOUT 时钟源更新允许寄存器 CLKOUTUEN

位 域	符 号	描 述
0	ENA	允许 CLKOUT 时钟源更新 0：没有变化；1：更新时钟源
[31：1]	—	保留

clkout_clk 时钟的分频值由 CLKOUT 时钟分频器寄存器 CLKOUTCLKDIV 设置，其地址为 0x400480E8，位域定义如表 4-15 所列，复位值为 0x00。

图 4-1 中，AHB 时钟通过对主时钟分频获得，以给内核、存储器和外设提供系统时钟。AHB 时钟由系统 AHB 时钟分频器寄存器 SYSAHBCLKDIV 控制，可以通过设置 DIV 位为 0x0，完全关闭系统时钟。该寄存器的地址为 0x40048078，位域定义如表 4-16 所列，复位值为 0x001。

表 4-15 CLKOUT 时钟分频器寄存器 CLKOUTCLKDIV

位 域	符 号	描 述
[7：0]	DIV	CLKOUT 时钟分频值： 0：关闭 CLKOUT 时钟 1：分频值为 1 2：分频值为 2 … 255：分频值为 255
[31：8]	—	保留

表 4-16 系统 AHB 时钟分频器寄存器 SYSAHBCLKDIV

位 域	符 号	描 述
[7：0]	DIV	系统 AHB 时钟分频值： 0：禁止系统时钟 1：分频值为 1 2：分频值为 2 … 255：分频值为 255
[31：8]	—	保留

图 4-1 中，系统时钟 system clock 提供给 AHB 到 APB 桥、AHB 矩阵、ARM Cortex-M0 核、Syscon 模块和 PMU，这个时钟不能被禁止。系统 AHB 时钟控制寄存器 AHBCLKCTRL 用于允许提供时钟给系统和外设模块。该寄存器的地址为 0x40048080，位域定义如表 4-17 所列，复位值为 0x85F。

表 4-17 系统 AHB 时钟控制寄存器 SYSAHBCLKCTRL

位域	符号	描述	位域	符号	描述
0	SYS	允许 AHB 到 APB 桥、AHB 矩阵、Cortex-M0 FCLK 和 HCLK、SysCon 和 PMU 的时钟，该位只读： 0:保留;1:允许	9	CT32B0	允许 CT32B0 的时钟： 0:禁止;1:允许
			10	CT32B1	允许 CT32B1 的时钟： 0:禁止;1:允许
			11	SSP0	允许 SPI0 的时钟： 0:禁止;1:允许
1	ROM	允许 ROM 的时钟： 0:禁止;1:允许	12	UART	允许 UART 的时钟。在 UART 时钟允许之前，必须配置 IOCON 模块中的 UART 引脚 0:禁止;1:允许
2	RAM	允许 RAM 的时钟： 0:禁止;1:允许			
3	FLASHREG	允许 Flash 寄存器接口的时钟： 0:禁止;1:允许	13	ADC	允许 ADC 的时钟： 0:禁止;1:允许
			14	—	保留
4	FLASHARRAY	允许 Flash 阵列存取的时钟： 0:禁止;1:允许	15	WDT	允许 WDT 的时钟： 0:禁止;1:允许
5	I^2C	允许 I^2C 的时钟： 0:禁止;1:允许	16	IOCON	允许 IOCON 的时钟： 0:禁止;1:允许
6	GPIO	允许 GPIO 的时钟： 0:禁止;1:允许	17	—	保留
7	CT16B0	允许 CT16B0 的时钟： 0:禁止;1:允许	18	SSP1	允许 SPI1 的时钟： 0:禁止;1:允许
8	CT16B1	允许 CT16B1 的时钟： 0:禁止;1:允许	[31:19]	—	保留

图 4-1 中，SPI0 时钟 SPI0_PCLK 和 SPI1 时钟 SPI1_PCLK 分别由 SPI0 时钟分频器寄存器 SSP0CLKDIV 和 SPI1 时钟分频器寄存器 SSP1CLKDIV 来设置分频值。SSP0CLKDIV 和 SSP1CLKDIV 寄存器的地址分别为 0x40048094 和 0x4004809C，位域定义如表 4-18 所列，复位值均为 0x00。设置 DIV 位域为 0x00，可以关闭 SPI0 或 SPI1 时钟。

图 4-1 中，UART 时钟 UART_PCLK 由 UART 时钟分频器寄存器 UARTCLKDIV 来设置分频值。该寄存器的地址为 0x40048099 和 0x4004809C，位域定义如表 4-19 所列，复位值均为 0x00。设置 DIV 位域为 0x00，可关闭 UART 时钟。

表 4-18 SPI0/1 时钟分频器寄存器 SSP0CLKDIV/SSP1CLKDIV

位域	符号	描述
[7:0]	DIV	SPI1_PCLK 时钟分频值： 0:禁止 SPI1_PCLK 时钟 1:分频值为 1　2:分频值为 2 … 255:分频值为 255
[31:8]	—	保留

表 4-19 UART 时钟分频器寄存器 UARTCLKDIV

位域	符号	描述
[7:0]	DIV	UART_PCLK 时钟分频值： 0:禁止 UART_PCLK 时钟 1:分频值为 1　2:分频值为 2 … 255:分频值为 255
[31:8]	—	保留

图 4-1 中，WDT 的时钟源可以是 IRC 振荡器、WDT 振荡器或主时钟。通过 WDT 时钟源选择寄存器 WDTCLKSEL 来选择其时钟源。该寄存器的地址为 0x400480D0，位域定义如表 4-20 所列，复位值为 0x00。

在 WDTCLKSEL 寄存器被写入以后，必须通过对 WDTCLKUEN 寄存器先写 0 再写 1 才能更新 WDT 的时钟源。该寄存器的地址为 0x4004 80D4，位域定义如表 4-21 所列，复位值为 0x00。

表 4-20 WDT 时钟源选择寄存器 WDTCLKSEL

位域	符号	描述
[1:0]	SEL	PLL 时钟源： 00:IRC 振荡器；01:主时钟 10:WDT 振荡器；11:保留
[31:2]	—	保留

表 4-21 看门狗时钟源更新允许寄存器 WDTCLKUEN

位域	符号	描述
0	ENA	允许 WDT 时钟源更新： 0:没有变化；1:更新时钟源
[31:1]	—	保留

图 4-1 中，WDT_PCLK 时钟的分频值由 WDT 时钟分频器寄存器 WDTCLKDIV 设置，其地址为 0x400480D8，位域定义如表 4-22 所列，复位值为 0x00。

表 4-22 WDT 时钟分频器寄存器 WDTCLKDIV

位域	符号	描述
[7:0]	DIV	WDT 时钟分频值： 0:关闭 WDT 时钟 1:分频值为 1　2:分频值为 2 … 255:分频值为 255
[31:8]	—	保留

图 4-1 中，SYSTEM PLL 模块用于为处理器内核和片上外设产生时钟，其结构如图 4-2 所示。

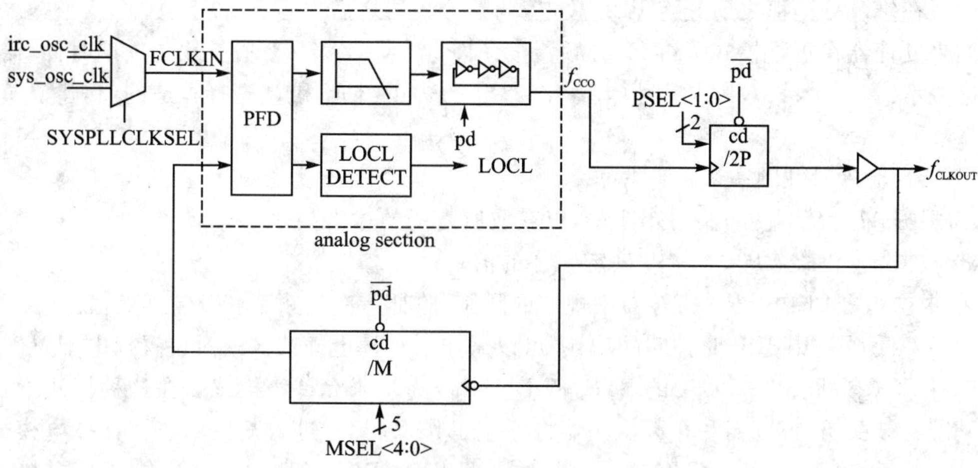

图 4-2　系统 PLL 内部结构

系统 PLL 模块可接收来自不同时钟源的时钟，输入的时钟信号先倍频到一个较高的频率，然后再分频分别提供给 CPU、外设、存储器。系统 PLL 的输入时钟频率范围从 10 MHz～5 MHz，f_{CCO}频率范围是 156 MHz～320 MHz，f_{CCO}既可以被后可编程分频器 2P 分频，也可以直接输出。主输出时钟 f_{CLKOUT} 被可编程反馈分频器 M 分频，然后产生反馈时钟。相频检测器(PFD)的输出信号也可以被锁定监测器 LOCK DETECT 监测，在 PLL 被锁定该输入时钟时发出信号。

系统 PLL 控制寄存器 SYSPLLCTRL 用于连接和允许系统 PLL、配置 PLL 倍频器和分频器的值。其地址为 0x40048008，位域定义如表 4-23 所列，复位值为 0x00。

表 4-23　系统 PLL 控制寄存器 SYSPLLCTRL

位　域	符　号	描　述
[4：0]	MSEL	反馈分频器值。分频器的值 M 是 MSEL 的值＋1 00000：分频器值 M ＝ 1 … 11111：分频器值 M ＝ 32
[6：5]	PSEL	后分频器值 P，分频器值为 2×P 00：P ＝ 1；01：P ＝ 2；10：P ＝ 4；11：P ＝ 8
[31：7]	—	保留。不要将 1 写到这些保留位中

不建议在 PLL 运行时改变分频器的值。由于无法和分频器同步改变 MSEL 和 PSEL 的值,所以可能产生计数器读取一个未定义值的风险,这将导致多余的毛刺和输出时钟频率的下降。建议在修改分频值之前先将 PLL 关电,调整分频器之后再将 PLL 上电。

如果处理器在正常模式下,而后分频器被允许,产生一个 50 %占空比的周期时钟,需要满足频率关系:$f_{CLKOUT}=M\times f_{CLKIN}=(f_{CCO})/(2\times P)$;为了给 M 和 P 选择合适的值,建议遵循以下步骤:

① 指定输入时钟频率×f_{CLKIN};

② 根据 $M=f_{CLKOUT}/f_{CLKIN}$ 计算 M,以获取所需的的输出频率 f_{CLKOUT};

③ 根据 $f_{CCO}=2\times P\times f_{CLKOUT}$ 确定 f_{CCO} 的值;

④ 根据 SYSPLLCTRL 寄存器中规定的限制,验证所有的频率和分频器的值。

为了降低不需要 PLL 时钟时的功耗,可以采用一种掉电模式。通过设置掉电配置寄存器 PDRUNCFG(参见表 4-29)中的 SYS_PLL_PD 位为 1 来允许该模式。在这种模式下,内部电流基准将被关闭,振荡器和相频检测器将停止工作,分频器进入复位状态。在掉电模式下,锁定输出为低,以表示 PLL 没有锁定。通过设置 SYS_PLL_PD 位为 0 来终止掉电模式时,PLL 将恢复正常运行,一旦重新获得输入时钟锁定,PLL 将会把锁定信号置高。

锁定检测器测量输入和反馈时钟上升沿相位的差别。只有在差别小于"锁定标准"并连续超过 8 个输入时钟周期时,锁定输出才从低切换到高。单独一个很大的相位差会立即复位计数器,并引起锁定信号下降(如果为高的话)。要求测量连续的 8 个相位低于某一定值的,可确保锁定检测器在输入和反馈时钟的相位和频率没有很好的对齐之前不会指示锁定。这可有效地防止错误锁定标志,从而确保无干扰信号锁定。系统 PLL 是否被锁定可以通过读取系统 PLL 状态寄存器 SYSPLLSTAT 来获得。该寄存器是一个只读寄存器,其地址为 0x4004800C,位域定义如表 4-24 所列,复位值为 0x00。

系统 PLL 的时钟源通过系统 PLL 时钟源选择寄存器 SYSPLLCLKSEL 来设置。其地址为 0x40048040,位域定义如表 4-25 所列,复位值为 0x00。

表 4-24 系统 PLL 状态寄存器 SYSPLLSTAT

位 域	符 号	描 述
0	LOCK	PLL 锁定状态: 0:未锁定;1:已锁定
[31:1]	—	保留

表 4-25 系统 PLL 时钟源选择寄存器 SYSPLLCLKSEL

位 域	符 号	描 述
[1:0]	SEL	PLL 时钟源: 00:IRC 振荡器;01:系统振荡器 10:WDT 振荡器;11:保留
[31:2]	—	保留

在 SYSPLLCLKSEL 寄存器被写入以后,必须通过对 SYSPLLCLKUEN 寄存器先写 0 再写 1 才能更新系统 PLL 的时钟源。其地址为 0x40048044,位域定义如表 4-26 所列,复位值为 0x00。

系统滴答定时器可以通过系统嘀嗒定时器校准寄存器 SYSTCKCAL 来校准，该寄存器的地址为 0x40048158，位域定义如表 4－27 所列，复位值为 0x004。

表 4－26 系统 PLL 时钟源更新允许寄存器 SYSPLLUEN

位 域	符 号	描 述
0	ENA	允许 PLL 时钟源更新： 0：没有变化；1：更新时钟源
[31：1]	—	保留

表 4－27 系统滴答定时器校准寄存器 SYSTCKCAL

位 域	符 号	描 述
[25：0]	CAL	系统时钟计时器校准值，复位值为 0x04
[31：26]	—	保留

4.1.3 掉电检测模块

LPC1110 可以对 V_{DD}（3.3 V）引脚进行监视，电压阈值有 4 个，如果电压下降到选定的电平（4 个电平之一），那么掉电检测模块 BOD 会产生一个中断信号到 NVIC。若该信号被 NVIC 的中断允许寄存器允许，则引发一个 CPU 中断；若未被允许，则软件可以通过读一个专门的状态寄存器来监视这个信号。此外还可在 4 个阈值电平之中选择一个，当电压下降到该电平时处理器将被强制复位。掉电检测模块 BOD 由 BOD 控制寄存器 BODCTRL 进行设置，其地址为 0x40048150，位域定义如表 4－28 所列，复位值为 0x00。

表 4－28 BOD 控制寄存器 BODCTRL

位 域	符 号	描 述
[0：1]	BODRSTLEV	BOD 复位电平设置： 00：电平 0：复位的有效阈值电压 1.46 V；复位的无效阈值电压 1.63 V 01：电平 1：复位的有效阈值电压 2.06 V；复位的无效阈值电压 2.15 V 10：电平 2：复位的有效阈值电压 2.35 V；复位的无效阈值电压 2.43 V 11：电平 3：复位的有效阈值电压 2.63 V；复位的无效阈值电压 2.71 V
[3：2]	BODINTVAL	BOD 中断电平设置： 00：电平 0：中断有效阈值电压 1.65 V；中断无效阈值电压 1.80 V 01：电平 1：中断有效阈值电压 2.22 V；中断无效阈值电压 2.35 V 10：电平 2：中断有效阈值电压 2.52 V；中断无效阈值电压 2.66 V 11：电平 3：中断有效阈值电压 2.80 V；中断无效阈值电压 2.90 V
4	BODRSTENA	允许 BOD 复位： 0：禁止复位功能；1：允许复位功能
[31：5]	—	保留

4.1.4 功耗管理模块

LPC1110 支持功耗控制的多项特性。当芯片运行时，通过选择 LPC1110 模块的电源和时钟，可以优化处理器运行时的电源消耗。

通过更换时钟源、重新配置 PLL 值和/或更改系统时钟分频器值可控制 CPU 时钟频率。这可以根据应用需求来对功耗和处理速度进行权衡。这些功能通过设置前面所述的 AHB-CLKCTRL、SYSAHBCLKDIV 和 CLKOUTDIV 寄存器来实现。

运行时功耗控制允许用户关闭片上外设的各自的时钟，也允许通过关闭应用程序所不需要的外设来减少动态功耗。被选外设(UART、SPI 0/1、看门狗定时器)有自行控制功耗的时钟分频器。这些功能通过设置前面所述的 SSP0CLKDIV、UARTCLKDIV、SSP1CLKDIV 和 WDTCLKDIV 寄存器来实现。

此外，还有 3 个专门的省电模式：睡眠模式、深度睡眠模式和深度掉电模式。功耗管理单元 PMU 可控制是进入睡眠模式，还是进入到深度睡眠模式。在睡眠模式下，ARM 核时钟被关闭，但是外设可以留着继续运行。在深度睡眠模式下，用户可以选择模拟模块、Flash、振荡器保持不掉电还是关闭电源，从而在一个很大范围内配置如何调整功耗。

注意，切记任何省电模式都不支持调试模式。

下面将对 LPC1110 处理器的各种功耗模式做介绍。

(1) 运行模式

在运行模式下，ARM Cortex－M0 内核、存储器和外设由系统时钟提供时钟。AHB-CLKCTRL 寄存器控制哪个存储器和外设运行。系统时钟频率可由 AHBCLKIDV 寄存器选择。除系统时钟之外，所选外设还有自己的外设时钟，这些外设时钟都带有自己的分频器。可以通过各自的时钟分频器寄存器来关闭这些外设时钟。

一些模拟模块(PLL、振荡器、ADC、BOD 电路、Flash 模块)的电源可由通过掉电配置寄存器 PDRUNCFG 单独控制。该寄存器的地址为 0x40048238，位域定义如表 4－29 所列，复位值为 0x0000 EDF0。

(2) 睡眠模式

在睡眠模式下，ARM Cortex－M0 的系统时钟已经停止工作，指令执行被挂起，直到一个复位或中断发生为止。处理器按照下列步骤进入睡眠模式：

① 写 0 到 ARM Cortex－M0 的系统控制寄存器 SCR 的 SLEEPDEEP 位；

② 使用 ARM Cortex－M0 的等待中断(WFI)指令。

当中断到达处理器时自动退出睡眠模式。

如果 AHBCLKCTRL 寄存器选择提供时钟，则外设功能在睡眠模式下仍然可以执行，而且可以产生中断来引起处理器恢复运行。睡眠模式将减少处理器自身、存储系统和相关控制器及内部总线使用的动态功耗。进入睡眠模式后，处理器状态和寄存器、外设寄存器、内部

SRAM 的值被保持，引脚的逻辑电平不变。

表 4-29 掉电配置寄存器 PDRUNCFG

位 域	符 号	描 述	位 域	符 号	描 述
0	IRCOUT_PD	IRC 振荡器输出掉电控制：0：有电；1：无电	6	WDTOSC_PD	看门狗振荡器掉电控制：0：有电；1：无电
1	IRC_PD	IRC 振荡器掉电控制：0：有电；1：无电	7	SYS_PLL_PD	系统 PLL 掉电控制：0：有电；1：无电
2	FLASH_PD	Flash 掉电控制：0：有电；1：无电	8	—	保留
			9	—	保留。在运行模式下正常执行时该位必须置 0
3	BOD_PD	BOD 掉电控制：0：有电；1：无电	10	—	保留
4	ADC_PD	ADC 掉电控制：0：有电；1：无电	11		保留。在运行模式下，该位必须置 1
5	SYSOSC_PD	系统振荡器掉电控制：0：有电；1：无电	12	—	保留。在运行模式下正常执行时该位必须置 0
			[31：13]	—	保留

(3) 深度睡眠模式

在深度睡眠模式下，芯片处于睡眠模式，系统时钟不可用，此外，通过深度睡眠配置寄存器 PDSLEEPCFG 可选择哪些模拟模块运行。该寄存器其地址为 0x40048230，位域定义如表 4-30 所列，复位值为 0x00。进入睡眠模式后，PDSLEEPCFG 寄存器的值将自动加载到 PDRUNCFG 寄存器中。

表 4-30 深度睡眠配置寄存器 PDSLEEPCFG

位 域	符 号	描 述	位 域	符 号	描 述
0	IRCOUT_PD	深度睡眠模式下 IRC 振荡器输出掉电控制 0：有电；1：无电	6	WDTOSC_PD	深度睡眠模式下看门狗振荡器掉电控制 0：有电；1：无电
1	IRC_PD	深度睡眠模式下 IRC 振荡器掉电控制 0：有电；1：无电	7	SYSPLL_PD	深度睡眠模式下系统 PLL 掉电控制 0：有电；1：无电
2	FLASH_PD	深度睡眠模式下 Flash 掉电控制 0：有电；1：无电	8	—	保留
			9	—	保留。深度睡眠模式下该位必须置 0

续表 4-30

位　域	符　号	描　述	位　域	符　号	描　述
3	BOD_PD	深度睡眠模式下 BOD 掉电控制 0:有电;1:无电	10	—	保留
			11		保留。深度睡眠模式下该位必须置 1
4	ADC_PD	深度睡眠模式下 ADC 掉电控制 0:有电;1:无电	12	—	保留。深度睡眠模式下该位必须置 1
5	SYSOSC_PD	深度睡眠模式下系统振荡器掉电控制 0:有电;1:无电	[31:13]	—	保留

用户也可以通过唤醒后掉电配置寄存器 PDAWAKECFG 来配置哪些模块从深度睡眠模式下唤醒后运行。该寄存器的地址为 0x40048230,位域定义如表 4-31 所列,复位值为 0x0000EDF0。

表 4-31　唤醒后掉电配置寄存器 PDWAKECFG

位　域	符　号	描　述	位　域	符　号	描　述
0	IRCOUT_PD	唤醒后 IRC 振荡器输出掉电控制 0:有电;1:无电	6	WDTOSC_PD	唤醒后看门狗振荡器掉电控制 0:有电;1:无电
1	IRC_PD	唤醒后 IRC 振荡器掉电控制 0:有电;1:无电	7	SYSPLL_PD	唤醒后系统 PLL 掉电控制 0:有电;1:无电
			8	—	保留
2	FLASH_PD	唤醒后 Flash 掉电控制 0:有电;1:无电	9	—	保留。在运行模式下正常执行时该位必须置 0
3	BOD_PD	唤醒后 BOD 掉电控制 0:有电;1:无电	10	—	保留
			11	—	保留。在运行模式下,该位必须置 1
4	ADC_PD	唤醒后 ADC 掉电控制 0:有电;1:无电	12	—	保留。在运行模式下正常执行时该位必须置 0
5	SYSOSC_PD	唤醒后系统振荡器掉电控制 0:有电;1:无电	[31:13]	—	保留

按照下列步骤进入深度睡眠模式:

① 通过 PDSLEEPCFG 寄存器选择哪些模拟模块(振荡器、PLL、ADC、Flash、BOD)在深度睡眠模式下掉电。

② 通过 PDAWAKECFG 寄存器选择哪些模拟模块在从深度睡眠模式唤醒时上电。

③ 往 ARM Cortex - M0 的 SCR 寄存器的 SLEEPDEEP 写 1。

④ 使用 WFI 指令。

为了最小化深度睡眠模式的残留功耗，必须正确设置 PDSLEEPCFG 寄存器、PDAWAKECFG 寄存器和 PDRUNCFG 寄存器中的第 9、11 和 12 位。

在深度睡眠模式下，处理器状态和寄存器、外设寄存器、内部 SRAM 值被保持，引脚的逻辑电平不变。

深度睡眠请求一旦有效，Syscon 模块会将内核断电，PDSLEEPCFG 寄存器会加载 PDRUNCFG 寄存器的值，被选的模拟模块将会在后续的时钟边沿掉电。在 30 ns 延时后，处理器将进入深度睡眠模式，并可接收启动逻辑为唤醒处理器而发出的启动信号。

由于 IRC 采用一种机制来保证 12 MHz 振荡器关闭时无任何干扰，IRC 是 LPC1110 中唯一可以总是无故障关闭的振荡器，因此在芯片进入深度睡眠模式前，如果没有选择其他时钟源保持电源，建议用户选择 12 MHz 的 IRC 作为时钟源。

深度睡眠的优势是用户可以关闭时钟发生器模块，如振荡器和 PLL，从而比睡眠模式节省更多的动态功耗。此外，在深度睡眠模式下关闭 Flash 的电源可以降低静态漏电功耗，但是将 Flash 存储器唤醒时需要更多的时间开销。

可以不使用中断而通过监视启动逻辑(Start logic)的输入将 LPC1110 从深度睡眠模式中唤醒。PIO0_0～PIO0_11 以及 PIO1_1 这 13 个 PIO 引脚都连接到了启动逻辑，作为唤醒引脚。用户必须对启动逻辑寄存器的每个输入编程为对应的唤醒事件设置合适的边沿极性。这些唤醒引脚通过启动逻辑边沿控制寄存器 STARTPRP0 来控制，该寄存器的地址为 0x4004 8200，位域定义如表 4 - 32 所列。

表 4 - 32　启动逻辑边沿控制寄存器 STARTAPRP0

位　域	符　号	描　述
[11：0]	APRPIO0_11 －APRPIO0_0	选择启动逻辑输入 PIO0_11～ PIO0_0 是上升沿还是下降沿 0：下降沿；1：上升沿
12	APRPIO1_0	选择启动逻辑输入 PIO1_0 是上升沿还是下降沿 0：下降沿；1：上升沿
[31：13]	—	保留

启动逻辑中的启动唤醒信号通过启动逻辑信号允许寄存器 STARTERP0 来允许或禁止，该寄存器的地址为 0x40048204，位域定义如表 4 - 33 所列。另外，还必须在 NVIC 中允许对应的输入中断，唤醒引脚才有效，NVIC 中 0～12 中断对应到 13 个 PIO 引脚。

表 4-33　启动逻辑信号允许寄存器 STARTEPRP0

位　域	符　号	描　述
[11：0]	ERPIO0_11 -ERPIO0_0	允许启动逻辑输入 PIO0_11～ PIO0_0 0:禁止;1:允许
12	ERPIO1_0	允许启动逻辑输入 PIO1_0 0:禁止;1:允许
[31：13]	—	保留

启动逻辑在被允许后使用 PIO 输入信号来产生时钟边沿，它不需要任何时钟就可以产生从深度睡眠模式唤醒的中断，因此启动逻辑信号在使用前应先清除。通过启动逻辑复位寄存器 STARTRSP0CLR 来对启动逻辑中的启动逻辑信号进行复位清除，该寄存器其地址为 0x40048208，位域定义如表 4-34 所列。

表 4-34　启动逻辑信号复位寄存器 STARTRSP0CLR

位　域	符　号	描　述
[11：0]	RSRPIO0_11 -RSRPIO0_0	启动逻辑输入 PIO0_11～ PIO0_0 的启动信号复位 0:保留;1:复位启动信号
12	RSRPIO1_0	启动逻辑输入 PIO1_0 的启动信号复位 0:保留;1:复位启动信号
[31：13]	—	保留

启动逻辑中每个启动唤醒信号的状态可以通过启动逻辑状态寄存器 STARTSRP0 来读取，该寄存器的地址为 0x4004820C，位域定义如表 4-35 所列。

表 4-35　启动逻辑状态寄存器 STARTSRP0

位　域	符　号	描　述
[11：0]	SRPIO0_11 -SRPIO0_0	启动逻辑输入 PIO0_11～ PIO0_0 的启动信号状态 0:未接收到启动信号;1:启动信号挂起
12	SRPIO1_0	启动逻辑输入 PIO1_0 的启动信号状态 0:未接收到启动信号;1:启动信号挂起
[31：13]	—	保留

启动逻辑也能用在正常运行模式下(即不在睡眠模式或深度睡眠模式)，通过 LPC1110 的输入引脚来提供一个向量中断。

(4) 深度掉电模式

在深度掉电模式下，除 WAKEUP 引脚之外，整个芯片上的电源和时钟都关闭。功耗控制寄存器 PCON 处理器用于选择 WFI 指令之后，处理器是进入睡眠模式、深度睡眠模式还是深度掉电模式。该寄存器的地址为 0x40038000，位域定义如表 4-36 所列，复位值 0x00。

表 4-36 功耗控制寄存器 PCON

位 域	符 号	描 述
0	—	保留，此位不能写 1
1	DPDEN	深度掉电模式允许 0：WFI 指令之后将进入深度掉电模式（ARM Cortex-M0 核掉电） 1：WFI 指令之后将进入睡眠模式（ARM Cortex-M0 核的时钟关闭）
[7：2]	—	保留，此位不能写 1
8	SLEEPFLAG	睡眠模式标志 0：读，处理器处于运行模式；写，无效 1：读，进入睡眠/深度睡眠或深度掉电模式；写，将 SLEEPFLAG 清 0
[10：9]	—	保留，此位不能写 1
11	DPDFLAG	深度掉电标志位 0：读，未进入深度掉电模式；写，清除深度掉电标志 1：读，未进入深度掉电模式；写，无效
[31：12]	—	保留，此位不能写 1

处理器按照下列步骤进入深度掉电模式：

① 在外部将 WAKEUP 引脚拉高。

② 设置 PCON 寄存器中的 DPDEN 位。

③ 往 ARM Cortex-M0 的 SCR 寄存器中 SLEEPDEEP 位写 1。

④ 将 PDRUNCFG 寄存器的 IRCOUT_PD 和 IRC_PD 位置 0，确保 IRC 上电（默认设置）。

⑤ 使用 WFI 指令。

拉低 WAKEUP 引脚将 LPC1110 处理器从深度掉电模式中唤醒。在深度掉电模式下不能保持 SRAM 中的内容。但是，芯片上的 4 个通用寄存器 GPREG0～GPREG3 可保持数据，其地址为 0x40038004～0x40038010，这些寄存器只要给 V_{DD} 引脚供电就能保留数据。只有在冷启动时，所有电源都从处理器上移除才复位。因此可以使用这些寄存器保存一些需要的数据。

除了上述 4 个通用寄存器之外，还有 GPREG4 寄存器也有一样的功能，只是有些位域有特殊功能，其地址为 0x4003 8014，位域定义如表 4－37 所列，复位值 0x00。

表 4－37 通用寄存器 GPREG4

位 域	符 号	描 述
[9：0]	—	保留，不能将这些位写 1
10	WAKEUPHYS	设置允许 WAKEUP 引脚滞后否 0：禁止 WAKEUP 引脚滞后；1：允许 WAKEUP 引脚滞后
[31：11]	GPDATA	用于深度掉电模式下保持数据

处理器按照下列步骤从深度掉电模式中唤醒：

① 给 WAKEUP 引脚发送一个下降沿信号。PMU 将会打开片上电压调节器。处理器核电压达到上电复位（POR）跳变点时，将触发系统复位，芯片重新启动。除 GPREG0～GPREG4 和 PCON 外所有的寄存器都将进入复位状态。

② 一旦芯片启动，读取 PCON 寄存器的深度掉电标志，以确认复位是由来自深度掉电模式下的唤醒事件引起，而不是冷复位。

③ 清除 PCON 寄存器中的深度掉电标志位。

④ 读取存储在通用寄存器中的数据（可选项）。

⑤ 为下一次深度掉电周期设置 PMU。

4.1.5 内部 Flash 访问控制

用户可根据系统时钟频率设置内部 Flash 配置寄存器 FLASHCFG 来为 Flash 存储器配置不同的存取时间。该地址为 0x4003C010，位域定义如表 4－38 所列，复位值为 0x010。

注意，该寄存器设置不当可能导致 LPC1110 Flash 的错误操作。

表 4－38 Flash 配置寄存器 FLASHCFG

位 域	符 号	描 述
[1：0]	FLASHTIM	Flash 存储器存取时间。存取 Flash 所用的系统时钟数为 FLASHTIM ＋1 00：1，适合系统时钟频率为 20 MHz 01：2，适合系统时钟频率为 40 MHz 10：3，适合系统时钟频率为 50 MHz 11：保留
[31：2]	—	保留

4.2 处理器引脚及 I/O 功能配置

4.2.1 处理器引脚

LPC1110 系列提供 3 种封装：LQFP48（LPC1113、LPC1114、LPC11C1x）、PLCC44（LPC1114）和 HVQFN33（LPC1111、LPC1112、LPC1113、LPC1114）。图 4-3 所示为 LPC1114FBD48 的引脚配置图，其引脚功能描述如表 4-39 所列。其他 LPC1110 处理器的引脚配置可查阅相关处理器数据手册。

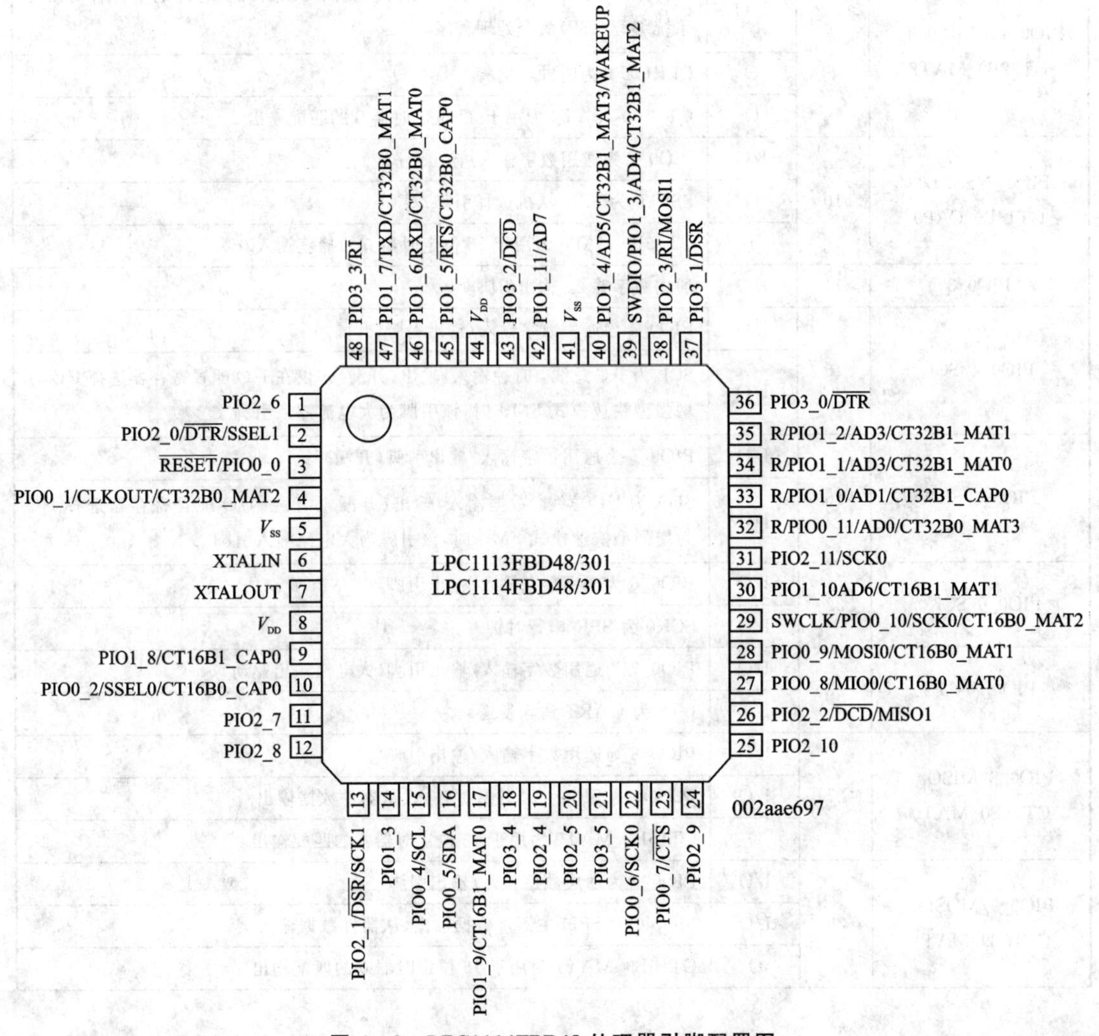

图 4-3 LPC1114FBD48 处理器引脚配置图

表 4-39 LPC1114FBD48 处理器引脚功能表

引脚名	引脚编号	类　型	描　述
PIO0_0～PIO0_11		I/O	Port 0 是一个 12 位的 I/O 端口,每个引脚可以独立控制方向和功能。通过 IOCONFIG 寄存器来选择和配置 Port 0 的功能
RESET/PIO0_0	3	I	RESET 为外部复位输入:此引脚上的低电平会使设备复位,I/O 端口和外设复位为初始的默认状态,并使处理器从 0 地址开始执行
		I/O	PIO0_0 为通用数字输入/输出引脚
PIO0_1/CLKOUT/CT32B0_MAT2	4	I/O	PIO0_1 为通用数字输入/输出引脚。复位时该引脚上有低电平将启动在线系统编程(ISP)命令处理程序
		O	CLKOUT 为时钟输出脚
		O	CT32B0_MAT2 为用于 32 位定时器 0 的匹配输出 2
PIO0_2/SSEL0/CT16B0_CAP0	10	I/O	PIO0_2 为通用数字输入/输出引脚
		O	SSEL0 为 SPI0 从机选择引脚
		I	CT16B0_CAP0 为用于 16 位定时器 0 的捕获输入 0
PIO0_3	14	I/O	通用数字输入/输出引脚
PIO0_4/SCL	15	I/O	PIO0_4 为通用数字输入/输出引脚(开漏)
		I/O	SCL 为 I^2C 总线,时钟输入/输出(开漏)。仅在 I/O 配置寄存器选择 I^2C 为增强型快速模式 FM+时,该引脚为大电流灌入引脚
PIO0_5/SDA	16	I/O	PIO0_5 为通用数字输入/输出引脚(开漏)
		I/O	SDA 为 I^2C 总线,数据输入/输出(开漏)。仅在 I/O 配置寄存器选择 I^2C 为增强型快速模式 FM+时,该引脚为大电流灌入引脚
PIO0_6/SCK0	22	I/O	PIO0_6 为通用数字输入/输出引脚
		I/O	SCK0 为 SPI0 串行时钟
PIO0_7/CTS	23	I/O	PIO0_7 为通用数字输入/输出引脚(大电流输出驱动)
		I/O	CTS 为 UART 清除发送
PIO0_8/MISO0/CT16B0_MAT0	27	I/O	PIO0_8 为通用数字输入/输出引脚
		I/O	MISO0 为 SPI0 主器件数据输入、从器件数据输出
		O	CT16B0_MAT0 为用于 16 位定时器 0 的匹配输出 0
PIO0_9/MOSI0/CT16B0_MAT1	28	I/O	PIO0_9 为通用数字输入/输出引脚
		I/O	MOSI0 为 SPI0 主器件数据输出、从器件数据输入
		O	CT16B0_MAT1 为用于 16 位定时器 0 的匹配输出 1

续表 4-39

引脚名	引脚编号	类 型	描 述
SWCLK/PIO0_10/SCK0/CT16B0_MAT2	29	I	SWCLK 为 JTAG 接口的串行时钟和测试时钟 TCK
		I/O	PIO0_10 为通用数字输入/输出引脚
		O	SCK0 为 SPI0 串行时钟
R/PIO0_11/AD0/CT32B0_MAT3	32	I	R 为保留,可在 IOCONFIG 模块中配置为替换功能
		I/O	PIO0_11 为通用数字输入/输出引脚
		I	AD0 为 A/D 转换器输入 0
PIO1_0 — PIO1_11		I/O	Port 1 是一个 12 位的 I/O 端口,每个引脚可以独立控制方向和功能。通过 IOCONFIG 寄存器来选择和配置 Port 1 的功能
R/PIO1_0/AD1/CT32B1_CAP0	33	I	R 为保留,可在 IOCONFIG 模块中配置为替换功能
		I/O	PIO1_0 为通用数字输入/输出引脚
		I	AD1 为 A/D 转换器输入 1
		I	CT32B1_CAP0 为用于 32 位定时器 1 的捕获输入 0
R/PIO1_1/AD2/CT32B1_MAT0	34	I	R 为保留,可在 IOCONFIG 模块中配置为替换功能
		I/O	PIO1_1 为通用数字输入/输出引脚
		I	AD2 为 A/D 转换器输入 2
		O	CT32B1_MAT0 为用于 32 位定时器 1 匹配输出 0
R/PIO1_2/AD3/CT32B1_MAT1	35	I	R 为保留,可在 IOCONFIG 模块中配置为替换功能
		I/O	PIO1_2 为通用数字输入/输出引脚
		I	AD3 为 A/D 转换器输入 3
		O	CT32B1_MAT1 为用于 32 位定时器 1 匹配输出 1
SWDIO/PIO1_3/AD4/CT32B1_MAT2	39	I/O	SWDIO 为串行线调试输入输出脚
		I/O	PIO1_3 为通用数字输入/输出引脚
		I	AD4 为 A/D 转换器输入 4
		O	CT32B1_MAT2 为用于 32 位定时器 1 匹配输出 2
PIO1_4/AD5/CT32B1_MAT3/WAKEUP	40	I/O	PIO1_4 为通用数字输入/输出引脚
		I	AD5 为 A/D 转换器输入 5
		O	CT32B1_MAT3 为用于 32 位定时器 1 匹配输出 3
		I	WAKEUP 为深度掉电模式唤醒引脚。要进入深度掉电模式必须从外部将该引脚拉高，拉低则退出深度掉电模式

续表 4－39

<table>
<tr><th>引脚名</th><th>引脚编号</th><th>类 型</th><th>描 述</th></tr>
<tr><td rowspan="3">PIO1_5/RTS/CT32B0_CAP0</td><td rowspan="3">45</td><td>I/O</td><td>PIO1_5 为通用数字输入/输出引脚</td></tr>
<tr><td>O</td><td>RTS 为 UART 请求发送</td></tr>
<tr><td>I</td><td>CT32B0_CAP0 为用于 32 位定时器 0 的捕获输入 0</td></tr>
<tr><td rowspan="3">PIO1_6/RXD/CT32B0_MAT0</td><td rowspan="3">46</td><td>I/O</td><td>PIO1_6 为通用数字输入/输出引脚</td></tr>
<tr><td>O</td><td>RXD 为 UART 数据接收</td></tr>
<tr><td>I</td><td>CT32B0_MAT0 为用于 32 位定时器 0 的匹配输出 0</td></tr>
<tr><td rowspan="3">PIO1_7/TXD/CT32B0_MAT1</td><td rowspan="3">47</td><td>I/O</td><td>PIO1_7 为通用数字输入/输出引脚</td></tr>
<tr><td>O</td><td>TXD 为 UART 数据发送</td></tr>
<tr><td>I</td><td>CT32B0_MAT1 为用于 32 位定时器 0 的匹配输出 1</td></tr>
<tr><td rowspan="2">PIO1_8/CT16B1_CAP0</td><td rowspan="2">9</td><td>I/O</td><td>PIO1_8 为通用数字输入/输出引脚</td></tr>
<tr><td>O</td><td>CT16B1_CAP0 为用于 16 位定时器 1 的捕获输入 0</td></tr>
<tr><td rowspan="2">PIO1_9/CT16B1_MAT0</td><td rowspan="2">17</td><td>I/O</td><td>PIO1_9 为通用数字输入/输出引脚</td></tr>
<tr><td>O</td><td>CT16B1_MAT0 为用于 16 位计时器 1 的匹配输出 0</td></tr>
<tr><td rowspan="3">PIO1_10/AD6/CT16B1_MAT1</td><td rowspan="3">30</td><td>I/O</td><td>PIO1_10 为通用数字输入/输出引脚</td></tr>
<tr><td>I</td><td>AD6 为 A/D 转换器输入 6</td></tr>
<tr><td>O</td><td>CT16B1_MAT1 为用于 16 位计时器 1 的匹配输出 1</td></tr>
<tr><td rowspan="2">PIO1_11/AD7</td><td rowspan="2">42</td><td>I/O</td><td>PIO1_11 为通用数字输入/输出引脚</td></tr>
<tr><td>I</td><td>AD7 为 A/D 转换器输入 7</td></tr>
<tr><td>PIO2_0 － PIO2_11</td><td></td><td></td><td>Port 2 是一个 12 位的 I/O 端口，每个引脚可以独立控制方向和功能。通过 IOCONFIG 寄存器来选择和配置 Port 2 的功能</td></tr>
<tr><td rowspan="3">PIO2_0/DTR/SSEL1</td><td rowspan="3">2</td><td>I/O</td><td>PIO2_0 为通用数字输入/输出引脚</td></tr>
<tr><td>O</td><td>DTR 为 UART 数据终端就绪输出</td></tr>
<tr><td>O</td><td>SSEL1 为 SPI1 从设备选择</td></tr>
<tr><td rowspan="3">PIO2_1/DSR/SCK1</td><td rowspan="3">13</td><td>I/O</td><td>PIO2_1 为通用数字输入/输出引脚</td></tr>
<tr><td>I</td><td>DSR 为 UART 数据输入就绪</td></tr>
<tr><td>I/O</td><td>SCK1 为 SPI1 串行时钟</td></tr>
<tr><td rowspan="3">PIO2_2/DCD/MISO1</td><td rowspan="3">26</td><td>I/O</td><td>PIO2_2 为通用数字输入/输出引脚</td></tr>
<tr><td>I</td><td>DCD 为 UART 数据载波侦测输入</td></tr>
<tr><td>I/O</td><td>MISO1 为 SPI1 主器件数据输入，从器件数据输出</td></tr>
</table>

续表 4-39

引脚名	引脚编号	类 型	描 述
PIO2_3/RI/MOSI1	38	I/O	PIO2_3 为通用数字输入/输出引脚
		I	RI 为 UART 振铃指示输入
		I/O	MOSI1 为 SPI1 主器件数据输出,从器件数据输入
PIO2_4	19	I/O	PIO2_4 为通用数字输入/输出引脚
PIO2_5	20	I/O	PIO2_5 为通用数字输入/输出引脚
PIO2_6	1	I/O	PIO2_6 为通用数字输入/输出引脚
PIO2_7	11	I/O	PIO2_7 为通用数字输入/输出引脚
PIO2_8	12	I/O	PIO2_8 为通用数字输入/输出引脚
PIO2_9	24	I/O	PIO2_9 为通用数字输入/输出引脚
PIO2_10	25	I/O	PIO2_10 为通用数字输入/输出引脚
PIO2_11/SCK0	31	I/O	PIO2_11 为通用数字输入/输出引脚
		I/O	SCK0 为 SPI0 串行时钟
PIO3_0 — PIO3_5			Port 3 是一个 12 位的 I/O 端口,每个引脚可以独立控制方向和功能。通过 IOCONFIG 寄存器来选择和配置 Port 3 的功能。PIO3_6 为 PIO3_11 无效
PIO3_0/DTR	36	I/O	PIO3_0 为通用数字输入/输出引脚
		O	DTR 为 UART 数据终端就绪输出
PIO3_1/DSR	37	I/O	PIO3_1 为通用数字输入/输出引脚
		O	DSR 为 UART 数据设备就绪
PIO3_2/DCD	43	I/O	PIO3_2 为通用数字输入/输出引脚
		O	DCD 为 UART 数据载波侦测输入
PIO3_3/RI	48	I/O	PIO3_3 为通用数字输入/输出引脚
		O	RI 为 UART 振铃指示输入
PIO3_4	18	I/O	PIO3_4 为通用数字输入/输出引脚
PIO3_5	21	I/O	PIO3_5 为通用数字输入/输出引脚
V_{DD}	8;44	I	用于内部电压调节器和 ADC 的 3.3 V 电压输入,也用作 ADC 参考电压
XTALIN	6	I	振荡器电路和内部时钟发生器的输入,输入电压不得超过 1.8 V
XTALOUT	7	O	振荡器放大输出
V_{SS}	5;41	I	地

注:

① RESET 引脚功能在深度掉电模式下无效。使用 WAKEUP 引脚复位芯片,并将其从深度掉电模式下唤醒。

② PIO 端口可接受 5 V 电压,可配置上拉/下拉电阻和滞后控制的数字 I/O 功能。当配置为 ADC 转换器的输入时,该

设备的数字部分将被禁用且相应引脚不再是 5 V 逻辑电平。

③ I^2C 引脚遵从 I^2C 标准模式和 I^2C 快速模式规范。

④ 当不使用系统振荡器时，XTALIN 与 XTALOUT 应这样连接：XTALIN 悬空或者接地(接地应作首选以减少对噪声的敏感度)。XTALOUT 悬空。

4.2.2 I/O 功能配置

表 4-39 列出的 LPC1110 处理器中很多 I/O 引脚都是复用的。标准引脚的配置如图 4-4 所示。

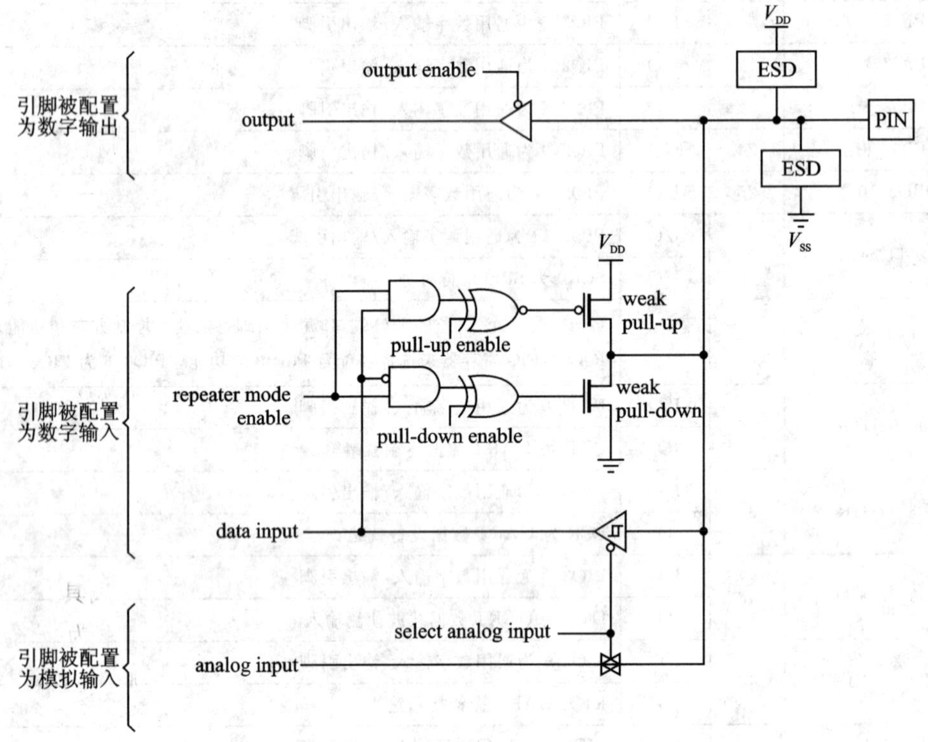

图 4-4 标准 I/O 引脚配置

用户通过 I/O 配置寄存器 IOCON 来配置每个 I/O 的以下功能特性：

- 引脚功能；
- 内部上拉/下拉电阻或总线保持功能；
- 滞后模式；
- ADC 输入端口可用作模拟端口或数字模式端口；
- 支持 I^2C 总线功能引脚的不同 I^2C 模式。

IOCON 寄存器的一般位域定义如表 4-40 所列。

表 4-40　IOCON 寄存器位域描述

位　域	符　号	描　述
[2:0]	FUNC	选择引脚功能 000:选择功能 1 001:选择功能 2(如果未定义功能 2,则保留) 010:选择功能 3(如果未定义功能 3,则保留) 011:选择功能 4(如果未定义功能 4,则保留) 100～111:保留
[4:3]	MODE	选择功能模式(片内上拉/下拉电阻控制) 00:无效模式(无上拉和下拉电阻被允许) 01:允许下拉电阻 10:允许上拉电阻 11:中继模式
5	HYS	滞后模式 1:禁止 0:允许
6	—	保留,复位值为 11
7	ADMODE	选择 模拟/数字模式(若无 AD 功能,则保留,复位值为 1) 0:模拟输入模式 1:数字功能模式
[31:8]	—	保留,复位值为 0

IOCON 寄存器中的 FUNC 位域用于将引脚设置为 GPIO(FUNC＝000)或具有某个外设功能。如果引脚配置为 GPIO 引脚,寄存器 GPIOnDIR 将决定这个端口是作为输入还是输出,该寄存器的位域定义如表 4-50 所列。如果配置为其他外设功能,则引脚方向根据引脚的功能特性自动决定,此时 GPIOnDIR 寄存器设置无效。

IOCON 寄存器中的 MODE 位域允许将每个引脚设置为片内上拉或下拉电阻,或者中继模式。片内电阻可配置为上拉或是下拉,或是关闭上拉、下拉,默认的值为上拉。如果引脚处于逻辑高电平那么中继模式将允许上拉电阻,如果为低电平则允许下拉电阻。如果引脚作为输入且没有外部驱动,那么引脚将保留上次的已知状态。深度掉电模式将不保持这种状态。如果引脚暂时没有被驱动,通常为中继模式,以防止引脚处于浮空状态(如果引脚处于一种不确定的状态,系统将潜在地启用一个有效电源)。

IOCON 寄存器中的 HYS 位域可以将数字功能的输入缓冲配置为带滞后功能或普通缓冲。如果外部引脚提供的电压 V_{DD} 在 2.5～3.6 V 之间,滞后缓冲可以被允许或禁止;如果

V_{DD}低于 2.5 V，那么在引脚处于输入模式的情况下必须禁止滞后缓冲。

在 A/D 模式下，数字接收器自动断开，以获取一个精确的输入电压给模/数转换器。这时用 IOCON 寄存器中的 ADMODE 位域可以选择 A/D 模式来控制所有带模拟功能的引脚。如果选择 A/D 模式，则滞后和引脚模式的设置无效。

如果 PIO0_ 4 和 PIO0_5 引脚被配置为 I^2C 功能，也就是在 IOCON_PIO0_4 寄存器和 IOCON_PIO0_5 寄存器中的 FUNC 位选择了 I^2C 功能；那么需要在 IOCON_PIO0_4 和 IOCON_PIO0_4 的 I2CMODE 位域配置相应的 I^2C 模式。允许有以下 3 种模式：

➢ 标准模式或快速 I^2C 模式：具有输入干扰滤波器的特性（根据 I^2C 总线的规范包括了一个开漏输出）。
➢ FM+(Fast - mode Plus)模式：具有输入干扰滤波器的特性（根据 I^2C 总线的标准包括了一个开漏输出）。在该模式下，引脚吸收大电流。
➢ 标准开漏 I/O 功能没有输入干扰滤波器。

注意，当引脚作为 GPIO 功能时，该引脚要么被选择为 I^2C 标准模式/快速 I^2C 模式，要么被选择为标准 I/O 模式。

IOCON_PIO0_4 和 IOCON_PIO0_5 的位域定义与表 4 - 40 所列的一般 IOCON 寄存器有所不同，如表 4 - 41 所列。

表 4 - 41　IOCON_PIO0_4 和 IOCON_PIO0_5 寄存器位域定义

位　域	符　号	描　述
[2：0]	FUNC	选择引脚功能 000：选择功能 PIO0_4 或 PIO0_5 001：选择功能 I^2C 总线 SCL 或 SDA 引脚 010～111：保留
[7：3]	—	保留，复位值为 10000
[9：8]	I2CMODE	选择为 I^2C 模式 00：标准 I^2C 模式/快速 I^2C 模式（默认） 01：标准 I/O 功能 10：FM+I^2C 模式 11：保留
[31：10]	—	保留

表 4 - 42 按内存中的位置顺序列出所有的 IOCON 寄存器，IOCON 寄存器在内存中的位置顺序对应于 LQFP48 封装中的物理引脚编号顺序，从左上角引脚 1(PIO2～6)开始，基址 0x4004 4000。

表 4-42 I/O 配置寄存器 IOCON 概览(基址 0x4004 4000)

寄存器名	访问方式	偏移地址	描 述	复位值
IOCON_PIO2_6	R/W	0x000	为以下引脚配置 I/O：PIO2_6	0xD0
—	R/W	0x004	保留	—
IOCON_PIO2_0	R/W	0x008	为以下引脚配置 I/O：PIO2_0/DTR/SSEL1	0xD0
IOCON_RESET_PIO0_0	R/W	0x00C	配置 I/O :RESET/PIO0_0	0xD0
IOCON_PIO0_1	R/W	0x010	为以下引脚配置 I/O：PIO0_1/CLKOUT/CT32B0_MAT2	0xD0
IOCON_PIO1_8	R/W	0x014	为以下引脚配置 I/O：PIO1_8/CT16B1_CAP0	0xD0
—	R/W	0x018	保留	—
IOCON_PIO0_2	R/W	0x01C	为以下引脚配置 I/O：PIO0_2/SSEL0/CT16B0_CAP0	0xD0
IOCON_PIO2_7	R/W	0x020	为以下引脚配置 I/O：PIO2_7	0xD0
IOCON_PIO2_8	R/W	0x024	为以下引脚配置 I/O：PIO2_8	0xD0
IOCON_PIO2_1	R/W	0x028	为以下引脚配置 I/O：PIO2_1/DSR/SCK1	0xD0
IOCON_PIO0_3	R/W	0x02C	为以下引脚配置 I/O：PIO0_3	0xD0
IOCON_PIO0_4	R/W	0x030	为以下引脚配置 I/O：PIO0_4/SCL	0xC0
IOCON_PIO0_5	R/W	0x034	为以下引脚配置 I/O：PIO0_5/SDA	0xC0
IOCON_PIO1_9	R/W	0x038	为以下引脚配置 I/O：PIO1_9/CT16B1_MAT0	0xD0
IOCON_PIO3_4	R/W	0x03C	为以下引脚配置 I/O：PIO3_4	0xD0
IOCON_PIO2_4	R/W	0x040	为以下引脚配置 I/O：PIO2_4	0xD0
IOCON_PIO2_5	R/W	0x044	为以下引脚配置 I/O：PIO2_5	0xD0
IOCON_PIO3_5	R/W	0x048	为以下引脚配置 I/O：PIO3_5	0xD0
IOCON_PIO0_6	R/W	0x04C	为以下引脚配置 I/O：PIO0_6/SCK0	0xD0
IOCON_PIO0_7	R/W	0x050	为以下引脚配置 I/O：PIO0_7/CTS	0xD0
IOCON_PIO2_9	R/W	0x054	为以下引脚配置 I/O：PIO2_9	0xD0
IOCON_PIO2_10	R/W	0x058	为以下引脚配置 I/O：PIO2_10	0xD0
IOCON_PIO2_2	R/W	0x05C	为以下引脚配置 I/O：PIO2_2/DCD/MISO1	0xD0
IOCON_PIO0_8	R/W	0x060	为以下引脚配置 I/O：IO0_8/MISO0/CT16B0_MAT0	0xD0
IOCON_PIO0_9	R/W	0x064	为以下引脚配置 I/O：IO0_9/MOSI0/CT16B0_MAT1	0xD0
IOCON_SWCK_PIO0_10	R/W	0x068	为以下引脚配置 I/O：SWCLK/PIO0_10/ SCK0/CT16B0_MAT2	0xD0

续表 4-42

寄存器名	访问方式	偏移地址	描 述	复位值
IOCON_PIO1_10	R/W	0x06C	为以下引脚配置 I/O：PIO1_10/AD6/CT16B1_MAT1	0xD0
IOCON_PIO2_11	R/W	0x070	为以下引脚配置 I/O：PIO2_11/SCK0	0xD0
IOCON_R_R_PIO0_11	R/W	0x074	为以下引脚配置 I/O：R/PIO0_11/AD0/CT32B0_MAT3	0xD0
IOCON_R_PIO1_0	R/W	0x078	为以下引脚配置 I/O：R R/PIO1_0/AD1/CT32B1_CAP0	0xD0
IOCON_R_PIO1_1	R/W	0x07C	为以下引脚配置 I/O：R/PIO1_1/AD2/CT32B1_MAT0	0xD0
IOCON_R_PIO1_2	R/W	0x080	为以下引脚配置 I/O：R/PIO1_2/AD3/CT32B1_MAT1	0xD0
IOCON_PIO3_0	R/W	0x084	为以下引脚配置 I/O：PIO3_0/DTR	0xD0
IOCON_PIO3_1	R/W	0x088	为以下引脚配置 I/O：PIO3_1/DSR	0xD0
IOCON_PIO2_3	R/W	0x08C	为以下引脚配置 I/O：PIO2_3/RI/MOSI1	0xD0
IOCON_SWDIO_PIO1_3	R/W	0x090	为以下引脚配置 I/O：SWDIO/PIO1_3/AD4/CT32B1_MAT2	0xD0
IOCON_PIO1_4	R/W	0x094	为以下引脚配置 I/O：PIO1_4/AD5/CT32B1_MAT3	0xD0
IOCON_PIO1_11	R/W	0x098	为以下引脚配置 I/O：PIO1_11/AD7	0xD0
IOCON_PIO3_2	R/W	0x09C	为以下引脚配置 I/O：PIO3_2/DCD	0xD0
IOCON_PIO1_5	R/W	0x0A0	为以下引脚配置 I/O：PIO1_5/RTS/CT32B0_CAP0	0xD0
IOCON_PIO1_6	R/W	0x0A4	为以下引脚配置 I/O：PIO1_6/RXD/CT32B0_MAT0	0xD0
IOCON_PIO1_7	R/W	0x0A8	为以下引脚配置 I/O：PIO1_7/TXD/CT32B0_MAT1	0xD0
IOCON_PIO3_3	R/W	0x0AC	为以下引脚配置 I/O：PIO3_3/RI	0xD0
IOCON_SCK_LOC	R/W	0x0B0	SCK 引脚位置选择寄存器	0x00
IOCON_DSR_LOC	R/W	0x0B4	DSR 引脚位置选择寄存器	0x00
IOCON_DCD_LOC	R/W	0x0B8	DCD 引脚位置选择寄存器	0x00
IOCON_RI_LOC	R/W	0x0BC	RI 引脚位置寄存器	0x00

表 4-42 中最后 4 个 IOCON 寄存器用于给复用功能选择一个物理引脚，这几个寄存器称为位置寄存器，其位域定义分别如表 4-43、4-44、4-45 和表 4-46 所列。

表 4-43　IOCON SCK 位置寄存器 IOCON_SCK_LOC 位域描述

位	符　号	描　述
[1:0]	DSRLOC	选择 SCK0 引脚所在的位置 00:SCK0 功能位于引脚:SWCLK/PIO0_10/SCK0/CT16B0_MAT2 01:SCK0 功能位于引脚:PIO2_11/SCK0 10:SCK0 功能位于引脚:PIO0_6/SCK0 11:保留
[31:2]	—	保留

表 4-44　IOCON DSR 位置寄存器 IOCON_DSR_LOC 位域描述

位	符　号	描　述
[1:0]	DSRLOC	选择 DSR 引脚所在的位置 00:DSR 功能位于引脚: PIO2_1/DSR/SCK1 01:DSR 功能位于引脚:PIO3_1/DSR 10、11:保留
[31:2]	保留	

表 4-45　IOCON DCD 位置寄存器 IOCON_DCD_LOC 位域描述

位	符　号	描　述
[1:0]	DSRLOC	选择 DCD 引脚所在的位置 00:DCD 功能位于引脚:PIO2_2/DCD/MISO1 01:DCD 功能位于引脚:PIO3_2/DCD 10、11:保留
[31:2]	—	保留

表 4-46　IOCON RI 位置寄存器 IOCON_RI_LOC 位域描述

位	符　号	描　述
[1:0]	DSRLOC	选择 RI 引脚所在的位置 00:RI 功能位于引脚:PIO2_3/RI/MOSI1 01:RI 功能位于引脚:PIO3_3/RI 10、11:保留
[31:2]	—	保留

需要注意的是，LPC1110 型号和封装的不同，其 IOCON 随着也不同。表 4－47 列出了在不同封装的 IOCON 寄存器的配置情况。

表 4－47 不同型号和封装处理器的 IOCON 配置列表

端口引脚	寄存器名	LPC1111 HVQFN33	LPC1112 HVQFN33	LPC1113 HVQFN33	LPC1113 PLCC44	LPC1113 LQFP48
PIO0_0	IOCON_RESET_PIO0_0	是	是	是	是	是
PIO0_1	IOCON_PIO0_1	是	是	是	是	是
PIO0_2	IOCON_PIO0_2	是	是	是	是	是
PIO0_3	IOCON_PIO0_3	是	是	是	是	是
PIO0_4	IOCON_PIO0_4	是	是	是	是	是
PIO0_5	IOCON_PIO0_5	是	是	是	是	是
PIO0_6	IOCON_PIO0_6	是	是	是	是	是
PIO0_7	IOCON_PIO0_7	是	是	是	是	是
PIO0_8	IOCON_PIO0_8	是	是	是	是	是
PIO0_9	IOCON_PIO0_9	是	是	是	是	是
PIO0_10	IOCON_SWCLK_PIO0_10	是	是	是	是	是
PIO0_11	IOCON_R_PIO0_11	是	是	是	是	是
PIO1_0	IOCON_R_PIO1_0	是	是	是	是	是
PIO1_1	IOCON_R_PIO1_1	是	是	是	是	是
PIO1_2	IOCON_R_PIO1_2	是	是	是	是	是
PIO1_3	IOCON_SWDIO_PIO1_3	是	是	是	是	是
PIO1_4	IOCON_PIO1_4	是	是	是	是	是
PIO1_5	IOCON_PIO1_5	是	是	是	是	是
PIO1_6	IOCON_PIO1_6	是	是	是	是	是
PIO1_7	IOCON_PIO1_7	是	是	是	是	是
PIO1_8	IOCON_PIO1_8	是	是	是	是	是
PIO1_9	IOCON_PIO1_9	是	是	是	是	是
PIO1_10	IOCON_PIO1_10	是	是	是	是	是
PIO1_11	IOCON_PIO1_11	是	是	是	是	是
PIO2_0	IOCON_PIO2_0	是	是	是	是	是
PIO2_1	IOCON_PIO2_1	否	否	否	是	是
PIO2_2	IOCON_PIO2_2	否	否	否	是	是

续表 4-47

端口引脚	寄存器名	LPC1111 HVQFN33	LPC1112 HVQFN33	LPC1113 HVQFN33	LPC1113 PLCC44	LPC1113 LQFP48
PIO2_3	IOCON_PIO2_3	否	否	否	是	是
PIO2_4	IOCON_PIO2_4	否	否	否	是	是
PIO2_5	IOCON_PIO2_5	否	否	否	是	是
PIO2_6	IOCON_PIO2_6	否	否	否	是	是
PIO2_7	IOCON_PIO2_7	否	否	否	是	是
PIO2_8	IOCON_PIO2_8	否	否	否	是	是
PIO2_9	IOCON_PIO2_9	否	否	否	是	是
PIO2_10	IOCON_PIO2_10	否	否	否	是	是
PIO2_11	IOCON_PIO2_11	否	否	否	是	是
PIO3_0	IOCON_PIO3_0	否	否	否	否	是
PIO3_1	IOCON_PIO3_1	否	否	否	否	是
PIO3_2	IOCON_PIO3_2	是	是	是	否	是
PIO3_3	IOCON_PIO3_3	否	否	否	否	是
PIO3_4	IOCON_PIO3_4	是	是	是	是	是
PIO3_5	IOCON_PIO3_5	是	是	是	是	是
—	IOCON_SCK_LOC	是（SCKLOC =01 保留）	是（SCKLOC = 01 保留）	是（SCKLOC = 01 保留）	是	是
—	IOCON_DSR_LOC	否	否	否	否	是
—	IOCON_DCD_LOC	否	否	否	否	是
—	IOCON_RI_LOC	否	否	否	否	是

4.3 通用 I/O 端口

LPC1110 处理器有 4 个通用 I/O 端口，但是不同型号和封装形式的 GPIO 数量是不同的。表 4-48 列出了不同的封装所对应的引脚数量。

表 4-48　不同型号及封装处理器的 GPIO 引脚配置

<table>
<tr><th>型　号</th><th>封　装</th><th>GPIO0 端口</th><th>GPIO1 端口</th><th>GPIO2 端口</th><th>GPIO3 端口</th><th>GPIO 总数</th></tr>
<tr><td>LPC1111</td><td>HVQFN33</td><td rowspan="7">PIO0_0～PIO0_11</td><td rowspan="7">PIO1_0～PIO1_11</td><td rowspan="3">PIO2_0</td><td rowspan="3">PIO3_2、PIO3_4、PIO3_5</td><td rowspan="3">28</td></tr>
<tr><td>LPC1112</td><td>HVQFN33</td></tr>
<tr><td rowspan="2">LPC1113</td><td>HVQFN33</td></tr>
<tr><td>LQFP48</td><td>PIO2_0～PIO2_11</td><td>PIO3_0～PIO3_5</td><td>42</td></tr>
<tr><td rowspan="3">LPC1114</td><td>HVQFN33</td><td>PIO2_0</td><td>PIO3_2、PIO3_4、PIO3_5</td><td>28</td></tr>
<tr><td>PLCC44</td><td rowspan="2">PIO2_0～PIO2_11</td><td>PIO3_4、PIO3_5</td><td>38</td></tr>
<tr><td>LQFP48</td><td>PIO3_0～PIO3_5</td><td>42</td></tr>
</table>

所有 GPIO 端口具有以下特性：

- 可通过软件配置 GPIO 引脚为输入或输出。
- 每个独立的端口引脚均可作为外部中断的输入引脚(边沿或电平触发)。
- 边沿触发中断可配置为上升沿触发、下降沿触发以及双边沿触发。
- 电平触发中断引脚可以配置为高电平或低电平触发。
- 所有 GPIO 引脚默认情况下均为输入。
- 从端口读取和写入数据操作可以通过地址位 13：2 屏蔽。

每个 GPIO 端口的以上特性都有一组相关的 GPIO 控制寄存器来设置，它们的基址分别为：端口 0，0x50000000；端口 1，0x50010000；端口 2，0x50020000；端口 3，0x5003 0000，下面将分别介绍。注意，如果某个 PIOn_m 引脚无效，则所对应的寄存器位保留。

GPIO 引脚的数据通过 GPIO 数据寄存器 GPIOnDATA(n＝0－3)来读取或设置。为了让软件能在一个单独的写操作内设置某个 GPIO 位而不受其他引脚的影响，每个 GPIOnDATA 寄存器占 4 096 个 32 位地址，其偏移地址为 0x0000～0x3FFC，寄存器的位宽为 32 位，位域定义如表 4-49 所列，复位值为 0x00。

表 4-49　GPIO 数据寄存器 GPIOnDATA 位域描述

位　域	符　号	访问方式	描　述
[11：0]	DATA	R/W	引脚 PIOn_0 到 PIOn_11 的输入数据(读)或输出数据(写)
[31：12]	—	—	保留

GPIOnDATA 寄存器占 4 096 个 32 位地址，也就是 14 位地址，其中的[13：2]用来为每个端口的 12 个 GPIO 引脚的读/写操作产生一个 12 位宽的掩码。被选中的 GPIOnDATA 寄存器可以定位到 GPIOn 地址空间偏移地址 0x0000～0x3FFC 之间的任何位置。

对被选中 GPIOnDATA 寄存器的写操作如图 4-5 所示。如果与 GPIO 端口位 i(i＝0～

11)相关的地址位($i+2$)被设置为高,GPIOnDATA 寄存器位 i 的值将被更新。如果地址位($i+2$)为低电平,则相应的 GPIOnDATA 寄存器位 i 将保持不变。

在图 4-5 中,偏移地址为 0x098 的 GPIOnDATA 寄存器被选中,则其偏移地址第 3、4、7 位所对应的 GPIOnDATA 寄存器的第 1、2、5 位,也就是 PIOn_1、PIOn_2 和 PIOn_5 引脚的数据被更新。

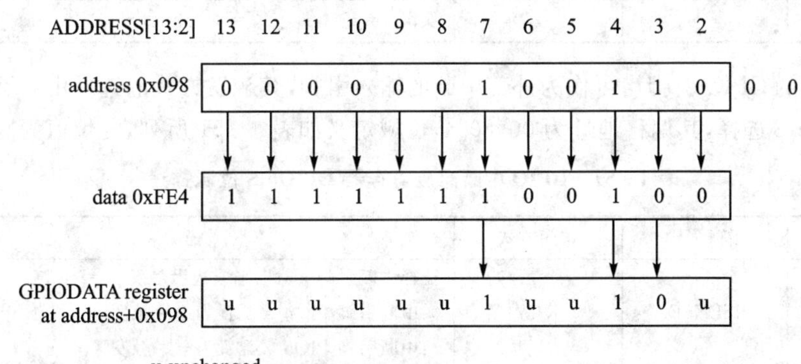

图 4-5 被选中 GPIOnDATA 寄存器的写操作

对被选中 GPIOnDATA 寄存器的读操作如图 4-6 所示。如果与 GPIO 数据位相关的地址位为高,即数值将被读取;如果地址位为低,读取 GPIO 数据位为 0。读端口数据寄存器将获得端口引脚[11:0]的状态与地址位[13:2]相“与”的结果。

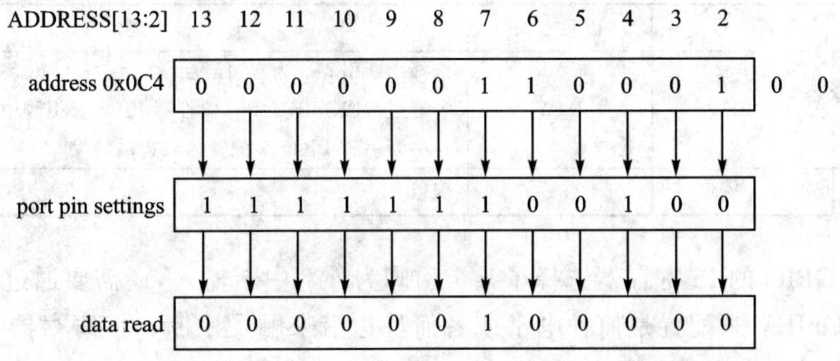

图 4-6 被选中 GPIOnDATA 寄存器的读操作

GPIO 端口引脚的输入或者输出由 GPIO 数据方向寄存器 GPIOnDIR 控制,其偏移为 0x8000,其位域如表 4-50 所列,复位值为 0x00。

表 4-50　GPIO 数据方向寄存器 GPIOnDIR 位域描述

位	符　号	访问方式	描　述
[11：0]	I/O	R/W	选择引脚 x 作为输入或输出(x=0～11) 0:引脚 PIOn_x　配置为输入 1:引脚 PIOn_x　配置为输出
[31：12]	—	—	保留

每个独立的 GPIO 引脚均可作为外部中断的输入引脚，其触发方式的选择由 GPIO 中断感应寄存器 GPIOnIS 选择，其偏移地址为 00x8004，位域定义如表 4-51 所列，复位值为 0x00。

表 4-51　GPIO 中断感应寄存器 GPIOnIS 位域描述

位	符　号	访问方式	描　述
[11：0]	ISENSE	R/W	选择中断引脚 x 对电平或边沿触发(x=0～11) 0:中断引脚 PIOn_x 配置为边沿触发 1:中断引脚 PIOn_x 配置为电平触发
[31：12]	—	—	保留

如果希望将某个引脚配置为双边沿触发，则需要设置中断双边沿感应寄存器 GPIOnIBE，其偏移地址为 0x8008，位域定义如表 4-52 所列，复位值为 0x00。

表 4-52　GPIO 中断双边沿感应寄存器 GPIOnIBE 位域描述

位	符　号	访问方式	描　述
[11：0]	IBE	R/W	选择中断引脚 x 为双边沿触发(x=0～11) 0:通过 GPIOnIEV 寄存器控制 PIOn_x 引脚中断 1:中断引脚 PIOn_x 配置为双边沿触发
[31：12]	—	—	保留

如果通过 GPIO 的 IS 寄存器选择了某个引脚为外部中断输入，还需要通过 GPIO 中断事件寄存器 GPIOnIEV 来配置是何种电平或者何种边沿来触发中断。该寄存器的偏移地址为 0x800C，位域定义如表 4-53 所列，复位值为 0x00。

表 4-53　GPIO 中断事件寄存器 GPIOnIEV 位域描述

位	符　号	访问方式	描　述
[11：0]	IEV	R/W	选择中断引脚 x 为双边沿触发 (x = 0～11) 0:PIOn_x 引脚是下降沿触发中断或是低电平触发中断 1:PIOn_x 引脚是上降沿触发中断或是高电平触发中断
[31：12]	—	—	保留

如果希望屏蔽某个 GPIO 引脚的中断，则需要设置 GPIO 中断屏蔽寄存器 GPIOnIE。该寄存器的偏移地址为 0x8010，位域定义如表 4-54 所列，复位值为 0x00。

表 4-54　GPIO 中断屏蔽寄存器 GPIOnIE 位域描述

位	符　号	访问方式	描　述
[11：0]	MASK	R/W	所选择引脚 pin x 中将断被屏蔽（x = 0～11） 0：引脚 PIOn_x 中断被屏蔽 1：引脚 PIOn_x 中断未被屏蔽
[31：12]	—	—	保留

GPIO 引脚的中断状态通过 GPIO 原始中断状态寄存器 GPIOnIRS 来读取，如果某位为高，反映在被允许触发 GPIOIE 之前，原始(屏蔽前)中断状态所对应的引脚已经满足了所有的条件；位读取为 0 则表明相应的输入引脚还没有启动中断。该寄存器为只读寄存器，其偏移地址为 0x8014。位域定义如表 4-55 所列，复位值为 0x00。

表 4-55　GPIO 原始中断状态寄存器 GPIOnIRS 位域描述

位	符　号	访问方式	描　述
[11：0]	RAWST	R	所选择引脚 pin x 的原始中断状态（x = 0～11） 0：引脚 PIOn_x 没有中断请求 1：引脚 PIOn_x 发生了中断事件
[31：12]	—	—	保留

GPIO 引脚中断屏蔽之后的状态通过 GPIO 中断屏蔽状态寄存器 GPIOnMIS 读取。如果某位为高，则反映了相应外部输入引脚触发了一次中断；读取某位为低，则表明相应的输入引脚没有发生中断或者中断被屏蔽。GPIOnMIS 是屏蔽后的中断状态。该寄存器为只读寄存器，其偏移地址为 0x8018，位域定义如表 4-56 所列，复位值为 0x00。

表 4-56　GPIO 中断屏蔽状态寄存器 GPIOnMIS 位域描述

位	符　号	访问方式	描　述
[11：0]	MASK	R	所选择引脚 pin x 的原始中断状态（x = 0～11） 0：引脚 PIOn_x 没有中断请求或被中断所屏蔽 1：引脚 PIOn_x 发生了中断事件
[31：12]	—	—	保留

要清除某个 GPIO 引脚上的中断请求，可使用 GPIO 中断清除寄存器 GPIOnIC。使用该寄存器，用软件清除被设置为边沿触发的端口位的值。如果某端口位是电平触发的，则无效。该寄存器为只写，其偏移地址为 0x801C，位域定义如表 4-57 所列，复位值为 0x00。

表 4-57 GPIO 中断清除寄存器 GPIOnIC 位域描述

位	符 号	访问方式	描 述
[11:0]	CLR	W	所选择引脚 pin x 中断被清 0(x=0~11) 0:无影响 1:清除引脚 PIOn_x 边沿检测逻辑
[31:12]	—	—	保留

注意,在 GPIO 和 NVIC 之间的同步器会有 2 个时钟的延时。因此在未退出中断服务程序时,建议在使用 GPIOnIC 寄存器清除中断边沿检测逻辑后增加 2 条 NOP 指令。

4.4 处理器片内 Flash 及其编程

LPC1110 系列处理器片内 Flash 的容量从 8 KB~32 KB 不等,其配置如表 1-1 所列。Flash 存储器的访问时间由 Flash 配置寄存器 FLASHCFG 设置,如表 4-38 所列。

片内的 Flash 除了可以利用开发工具进行编程之外,处理器内部的 BootLoader 还提供在线编程(In System Programming,ISP)和现场编程(In Application Programming,IAP)两种实现芯片 Flash 存储器编程的方式。本节将介绍片内 Flash、BootLoader 及 ISP 和 IAP 编程方式。

4.4.1 片内 Flash 结构

LPC1110 处理器内 Flash 按扇区组织,每个扇区大小均为 4 KB,扇区编号和存储器地址之间的对应关系如表 4-58 所列。

表 4-58 LPC1110 系列处理器扇区编号

扇区编号	存储器地址范围	LPC1111 8 KB Flash	LPC1112 16 KB Flash	LPC1113 24 KB Flash	LPC1114 32 KB Flash
0	0x00000000~0x00000FFF	有	有	有	有
1	0x00001000~0x00001FFF	有	有	有	有
2	0x00002000~0x00002FFF	—	有	有	有
3	0x00003000~0x00003FFF	—	有	有	有
4	0x00004000~0x00004FFF	—	—	有	有
5	0x00005000~0x00005FFF	—	—	有	有
6	0x00006000~0x00006FFF	—	—	—	有
7	0x00007000~0x00007FFF	—	—	—	有

4.4.2 BootLoader 执行过程

1. BootLoader

在 2.3.3 小节曾经介绍过在 01xFFF0000 开始的一块特殊的存储区域中有 Boot ROM，在这块 Flash 中固化了一段启动加载代码 BootLoader。它可执行空处理器的初始化，也可对一个已写入程序的处理器进行擦除或重写，还可以在系统执行阶段对 Flash 存储器进行编程，也就是提供 IAP 和 ISP 两种编程方式。BootLoader 程序除了进行处理器的初始化之外，还具有代码读保护判断、有效用户代码判断、自动波特率程序和 ISP 命令处理程序。

处理器复位之后，首先执行 BootLoader，其执行的流程如图 4-7 所示。

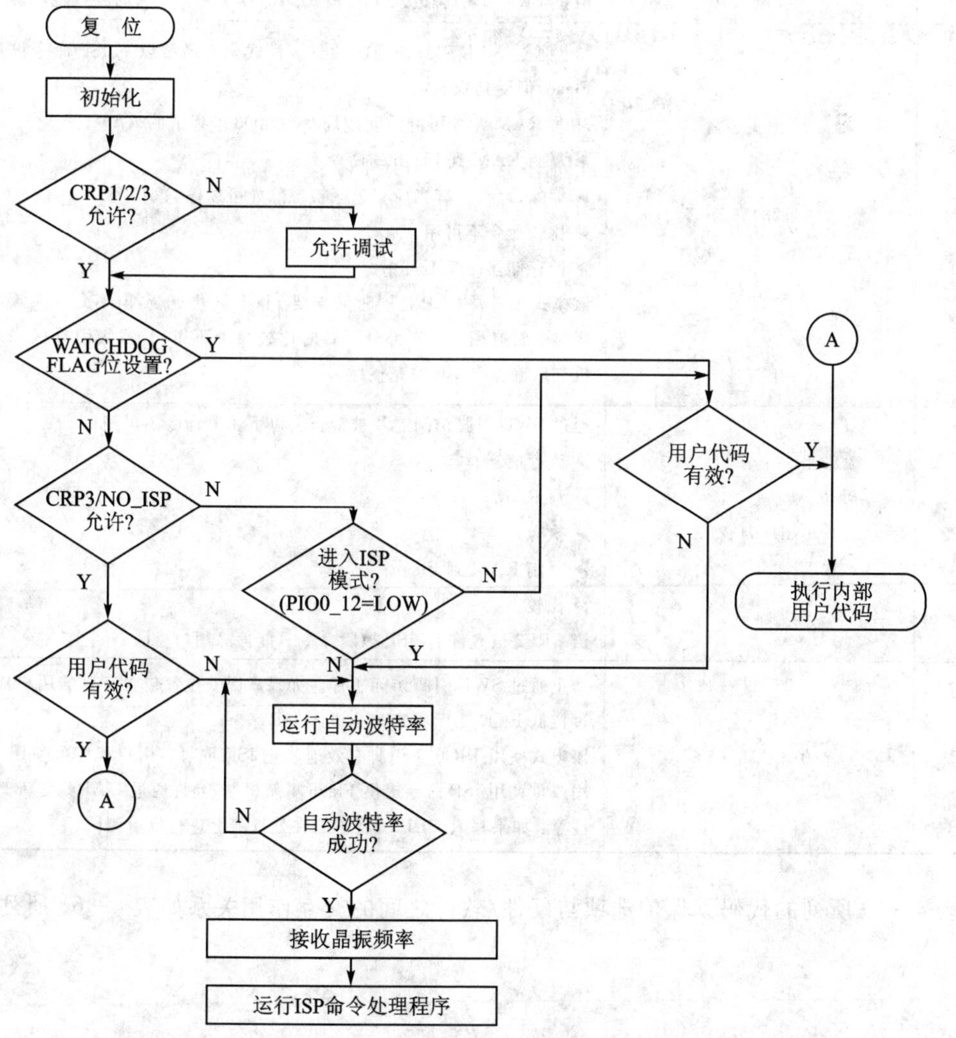

图 4-7 BootLoader 执行流程图

2. 代码读保护

复位后首先检测是否有代码读保护(Code Read Protection,CRP)。代码读保护通过设置安全级别,为用户提供了一种对 Flash 访问及 ISP 进行限制的安全机制。可通过在 Flash 地址单元 0x000002FC 编程特定的格式来调用 CRP。IAP 则不受代码读保护的影响。需要注意,CRP 所作出的任何改变只有在器件经过一个电源周期之后才会生效。CRP 选项如表 4-59 所列。

表 4-59 代码读保护选项

名 称	写入 0x000002FC 的模式值	描 述
NO_ISP	0x4E697370	阻止 PIO0_1 引脚进入 ISP 模式。PIO0_1 可以正常行使其他功能
CRP1	0x12345678	禁止通过 SWD 引脚访问芯片。该模式允许通过以下 ISP 命令更新部分 Flash,但受到限制: ➢ 写 RAM 命令不能访问地址 0x10000300 以下的 RAM; ➢ 复制 RAM 到 Flash 的命令不能写 0 扇区; ➢ 擦除命令,只有当所有扇区被擦除才可以擦除 0 扇区; ➢ 比较命令不可用; ➢ 读存储器命令不可用。 该模式在需要 CRP 且同时又需要 Flash 区块更新,但不允许擦除所有扇区时非常有用。由于部分更新时比较命令不可用,次级引导区采用校验机制以确保 Flash 的完整性
CRP2	0x87654321	通过 SWD 引脚访问芯片被禁止。以下 ISP 命令不可用: ➢ 读存储器; ➢ 写 RAM; ➢ 执行; ➢ 复制 RAM 到 Flash; ➢ 比较。 当 CRP2 被允许后,ISP 擦除命令只能擦除用户扇区
CRP3	0x43218765	禁止通过 SWD 引脚访问芯片。如果扇区 0 位置包含有效的用户代码,通过拉低 PIO0_1 引脚来禁止进入 ISP 该模式使用 PIO0_1 引脚有效地禁止 ISP 重写。用户程序可使用 IAP 调用或重调用 ISP 命令提供 Flash 更新机制,允许通过 UART 更新 Flash。 注意:如果写入 CRP3,将不能在处理器上进行批量测试

表 4-59 所列的代码读保护选项与硬件/软件之间的交互作用关系如表 4-60 所列。

表 4-60 代码读保护与硬件/软件之间交互作用

CRP 选项	用户代码有效	PIO0_1 引脚复位时状态	允许 SWD	进入 ISP 模式	在 ISP 模式下更新部分 Flash
无	否	x	是	是	是
无	是	高	是	否	NA
无	是	低	是	是	是
CRP1	是	高	否	否	NA
CRP1	是	低	否	是	是
CRP2	是	高	否	否	NA
CRP2	是	低	否	是	否
CRP3	是	x	否	否	NA
CRP1	否	x	否	是	是
CRP2	否	x	否	是	否
CRP3	否	x	否	是	否

如图 4-7 所示，在检测 CRP1/2/3 允许之后，再检测看门狗溢出标志是否被置位；如果未被置位，则检测是否有进入 ISP 命令处理程序的请求。PIO0_1 引脚上的低电平，被当作请入 ISP 命令处理程序的外部硬件请求。当 RESET 引脚的上升沿信号到来时，电源引脚处于正常电平，需要对 PIO0_1 信号采样 3 ms 以上，以确定是执行用户代码还是 ISP 处理程序。如果有进入 ISP 命令处理程序的请求，则进入自动波特率程序；没有 ISP 请求（复位后 PIO0_1 为高电平），则开始寻找有效的用户程序。

PIO0_1 引脚作为 ISP 硬件请求时要特别注意。由于 PIO0_1 复位后处于高阻态，需要用户提供外部硬件（上拉电阻或其他器件）使该引脚处于定义的状态；否则可能不容易进入 ISP 模式。

系统引导块共占用 16 KB。引导块占据从地址 0x1FFF0000 开始的一段存储区域。系统引导程序设计为从此处开始运行，但是 ISP 和 IAP 程序使用部分片上 RAM。如何使用 RAM 在稍后的小节中会描述。复位后，片上 Flash 引导块中的中断向量表也会被激活，也就是说，从地址 0x00000000 开始的 512 字节的存储器区域也是可见的。

3. 有效用户代码判断

如图 4-7 所示，如果检测到看门狗溢出标志被置位，或者没有进入 ISP 命令处理器程序的要求，则进入有效用户程序判断。如果找到有效的用户程序，则将执行权限转给该用户程序。如果没有找到有效的用户程序，则调用自动波特率程序。

有效用户代码的判定标准：保留的 Cortex-M0 中断向量位置 7（在中断向量表中偏移地

址为 0x0000001C)应该包含向量表入口 0～6 的检验和的补码。这将导致前 8 个向量表入口的检验和为 0。引导程序代码检查 Flash 扇区 0 的前 8 个位置的检验和。如果结果为 0,则认为是有效用户代码,将执行权限交给用户代码。

4. 自动波特率程序

如果有进入 ISP 命令处理程序的请求,或者有效用户代码检测结果无效,则进入自动波特率程序。自动波特率程序通过串口 0 与主机进行同步。主机发送一个“?”(0x3F)作为同步字符然后等待应答信号。主机方串口设置应该为:8 位数据位、1 位停止位、无校验位。自动波特率程序按自己的频率计算收到同步字符的位时间,然后对串口波特率发生器进行编程。它也发送一个 ASCII 字符串“Synchronized<CR><LF>”到主机。作为应答主机也发送同样的字符串“Synchronized<CR><LF>”。自动波特率程序检查接收到的字符串,以确认同步。如果同步以确认,则发送“OK<CR><LF>”字符串到主机。主机将以自己正在运行的晶振频率作为应答。例如,主机运行在 10 MHz,主机应答应该是“10000<CR><LF>”;接收到晶振频率后,“OK<CR><LF>”字符串被发送到主机。如果同步没有被确认,自动波特率程序仍然等待同步字符。为确保自动波特率程序能够正确运行而不调用 ISP,CCLK 频率必须大于等于 10 MHz。

一旦晶振频率接收部分完成,则调用 ISP 命令程序处理。为了安全考虑,在执行 Flash 擦写操作之前和执行“Go”命令之前,应该调用解锁命令“Unlock”。其他命令不用调用解锁命令。每次 ISP 会话只需要调用执行一次解锁命令。

4.4.3 ISP 命令处理程序

进入 ISP 命令处理器程序之后,处理器将会接收并执行各种 ISP 命令。所有的 ISP 命令都必须以 ASCII 字符串的形式发送。字符串必须以回车(CR)和/或换行(LF))控制符结尾。额外的<CR>和<LF>控制符将被忽略。所有的 ISP 应答信号也以<CR><LF>控制符结尾的 ASCII 字符串形式发送。数据以 UU－encoded 格式发送和接收。

1) ISP 命令格式

"命令 参数_0 参数_1 ... 参数_n<CR><LF>" "数据"

注意,"数据"只适用于写命令。

2) ISP 响应格式

"返回代码<CR><LF>响应_0<CR><LF>响应_1<CR><LF> … 响应_n<CR><LF>" "数据"

注意,"数据"只适用于读命令。

3) ISP 数据格式

数据流采用 UU 编码格式。UU 编码算法将 3 字节二进制数据转换成 4 字节的可打印 ASCII 字符。该编码的效率高于 Hex 格式;Hex 格式将 1 字节二进制数据转换成 2 字节

ASCII Hex 数据。发送器在发送 20 个 UU 编码行之后发送校验和。任何 UU 编码行的长度都不应超过 61 个字符(字节),也就是说它可以保持 45 个数据字节。接收器应当将该校验和与接收到的数据的校验和比较,如果校验和匹配,接收器响应“OK＜CR＞＜LF＞”,并等待下一次发送。如果校验和不匹配,接收器则响应“RESEND＜CR＞＜LF＞”。作为响应,发送器应当将字节重新发送。UU－encode 的详细描述查阅相关文献。

4) ISP 流量控制

软件 XON/XOFF 流量控制方法用来防止由缓冲区溢出产生的数据丢失。当数据接收过快时,接收端将发送一个 ASCII 控制符 DC3(停止)停止数据流。发送 ASCII 控制符 DC1(开始)则恢复数据流。主机也应支持相同的流量控制协议。

5) ISP 命令

ISP 命令处理程序所接收的 ISP 命令如表 4－61 所列,每个命令都有具体的状态码,命令的详细参数、用法及返回码可参考 LPC1110 处理器手册。当接收到未定义的命令时,命令处理程序返回代码 INVALID_COMMAND。命令和返回代码为 ASCII 格式。

只有当接收到的 ISP 命令执行完毕时,ISP 命令处理程序才发送 CMD_SUCCESS,这时主机才能发送新的 ISP 命令。但是“设置波特率”、“写 RAM”、“读存储器”和“运行”命令除外。

表 4－61 ISP 命令列表

ISP 命令	用　法
解锁	U ＜解锁码＞
设置波特率	B ＜波特率＞ ＜停止位＞
回显	A ＜设定＞
写 RAM	W ＜起始地址＞ ＜字节数＞
读存储器	R ＜地址＞ ＜字节数＞
准备写操作用的扇区	P ＜起始扇区编号＞ ＜结束扇区编号＞
复制 RAM 到 Flash	C ＜Flash 地址＞ ＜RAM 地址＞ ＜字节数＞
执行	G ＜地址＞ ＜模式＞
擦除扇区	E ＜起始扇区编号＞ ＜结束扇区编号＞
空扇区检查	I ＜起始扇区编号 r＞ ＜结束扇区编号＞
读分类 ID	J
读 Boot 代码版本	K
比较	M ＜地址 1＞ ＜地址 2＞ ＜字节数＞
读 UID	N

6) ISP 命令中止

通过发送 ASCII 控制字符“ESC”可以终止命令。这个特殊字符没有被当作 ISP 命令写入“ISP 命令 s”部分。一旦接收到 ESC 字符,ISP 命令处理程序将等待一个新的命令。

7) ISP 期间的中断

系统复位之后,Flash 引导区的中断向量表有效。

8) ISP 命令处理程序使用的 RAM

ISP 命令使用片上地址从 0x1000 017C～0x1000 025B 的 RAM。用户可以使用该区域，但复位后内容可能会丢失。Flash 编程命令使用片上最顶端的 32 字节 RAM。堆栈位于 RAM 顶端－32。用户最大可使用的堆栈是 256 字节，堆栈是向下增加的。

9) 不同 CRP 下允许的 ISP 命令

CRP 将会禁止一下 ISP 命令，在不同 CRP 级别下允许的 ISP 命令不同，详见表 4－62。

表 4－62 不同的 CRP 级别所允许的 ISP 命令

ISP 命令	CRP1	CRP2	CRP3(不允许进入 ISP 模式)
解锁	允许	允许	n/a
设置波特率	允许	允许	n/a
回显	允许	允许	n/a
写 RAM	允许，仅限 0x1000 0300 之上	禁止	n/a
读存储器	禁止	禁止	n/a
准备写操作用的扇区	允许	允许	n/a
复制 RAM 到 Flash	允许，禁止复制到扇区 0	禁止	n/a
执行	禁止	禁止	n/a
擦除扇区	允许；仅当所有扇区被删除时，可以删除扇区 0	允许；仅限所有扇区	n/a
空扇区检查	禁止	禁止	n/a
读分类 ID	允许	允许	n/a
读 Boot 代码版本	允许	允许	n/a
比较	禁止	禁止	n/a
读 UID	允许	允许	n/a

10) ISP 进入保护

除了表 4－62 所列 3 种 CRP 模式之外，用户可以禁止通过 PIO0_1 引脚来进入 ISP 模式，从而释放 PIO0_1 引脚并用于其他功能，这通常叫做 NO_ISP 模式。通过向地址 0x0000 02FC 写入特征值 0x4E69 7370 进入 NO_ISP 模式。

4.4.4 IAP 命令处理程序

IAP 命令处理程序通过寄存器 r0 中的字指针指向存储器(RAM)包含的命令代码和参数来调用。IAP 命令的结果返回到寄存 r1 所指向的结果表。用户可以通过传送相同的指针到寄存器 r0 和 r1 重用命令表得到结果。参数表应当足够大，以保证在结果数多于参数数时仍能容纳所有的结果。

参数传递如图 4-8 所示。命令参数和结果的数目根据 IAP 命令而有所不同。IAP 命令处理程序在接收到一个未定义的命令时，会发送状态码 NVALID_COMMAND。IAP 命令是 thumb 代码，通常位于地址 0x1FFF 1FF0 处。

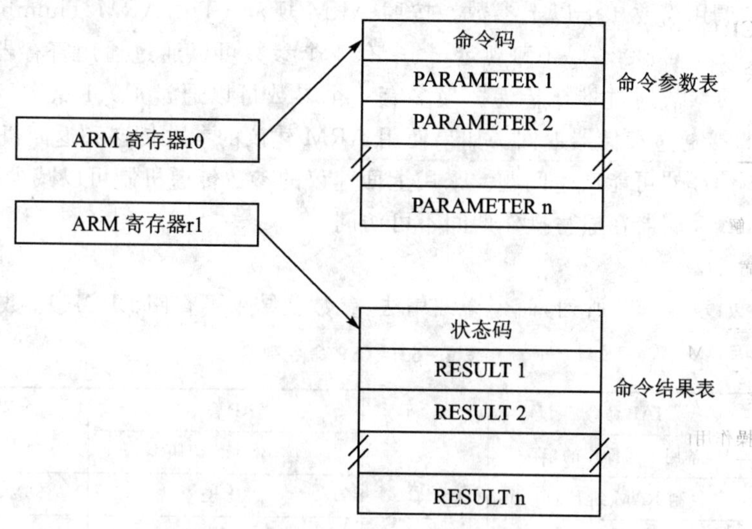

图 4-8 IAP 命令处理程序参数调用方式

IAP 功能可用下面的 C 代码来调用：

➢ 定义 IAP 程序的入口地址。由于 IAP 地址的第 0 位是 1，因此当程序计数器转移到该地址时会转换到 Thumb 指令集。

```
#define IAP_LOCATION 0x1fff1ff1
```

➢ 定义数据结构或指针，将 IAP 命令表和结果表传递给 IAP 函数：

```
unsigned long command[5];
unsigned long result[4];
```

或

```
unsigned long * command; unsigned long * result; command = (unsigned long * ) 0x…… result =
(unsigned long * ) 0x……
```

➢ 定义函数类型指针，函数包含 2 个参数，无返回值。注意：IAP 将结果表的基地址放于 R1 中，以返回结果。

```
typedef void ( * IAP)(unsigned int [],unsigned int[]); IAP iap_entry;
```

➢ 设置函数指针：

```
iap_entry = (IAP) IAP_LOCATION;
```

➢ 需要调用 IAP 时，使用下面的语句。

```
iap_entry (command, result);
```

一些 IAP 调用需要 4 个以上参数。按照 ARM 规范（The ARM Thumb Procedure Call Standard SWS ESPC0002 A - 05）规定，最多有 4 个参数可以通过通用寄存器 R0、R1、R2 和 R3 传递，剩下的参数通过堆栈传递。最多有 4 个参数可以通过 R0、R1、R2 和 R3 寄存器返回，其他参数直接通过存储器返回。如果使用 ARM 建议的参数传递和返回机制，不同供应商提供的不同 C 编译器可能产生问题。采用上面建议的参数传递机制可以减少那样的风险。

注意，Flash 存储器在擦写操作期间不可访问。

1) IAP 命令

IAP 命令如表 4 - 63 所列，命令详细用法、参数及结果可查阅 LPC1110 数据手册。

表 4 - 63　IAP 命令列表

IAP 命令	命令码	IAP 命令	命令码
准备用于写操作的扇区	50_{10}	读 Boot 代码版本	55_{10}
复制 RAM 到 Flash	51_{10}	比较	56_{10}
擦除扇区	52_{10}	重调用 ISP	57_{10}
检查空扇区	53_{10}	读 UID	58_{10}
读分类 ID	54_{10}		

2) IAP 期间的中断

由于在擦写操作期间，片上 Flash 存储器不可访问。因此只有在用户 Flash 区激活后，用户程序代码才开始执行中断向量。在执行 Flash 擦写 IAP 调用之前，用户必须禁止中断，或确保用户中断向量在 RAM 中，且中断处理程序也在 RAM 中。IAP 代码不能使用或禁止中断。

3) IAP 命令处理程序使用的 RAM

Flash 编程命令使用片上 RAM 顶端的 32 字节。用户最大可使用的堆栈是 128 字节，堆栈是向下增加的。因此，如果应用程序中允许 IAP 编程，则用户程序不应使用这段空间。

第5章

快速启用 LPC1100

5.1 EM - LPC1100LK 开发套件

ARM 公司于 2007 年推出的嵌入式开发工具 MDK(Microcontroller Development Kit),是用来开发基于 ARM 核微控制器的嵌入式应用程序的开发工具。它集 ARM 公司的 RealView 编译工具 RVCT 4 和 Keil 公司的 IDE 环境 μVision 两者优势于一体,适合不同层次的开发者使用,包括专业的应用程序开发工程师和嵌入式软件开发的入门者。

目前,最新的 MDK 版本是 4.10,支持 ARM7、ARM9、Cortex - M0、Cortex - M1、Cortex - M3、Cortex - M4 以及 Cortex - R4 处理器。

ARM 公司于 2008 年 11 月 12 日发布了 ARM Cortex 微控制器软件接口标准 CMSIS (Cortex Microcontroller Software Interface Standard)。CMSIS 是独立于供应商的 Cortex - M 处理器系列硬件抽象层,为芯片厂商和中间件供应商提供了简单的处理器软件接口,简化了软件复用的工作,降低了 Cortex - M 处理器上操作系统的移植难度,并减少了新入门的微控制器开发者的学习曲线和新产品的上市时间。

本书将以 MDK 4.10 为开发工具,结合深圳市英蓓特信息技术有限公司新推出的 EM - LPC1100LK 开发套件,介绍 LPC1100 处理器的应用开发。本章将简要介绍 EM - LPC1100LK 开发套件、MDK 的基本功能、CMSIS 标准,并通过一个简单例程介绍如何使用 MDK 进行 LPC1100 处理器应用开发。如需详细了解 MDK 的各项功能以及 RVCT 的特性,可参考和阅读本丛书的第一本《ARM 开发工具——RealView MDK 使用入门》。

读者可以通过 www.embedinfo.com 或 www.keil.com 获得 MDK 评估版本,并能在此获得各种相关文档、例程等技术支持。

5.1.1 LPC1100 开发板

LPC1100 开发板的硬件资源如下:

LPC1114FBD48 处理器	1 个 UART 支持 RS485/EIA - 485
4 个 LED 发光管	SSP 接口

1 个 BOOT 按键

1 个 Reset 按键

48 引脚全 I/O 扩展

1 个温度传感器

I^2C 接口

8 通道 10 位 ADC

1 个 SWD 调试接口

其主要器件及接口如表 5－1 所列。

表 5－1　LPC1100 开发板主要元件及接口

编　号	连接器或元件	编　号	连接器或元件
J5	RS232 连接器	BP3	BOOT 按键
J6	GPIO 外引排针孔	BP2	Reset 按键
J7	GPIO 外引排针孔	U6	LPC1114FBD48
J8	SWD 调试接口	U7	温度传感器 STLM75M2E(通过 I^2C 访问)
D4	LED1	U8	M24C64(64 KB I^2C 总线 EEPROM)
D5	LED2	U9	RS232 收发器
D6	LED3	JP2	ISP 允许跳线
D7	LED4		

注意,JP2 跳线连接之后,可以通过 RS232 连接器 U9 对板上的 LPC1114 进行 ISP 编程。

5.1.2　CoLinkEx 仿真器

CoLinkEx 是由 Coocox 组织提供的仿真器方案,其特点如下:

- 支持 Cortex－M0 和 Cortex－M3 处理器;
- 支持 SW 调试;
- 支持 JTAG 调试;
- 支持 CoFlash, CoDebugger、MDK 4. x、IAR 4. x;
- 免费、开源。

由于该仿真器方案是免费和开源的,其原理图、PCB 电路图、BOMList 和 Firmware 均可在 Coocox 官方网站(www. Coocox. org)上免费下载,任何人都可以根据这些资料自制一个 CoLinkEx。且支持 MDK、IAR 等传统开发工具,因此受到了许多用户的支持。

CoLinkEx 采用 LPC1343 处理器来实现 USB 与 SWD 或 JTAG 调试接口的转换,其主要器件和接口如表 5－2 所列,详细原理图见开发套件附带光盘或 Coocox 网站资料。

表 5 - 2 CoLinkEx 主要元件及接口

编　号	连接器或元件	编　号	连接器或元件
U1	LPC1343FBD48	BP1	复位按键
J1	Mini USB 接口	JP1	ISP 允许跳线
J4	SWD 调试接口,与 J8 相连		

注意,JP1 跳线连接之后,可以通过 USB 连接器 J1 对 LPC1343 进行 ISP 编程,实现对仿真器的 Fireware 的更新。

关于如何在 MDK 中配置和使用 CoLinkEx,将在下一节中详细介绍。

5.2 MDK 的安装与配置

5.2.1 MDK 安装的最小系统要求

安装 MDK 软件必须满足的最小系统要求为:

- 操作系统:Windows 98、Windows NT4、Windows 2000、Windows XP、Windows 7;
- 硬盘空间:30 MB 以上;
- 内存:128 MB 以上。

5.2.2 MDK 的安装

步骤如下:

① 购买 MDK 的安装程序,或从 http://www.embedinfo.com、https://www.keil.com 下载 MDK 的评估版,安装界面如图 5 - 1 所示。

② 双击安装文件,则弹出如图 5 - 1 对话框。建议在安装之前关闭所有的应用程序,单击 Next,则弹出如图 5 - 2 所示对话框。

③ 仔细阅读许可协议,选中 I agree to all the terms of the preceding License Agreement 选项,单击 Next,则弹出如图 5 - 3 所示对话框。

④ 单击 Browse 选择安装路径,然后单击 Next,则弹出如图 5 - 4 所示对话框。

⑤ 输入 First Name、Last Name、Company Name 以及 E - mail 地址后单击 Next,则安装程序将在计算机上安装 MDK。依据机器性能的不同,安装程序大概耗时半分钟到两分钟不等,之后则弹出如图 5 - 5 所示对话框,单击 Finish 结束安装。至此,开发人员就可在计算机上使用 MDK 软件来开发应用程序了。

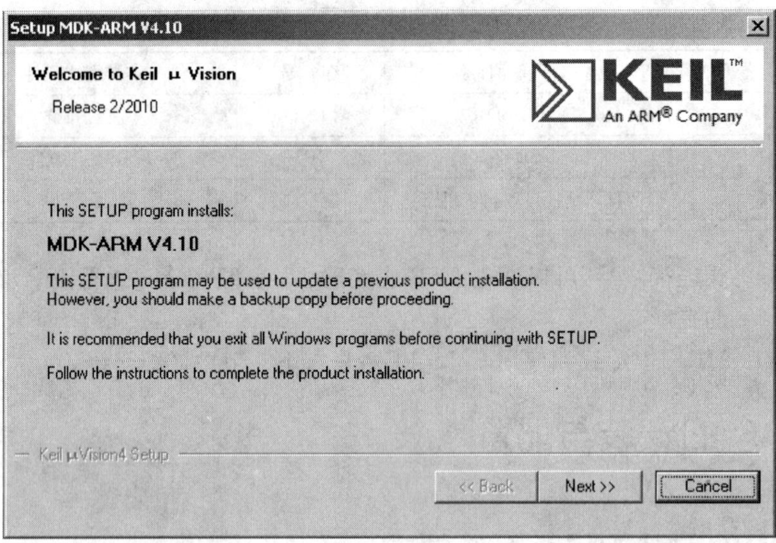

图 5 - 1　MDK 安装界面 1

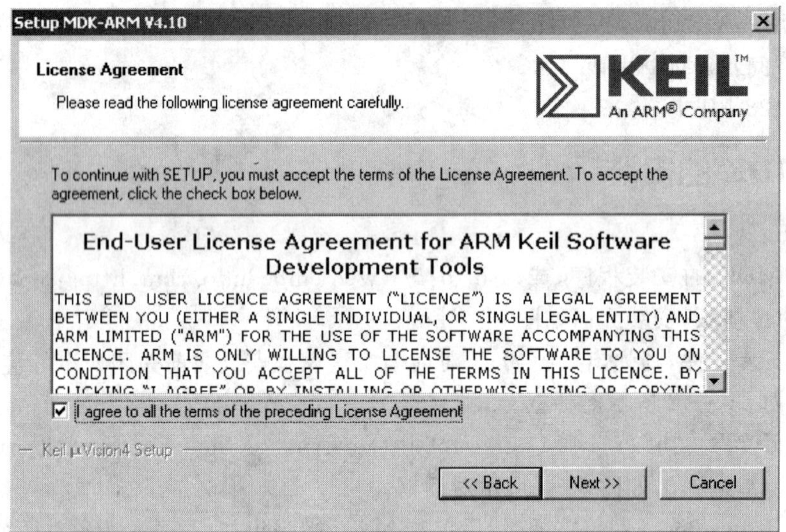

图 5 - 2　MDK 安装界面 2—接受许可协议

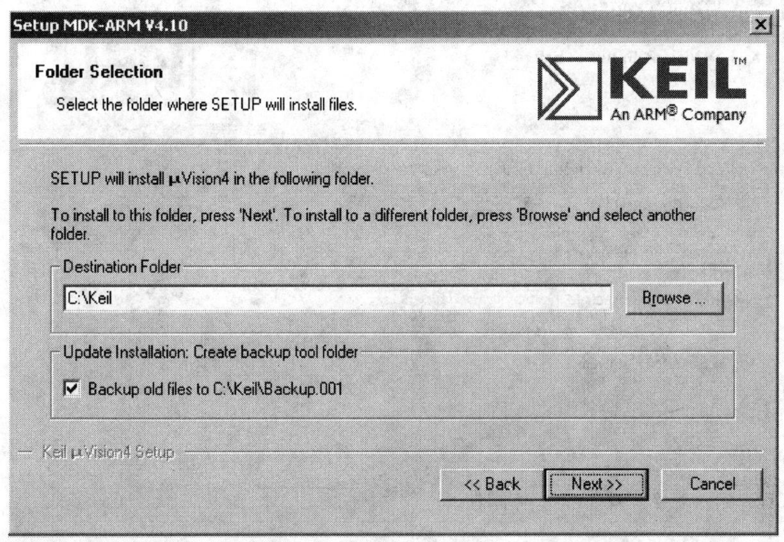

图 5-3　MDK 安装界面 3—选择安装路径

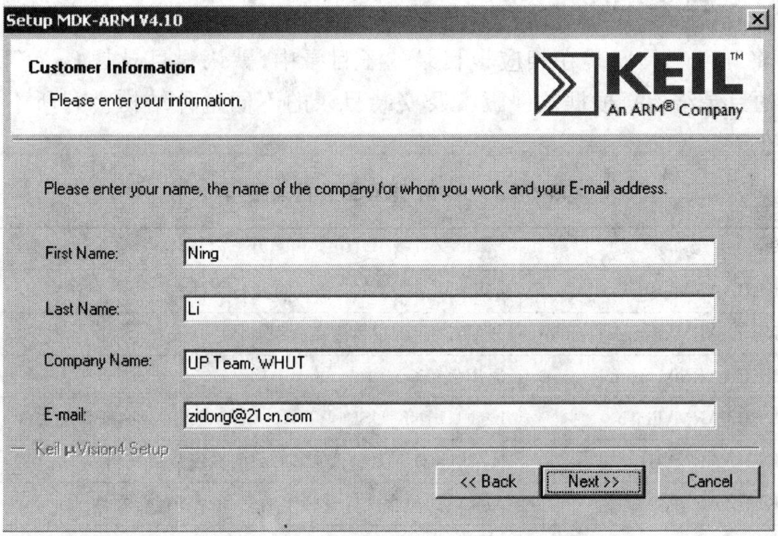

图 5-4　MDK 安装界面 4—输入个人信息

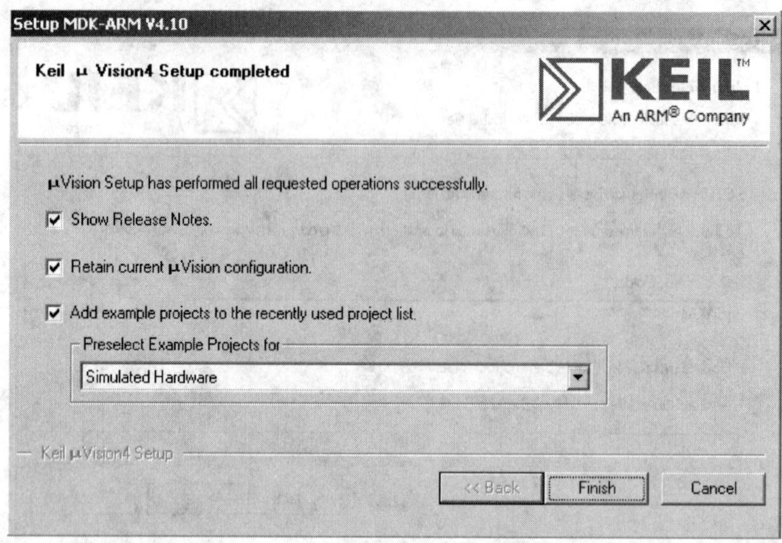

图 5-5　MDK 安装界面 5—安装结束

5.2.3　MDK 目录结构

安装程序将开发工具安装在相应根目录的子目录中，默认根目录是 C:\KEIL。表 5-3 列出了 MDK 的目录结构。根据软件版本及安装目录的不同这种结构会有所不同，以下说明以默认目录为例。

表 5-3　ARM 开发工具目录结构

文件夹	内　容
C:\KEIL\ARM\BINxx	µVision/ARM 工具链的可执行文件
C:\KEIL\ARM\Boards\vendor	开发板例程，按供应商分组
C:\KEIL\ARM\Examples	通用例程
C:\KEIL\ARM\Flash	Keil ULINK USB-JTAG Adapter Flash 编程算法文件
C:\KEIL\ARM\HLP	Keil ARM 工具链及 µVision 的在线帮助文档
C:\KEIL\ARM\INC	Keil C 的包含文件及特定的 C 编译器包含文件
C:\KEIL\ARM\RL	实时库例程
C:\KEIL\ARM\RL Agent	实时库 Agent 例程
C:\KEIL\ARMRvxx	库和包含文件
C:\KEIL\ARM\ ... \Startup	特定设备的启动文件
C:\KEIL\UV4	µVision 组成文件

5.2.4 注册与帮助

MDK 有很严格的注册系统和功能强大的帮助。

MDK 有两种许可证:单用户许可证和浮动许可证。单用户许可证只允许单用户最多在二台计算机上使用 MDK,而浮动许可证则允许局域网中多台计算机分时使用 MDK。目前,中国版的 MDK 暂时只支持单用户注册。其注册过程为:

① 安装好 μVision 4.1。

② 在 μVision IDE 中,选择 File→License Management 菜单项进入许可证管理对话框。

③ 选择 Single - User License 选项卡,在该选项卡右边的 CID(Computer ID)文本框中会自动产生 CID。

④ 用 CID 和 MDK 提供的 PSN(产品序列号)在 https://www.keil.com/license/embest.htm 上注册,确保输入邮箱的正确性。

⑤ 通过注册后在所填写注册信息的邮箱中将会收到许可证 ID 码 LIC(License ID Code)。

⑥ 将得到的许可证 ID 输入 New License ID Code (LIC)文本框,然后单击 Add LIC 按钮,此时注册成功,如图 5-6 所示。

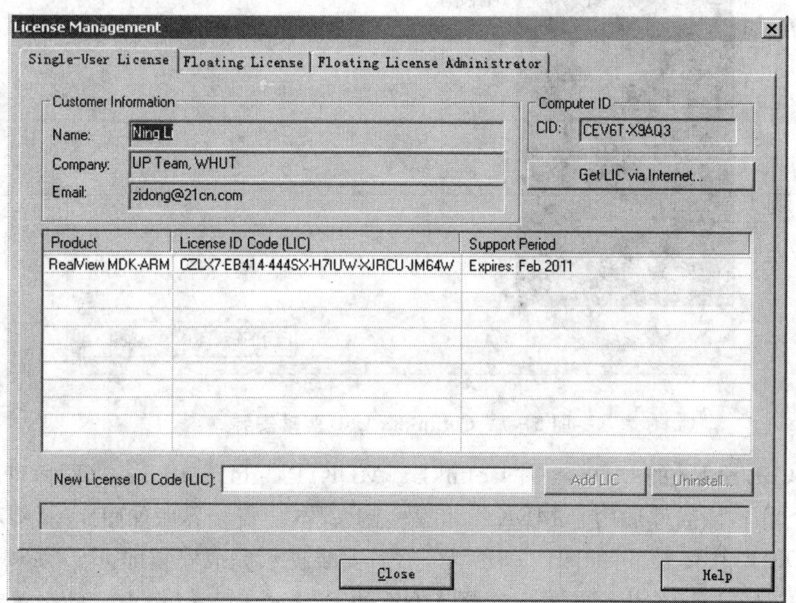

图 5-6 单用户许可证注册成功后界面

MDK 提供了完善的帮助文档和丰富的例程,还提供了功能强大的在线帮助 http://

www.keil.com/arm/。其中，有 MDK 的使用方法、编译器、汇编器以及链接器的使用方法和大量的例程，给开发者强有力的技术支持。另外，深圳市英蓓特信息技术有限公司还提供 MDK 中国本土化的帮助和支持。

5.2.5 CoLinkEx 的配置

MDK 可以支持多种仿真器，如 ULink、ULink Pro、Signum Systems JTAGJet、ST-Link Debugger、CoLinkEx 等。用户必须在 MDK 中根据自己所用的仿真器来进行配置。本书例程所使用的 EM-LPC1100LK 开发板本身已带了 CoLinkEx，因此读者无需额外购置仿真器。配置 CoLinkEx 的步骤如下：

① 需要安装 CoLinkEx 的 USB 驱动程序 CooCox_ColinkEx_Driver_Setup.exe(可在 http://www.Coocox.org 网站上免费下载)，该驱动程序适用于 Windows SP3、Vista 和 Win 7 操作系统。安装界面如图 5-7 所示，按照提示完成安装即可。

图 5-7　CoLinkEx USB 驱动安装

② 安装 CoLinkEx 的 MDK 插件 ColinkEx_MDK_Plugin_Setup.exe(同样可以在 Coocox 网站上免费下载)，该插件适用于 MDK 4.03 及以上版本。安装界面如图 5-8 所示，将安装路径选择为 MDK 所在目录下，如图 5-9 所示，然后安装提示完成安装即可。

③ 选择 CoLinkEx 作为调试器。选择 MDK 的 Project-Options for Target 菜单项，进入如图 5-10 所示对话框，在 Debug 选项卡的右上角 Use 下拉列表框中选择 Coocox CoLinkEx Debugger。

④ 选择 CoLinkEx 作为烧写工具。在 Utilities 选项卡中，选择 CoLinkEx 作为烧写器，如

图 5-8 CoLinkEx MDKPlugin 安装

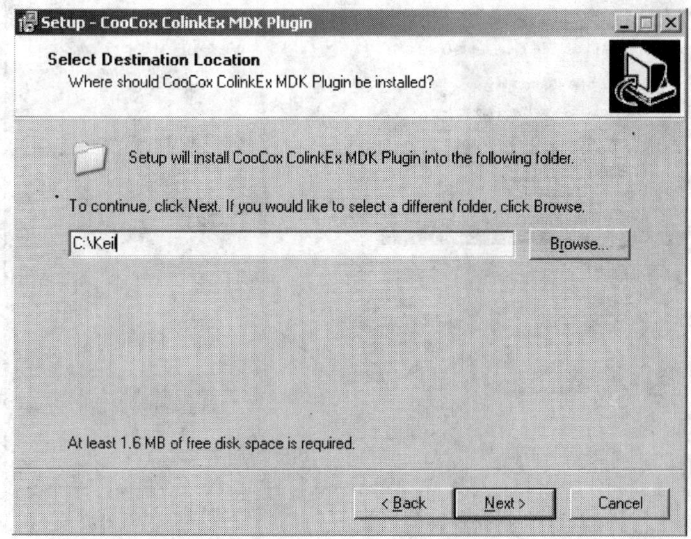

图 5-9 为 CoLinkEx MDKPlugin 选择安装路径

图 5-11 所示。

⑤ 为处理器选择相应烧写算法。设置 CoLinkEx 作为烧写器之后，单击图 5-10 中的 Settings 按钮，根据所使用的处理器选择对应的烧写算法。LPC1114 处理器片内 Flash 所对应烧写算法如图 5-12 所示。

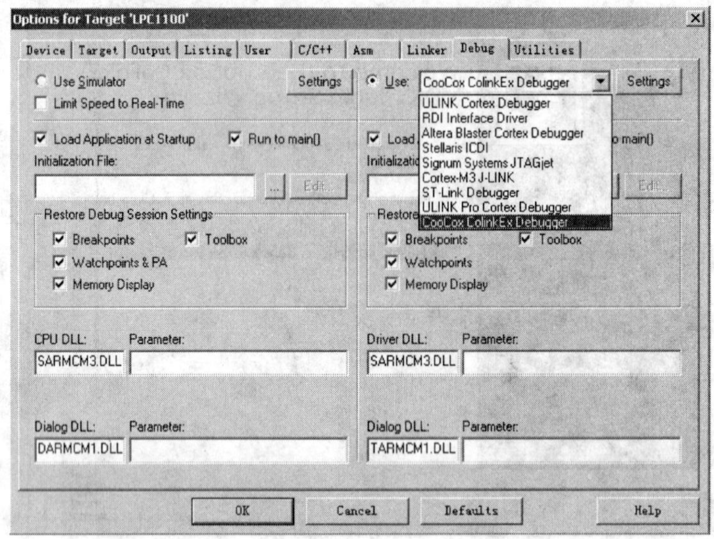

图 5－10　选择 CoLinkEx 作为调试器

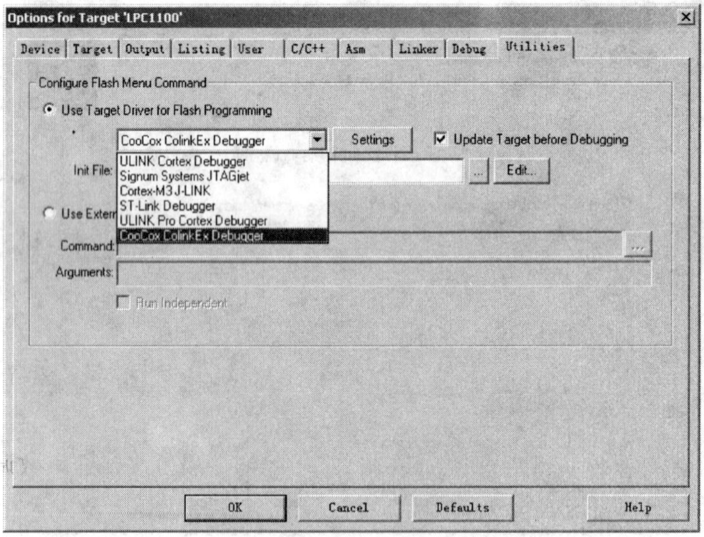

图 5－11　选择 CoLinkEx 作为烧写器

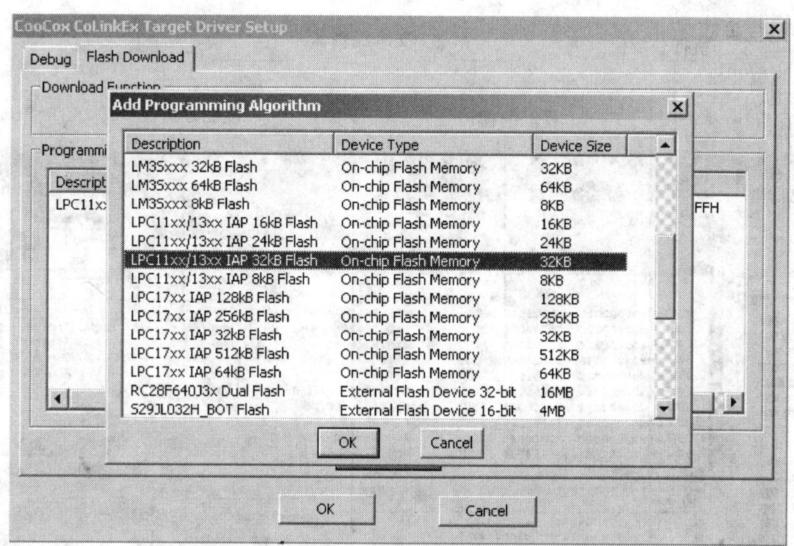

图 5-12　选择相应的烧写算法

5.3　μVision 4.0 IDE

μVision IDE 是一个基于窗口的软件开发平台，集成了功能强大的编辑器、工程管理器以及 make 工具。μVision IDE 集成的工具包括 C/C++编译器、宏汇编器、链接/定位器和十六进制文件生成器、软件仿真器、调试器。μVision 4.0 有编译和调试两种工作模式，两种模式下设计人员都可查看并修改源文件。图 5-13 是典型的 μVision IDE 窗口配置。

μVision 4.0 IDE 由如图 5-13 所示的多个窗口、对话框、菜单栏、工具栏组成。其中，菜单栏和工具栏用来实现快速的操作命令；工程工作区(Project Workspace)用于文件管理、寄存器调试、函数管理、手册管理等；输出窗口(Output Window)用于显示编译信息、搜索结果以及调试命令交互等；内存窗口(Memory Window)可以不同格式来显示内存中的内容；观测窗口(Call Stack & Local Window)用于观察、修改程序中的变量以及当前的函数调用关系；工作区(Workspace)用于文件编辑、反汇编输出和一些调试信息显示；外设窗口(Peripheral Windows)帮助设计者查看片上外设接口的工作状态；逻辑分析仪(Logical Analyzer)用于对处理器运行时的各种变量做时序分析；性能分析仪(Performance Analyzer)用于对工程各函数运行时间、调用次数等做分析。本节将对最常用的部分做简要介绍，详细介绍请参考《ARM 开发工具 RealView MDK 使用入门》。

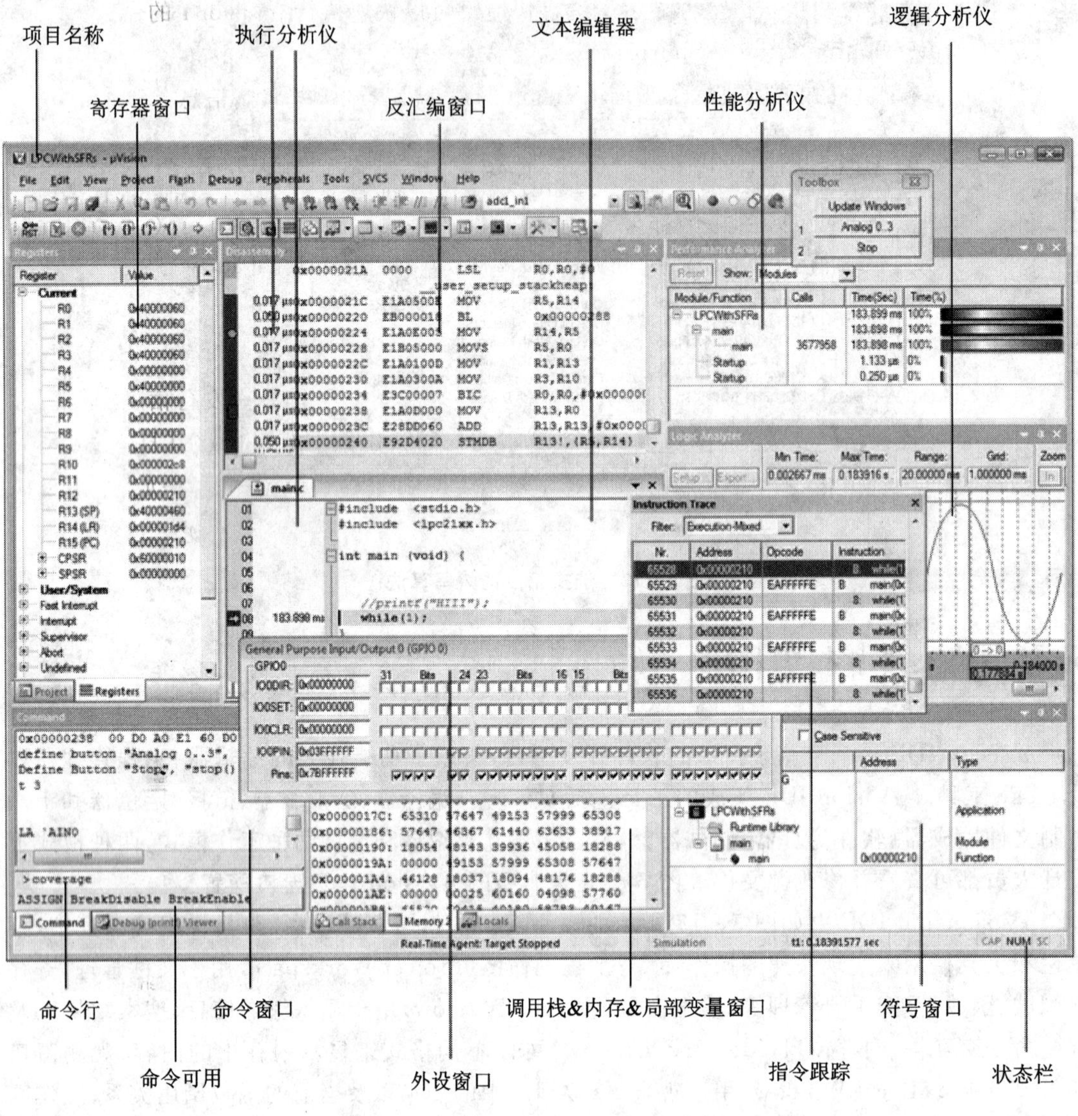

项目名称
执行分析仪
文本编辑器
逻辑分析仪
寄存器窗口
反汇编窗口
性能分析仪
命令行
命令窗口
调用栈&内存&局部变量窗口
符号窗口
命令可用
外设窗口
指令跟踪
状态栏

图 5-13　典型 μVision IDE 窗口配置

5.3.1　菜单栏、工具栏、状态栏

菜单栏可提供如下菜单功能：编辑操作、工程维护、开发工具配置、程序调试、外部工具控制、窗口选择和操作以及在线帮助等。

工具栏按钮可以快速执行 μVision4 的命令。状态栏显示了编辑和调试信息，在 View 菜单中可以控制工具栏和状态栏是否显示。键盘快捷键可以快速执行 μVision4 的命令，它可以通过选择 Edit→Configuration→Shortcut Key 菜单项来进行配置。

状态栏位于窗口的底部，显示了当前 μVision 的命令及其他一些状态信息。

5.3.2 工程工作区

μVision IDE 的工作区由多个部分组成，分别为 Project（工程）页、Books（书）页、Functions（函数）页、Templates（模板）页、Regs（寄存器）页。工作区如图 5-14 所示，工程页显示了工程结构。

（1）Books 页

在 Project Workspace→Books 页中，列出了关于 μVision IDE 的一些发行信息、开发工具用户指南及设备数据库相关书籍，如图 5-15 所示。双击指定的书籍可以将其打开。并且可以通过 Project→Components，Environment，Books→Books 进行书籍管理，可添加、删除、整理书籍。

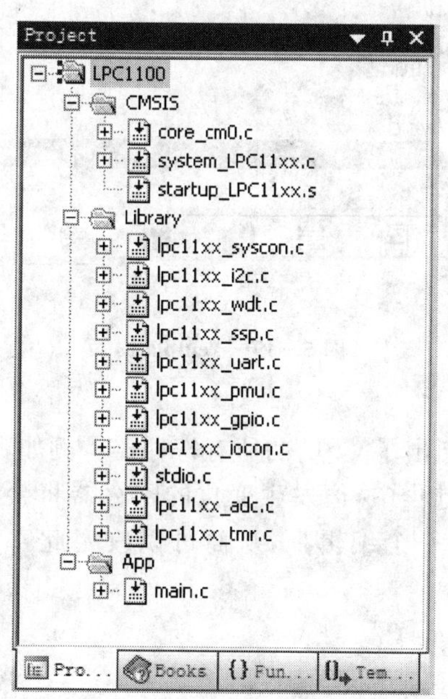

图 5-14 工作区

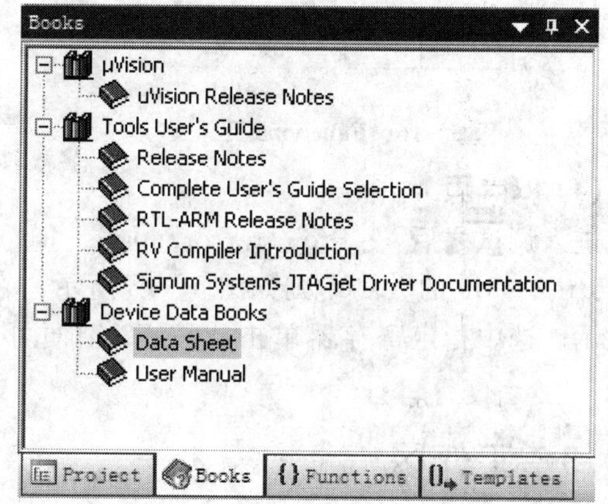

图 5-15 Books 页

（2）Functions 页

在 Project Workspace-Functions 页中，列出了工程中各个文件中的函数，通过此功能可以迅速定位函数所在的位置，通过双击函数名可找到此函数所在的位置。如图 5-16 所示，在右击弹出的快捷菜单上可以选择这些函数显示的方式。

(3) Templates 页

在 Project Workspace - Templates 页中，列出了一些常用的模板，通过此功能可以实现快速编程，如图 5 - 17 所示；还可以允许插入模板及配置模板。

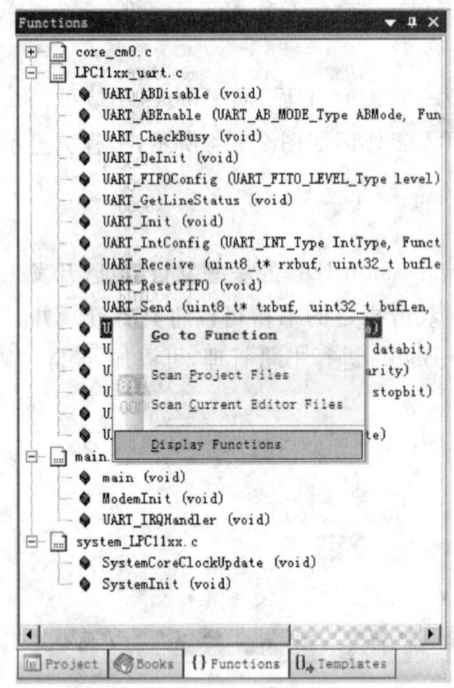

图 5 - 16 Functions 页

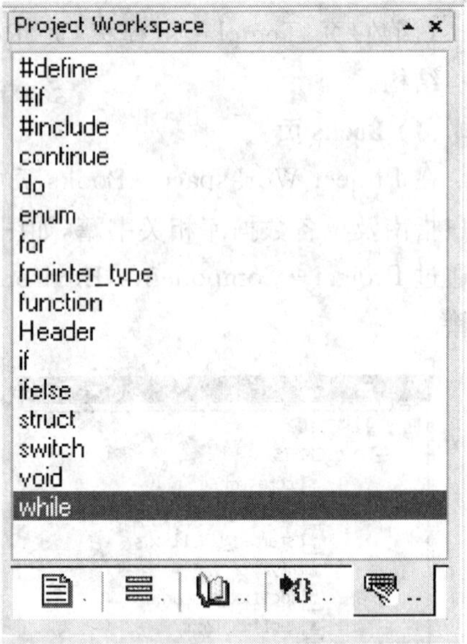

图 5 - 17 Templates 页

(4) Regs 页

进入调试之后，在 Project Workspace - Regs 页中列出了 CPU 的所有寄存器。例如，若使用 Cortex - M0 的 MCU，则如图 5 - 18 所示。在调试过程中，值发生变化的寄存器将会以蓝色显示。选中指定寄存器单击或按 F2 键便可以出现一个编辑框，从而可以改变此寄存器的值。

5.3.3 工作区

μVision 4 提供了两种工作模式，一种是编译模式，另一种是调试模式。编译模式用于汇编及编译所有的应用程序源文件，并生成可执行程序；调试模式中，μVision 提供了一个强大的调试器，用于测试应用程序。在两种模式下，均可使用 μVision IDE 的源文件编辑器对源代码进行修改。在调试模式下，还增加了额外的窗口，并有自己的窗口布局。

(1) 编译模式下的工作区

在编译模式下，工作区用于编写源文件，既可用汇编语言编写程序，也可用 C 语言编写程序。通过 File→New 菜单项新建源文件，将打开一个标准的文本编辑窗口，可在此窗口输入源文件。

对于 C 语言源程序，当文件被以扩展名.C 保存时，μVision 会以高亮的形式显示 C 语言中的关键字，并在左侧显示文件中各行的标号。对 C 语言源文件，μVision 以分块的形式进行管理，比如一个函数，在函数名的左侧会有一个"＋"或"－"，通过单击该标志可将其展开或折叠，其他的块也是同样的管理方法。通过 Edit→Outlining 菜单，也可进行此项管理功能。通过双击指定的行可设置断点，且在左侧以红色方块显示。图 5－19 是典型的编译模式下的工作区。

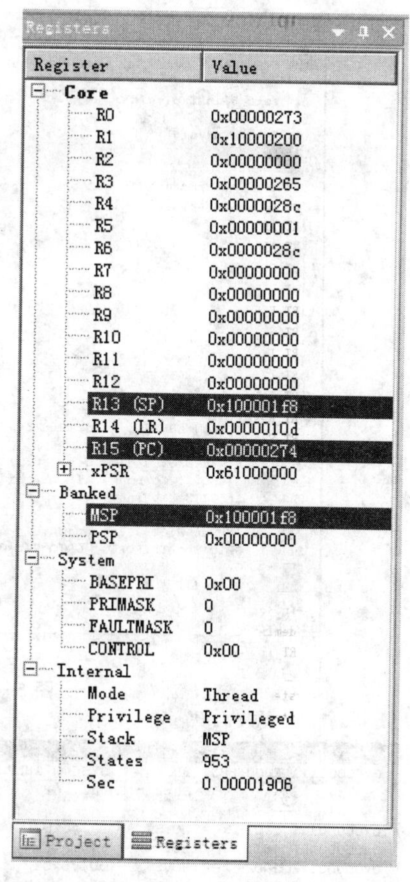

图 5－18 Regs 页

(2) 调试模式下的工作区

调试模式下的工作区主要用于显示反汇编程序、源代码的执行跟踪及调试信息，既可以以汇编语言形式显示，也可以以 C 语言形式显示，还可以以汇编与 C 语言混合显示。在此模式下，也能设置断点，方法是在指定位置双击。图 5－20 是典型的调试模式下的反汇编窗口。

5.3.4 输出窗口

输出窗口具有 3 个页面，分别为 Build 页、Command 页、Find in Files 页，分别如图 5－21、图 5－22 和图 5－23 所示。可通过 View→Output Window 来显示或隐藏此窗口。

- Build 页：如图 5－21 所示。此页用于显示编译时的信息，包括汇编、编译、链接、生成目标程序等，并给出编译结果、显示错误及警告提示信息。
- Command 页：如图 5－22 所示。调试时，在此页面可以用 Debug 命令与 μVision4 调试器进行通信，并可显示调试命令后的相关信息，通过使用 Debug 命令可以查看与修改寄存器的值，也可以调用 Debug 函数。
- Find in Files 页：如图 5－23 所示。当使用 Edit→Find in Files 进行查找时，查找的结果会在 Find in Files 页显示查找结果。

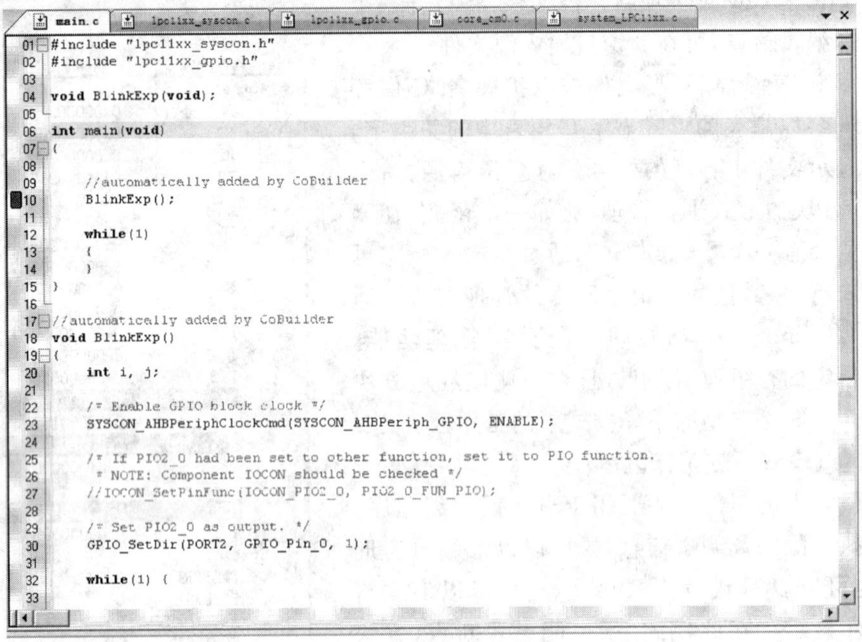

```
main.c | lpc11xx_syscon.c | lpc11xx_gpio.c | core_cm0.c | system_LPC11xx.c

#include "lpc11xx_syscon.h"
#include "lpc11xx_gpio.h"

void BlinkExp(void);

int main(void)
{

    //automatically added by CoBuilder
    BlinkExp();

    while(1)
    {
    }
}

//automatically added by CoBuilder
void BlinkExp()
{
    int i, j;

    /* Enable GPIO block clock */
    SYSCON_AHBPeriphClockCmd(SYSCON_AHBPeriph_GPIO, ENABLE);

    /* If PIO2_0 had been set to other function, set it to PIO function.
     * NOTE: Component IOCON should be checked */
    //IOCON_SetPinFunc(IOCON_PIO2_0, PIO2_0_FUN_PIO);

    /* Set PIO2_0 as output. */
    GPIO_SetDir(PORT2, GPIO_Pin_0, 1);

    while(1) {

```

图 5-19　编译模式下的工作区

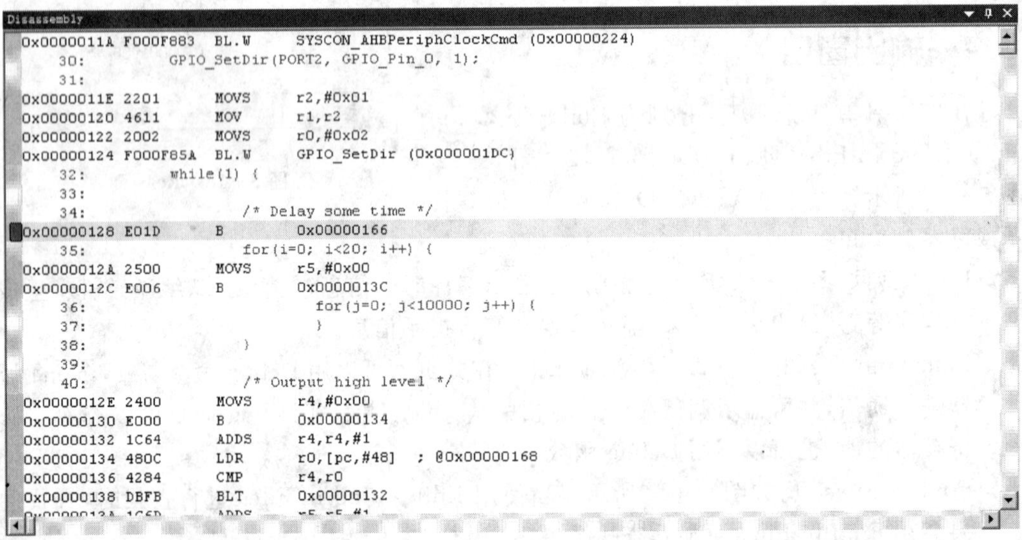

```
Disassembly
0x0000011A F000F883  BL.W     SYSCON_AHBPeriphClockCmd (0x00000224)
    30:          GPIO_SetDir(PORT2, GPIO_Pin_0, 1);
    31:
0x0000011E 2201      MOVS     r2,#0x01
0x00000120 4611      MOV      r1,r2
0x00000122 2002      MOVS     r0,#0x02
0x00000124 F000F85A  BL.W     GPIO_SetDir (0x000001DC)
    32:          while(1) {
    33:
    34:                  /* Delay some time */
0x00000128 E01D      B        0x00000166
    35:                  for(i=0; i<20; i++) {
0x0000012A 2500      MOVS     r5,#0x00
0x0000012C E006      B        0x0000013C
    36:                          for(j=0; j<10000; j++) {
    37:                          }
    38:                  }
    39:
    40:                  /* Output high level */
0x0000012E 2400      MOVS     r4,#0x00
0x00000130 E000      B        0x00000134
0x00000132 1C64      ADDS     r4,r4,#1
0x00000134 480C      LDR      r0,[pc,#48]  ; @0x00000168
0x00000136 4284      CMP      r4,r0
0x00000138 DBFB      BLT      0x00000132
0x0000013A 1C6D      ADDS     r5,r5,#1
```

图 5-20　调试模式下的反汇编窗口

```
Build Output
Build target 'LPC1100'
compiling core_cm0.c...
compiling system_LPC11xx.c...
assembling startup_LPC11xx.s...
compiling lpc11xx_syscon.c...
compiling lpc11xx_i2c.c...
compiling lpc11xx_wdt.c...
compiling lpc11xx_ssp.c...
compiling lpc11xx_uart.c...
compiling lpc11xx_pmu.c...
compiling lpc11xx_gpio.c...
compiling lpc11xx_iocon.c...
compiling stdio.c...
compiling lpc11xx_adc.c...
compiling lpc11xx_tmr.c...
compiling main.c...
linking...
Program Size: Code=448 RO-data=320 RW-data=0 ZI-data=512
".\Tmp\LPC11xx.axf" - 0 Error(s), 0 Warning(s).
Build Output | Find in Files | Command
```

图 5-21 输出窗口之 Build 页

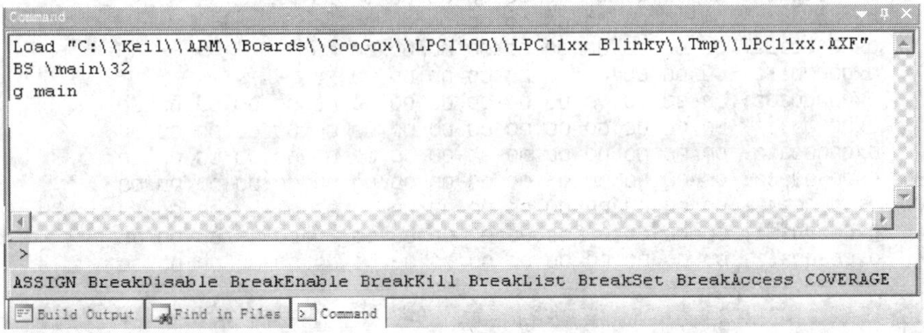

```
Command
Load "C:\\Keil\\ARM\\Boards\\CooCox\\LPC1100\\LPC11xx_Blinky\\Tmp\\LPC11xx.AXF"
BS \main\32
g main

>
ASSIGN BreakDisable BreakEnable BreakKill BreakList BreakSet BreakAccess COVERAGE
Build Output | Find in Files | Command
```

图 5-22 输出窗口之 Command 页

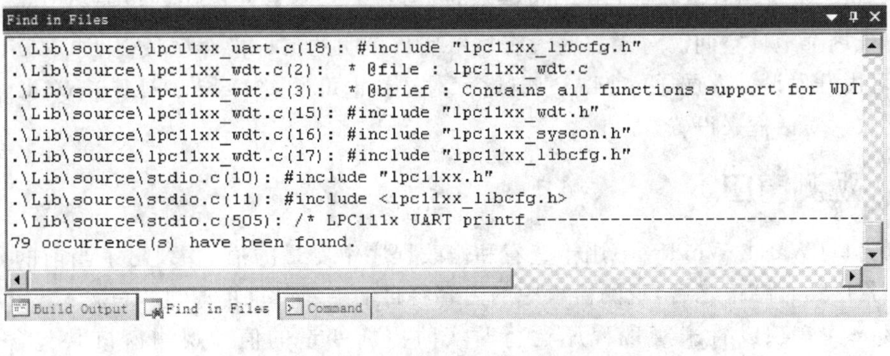

```
Find in Files
.\Lib\source\lpc11xx_uart.c(18): #include "lpc11xx_libcfg.h"
.\Lib\source\lpc11xx_wdt.c(2):  * @file : lpc11xx_wdt.c
.\Lib\source\lpc11xx_wdt.c(3):  * @brief : Contains all functions support for WDT
.\Lib\source\lpc11xx_wdt.c(15): #include "lpc11xx_wdt.h"
.\Lib\source\lpc11xx_wdt.c(16): #include "lpc11xx_syscon.h"
.\Lib\source\lpc11xx_wdt.c(17): #include "lpc11xx_libcfg.h"
.\Lib\source\stdio.c(10): #include "lpc11xx.h"
.\Lib\source\stdio.c(11): #include <lpc11xx_libcfg.h>
.\Lib\source\stdio.c(505): /* LPC111x UART printf ---------------------------------
79 occurrence(s) have been found.
Build Output | Find in Files | Command
```

图 5-23 输出窗口之 Find in Files 页

5.3.5 内存窗口

内存窗口可以以不同的格式同时显示最多 4 个指定内存区域的内容，如图 5－19 所示。在 Address 文本编辑框中，输入内存地址即可显示相应开始地址中的内容。需要说明的是，它支持表达式输入，只要这个表达式代表了某个区域的地址即可，如图 5－19 中所示的 main。双击某个内存地址则弹出文本编辑框，可用于修改相应地址处的内存值。

在存储区内右击可以打开如图 5－24 所示的对话框，在此可以选择输出格式。选择 View→Periodic Window Update 菜单项，则可在运行时实时更新此窗口中的值。在运行过程中，若某些地址处的内容发生变化，则以红色显示。

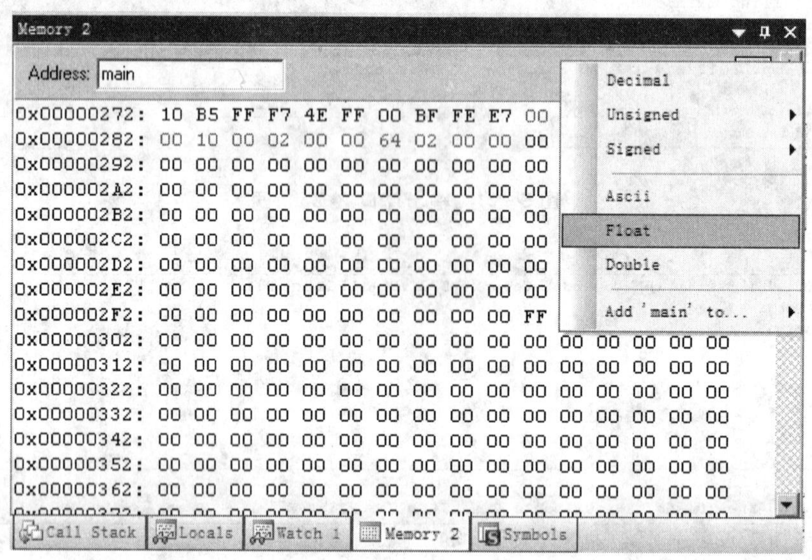

图 5－24 存储器窗口

μVision 4 可以仿真高达 4 GB 的存储空间，当载入一个目标应用程序时，μVision 4 将为其自动分配内存地址空间。对于那些没有显示变量声明的目标内存区域，比如 I/O 口的地址映像，则可由开发设计人员通过 MAP 调试命令指定，也可通过 Debug→Memory Map 菜单激活存储器映射对话框来设置。

5.3.6 观测窗口

观测窗口（Watch Windows）用于查看和修改程序中变量的值，并列出了当前的函数调用关系。在程序运行结束之后，观测窗口中的内容将自动更新。也可通过 View→Periodic Window Update 菜单项设置来实现程序运行时实时更新变量的值。观测窗口共包含 4 个页：Locals页、Watch ＃1 页、Watch ＃2 页、Call Stack 页，分别介绍如下：

Locals 页：如图 5-25 所示，此页列出了程序当前函数中全部的局部变量。要修改某个变量的值，只须选中变量，然后单击或按 F2 即可弹出一个文本框来修改。

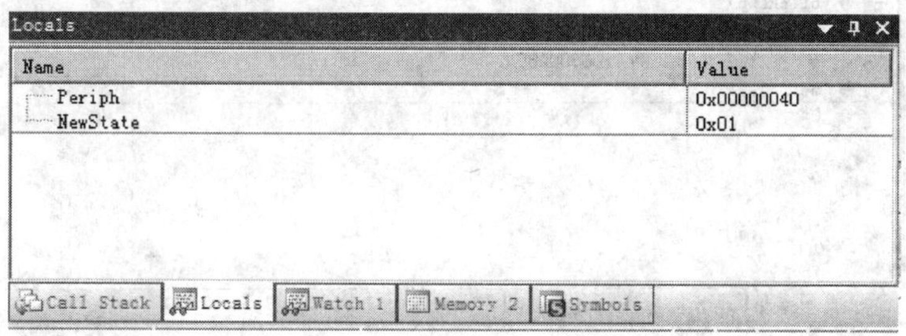

图 5-25　Watch 窗口之 Locals 页

Watch 页：如图 5-26 所示，观测窗口有 2 个 Watch 页，此页列出了用户指定的程序变量。有 3 种方式可以把程序变量加到 Watch 页中：

- 在 Watch 页中，选中 type F2 to edit，然后按 F2，则弹出一个文本框，在此输入要添加的变量名即可。用同样的方法可以修改已存在的变量。
- 在工作空间中，选中要添加到 Watch 页中的变量并右击，则在弹出的快捷菜单中选择 Add to Watch Window 即可把选定的变量添加到 Watch 页中。
- 在 Output Window 窗口的 Command 页中用 WS(WatchSet)命令将所要添加的变量添入 Watch 页中。

若要删除变量，则只须选中变量，按 Delete 键或在 Output Window 窗口的 Command 页中用 WK(WatchKill)命令就可以删除变量。

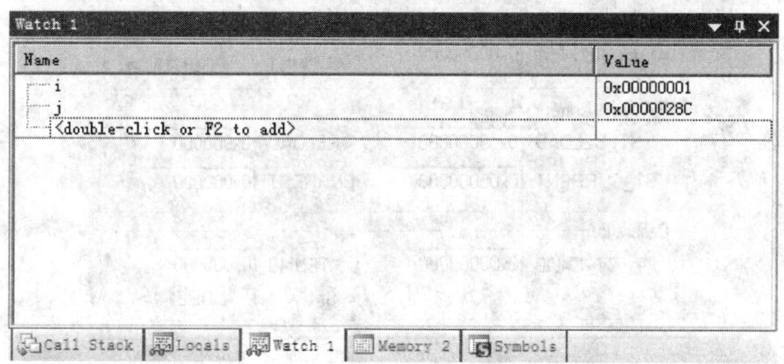

图 5-26　Watch 窗口之 Watch 页

Call Stack：如图 5-27 所示，此页显示了函数的调用关系。双击此页中的某行，则会在工作区中显示该行对应的调用函数以及相应的运行地址。

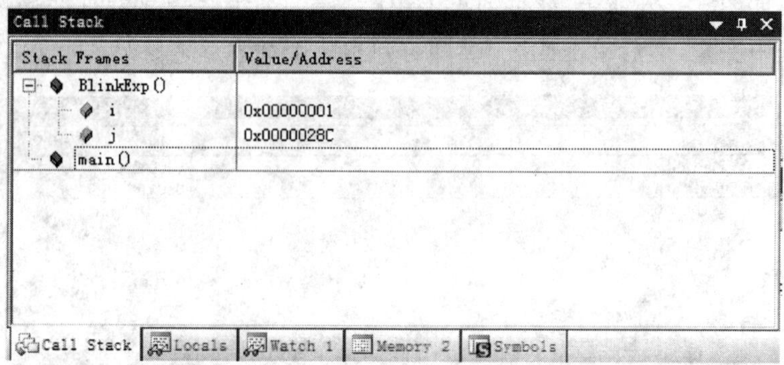

图 5-27　Watch 窗口之 Call Stack 页

5.3.7　外设对话框

μVision 4 为程序设计和调试提供了多种处理器内部的外围接口对话框：I/O 端口对话框、中断对话框、时钟对话框、A/D 转换器对话框、串口对话框、实时钟对话框等。通过 Peripherals菜单可以打开这些对话框，它们显示了当前处理器片上外围接口状态，并可以通过这些对话框来配置相关外围接口。每个对话框都列出了对应的相关特殊功能寄存器，并给出了其当前值，调试时可设置这些值。

下面以 System Tick Timer 为例说明外设对话框的使用，其对话框如图 5-28 所示，其中，列出了各寄存器的状态及值，用户可以动态更改部分寄存器的值。

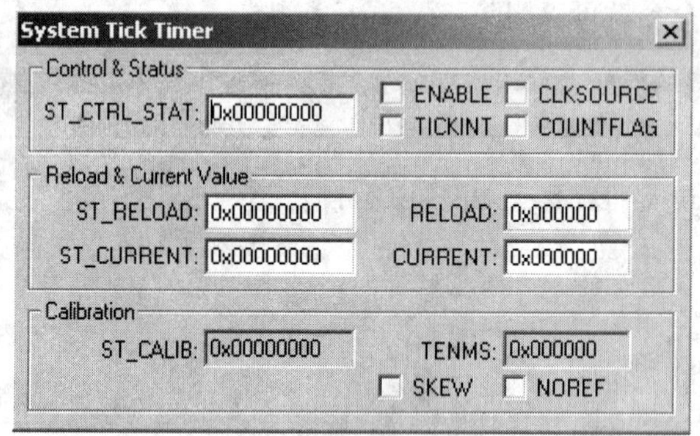

图 5-28　System Tick Timer 对话框

外设对话框的具体内容因外围接口的特性不同而不同，有些设置较为复杂，这里不一一介绍，详细内容可以查阅相关帮助。

5.4 CMSIS 标准

ARM 公司于 2008 年 11 月 12 日发布了 ARM Cortex 微控制器软件接口标准(CMSIS，Cortex Microcontroller Software Interface Standard)。CMSIS 独立于供应商的 Cortex－M 处理器系列硬件抽象层，为芯片厂商和中间件供应商提供了简单的处理器软件接口，简化了软件复用工作，降低了 Cortex－M 上操作系统的移植难度，并减少了新入门的微控制器开发者的学习曲线和新产品的上市时间。

根据近期的调查研究，软件开发已经被嵌入式行业公认为最主要的开发成本，图 5－29 为近年来软件开发与硬件开发花费对比图。因此，ARM 与 Atmel、IAR、KEIL、Luminary Micro、Micrium、NXP、SEGGER 和 ST 等诸多芯片和软件工具厂商合作，将所有 Cortex 芯片厂商的产品的软件接口标准化，制定了 CMSIS 标准。此举意在降低软件开发成本，尤其针对进行新设备项目开发或将已有的软件移植到其他芯片厂商提供的基于 Cortex 处理器的微控制器的情况。有了该标准，芯片厂商就能够将其资源专注于对其产品的外设特性进行差异化，并且能够消除对微控制器进行编程时需要维持的不同的、互相不兼容的标准的需求，从而达到降低开发成本的目的。

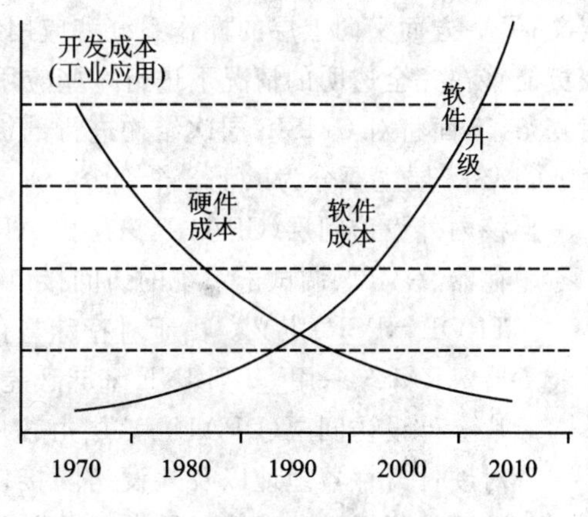

图 5－29 软件与硬件开发成本对比图

CMSIS 的现有标准是 CMSIS 2.0，与之前的版本有了一些新的变化。CMSIS 2.0 标准包含 Cortex－M0、Cortex－M3、Cortex－M4 以及 SVD(System View Description)这 4 部分。目前，各芯片厂商也还没有都推出各自基于 CMSIS 标准的完整 BSP 包。但未来的 Cortex－M 处理器应用将统一在 CMSIS 的标准之下是一个不可避免的趋势。本节将以 LPC11xx 处理器为对象，介绍 CMSIS 2.0 标准的 Cortex－M0 部分。

5.4.1 基于 CMSIS 标准的软件架构

基于 CMSIS 2.0 标准的软件架构如图 5－30 所示。与 CMSIS 1.x 版本相比，CMSIS 2.0 去除了中间层，增加了一个可选的外设访问函数(Access Functions for Peripherals)。

可以看到，基于 CMSIS 标准的软件架构主要分为以下 4 层：用户应用层、操作系统层、CMSIS 层以及硬件寄存器层。其中，CMSIS 层起着承上启下的作用，一方面该层对硬件寄存器层进行了统一的实现，屏蔽了不同厂商对 Cortex－M 系列微处理器核内外设寄存器的不同

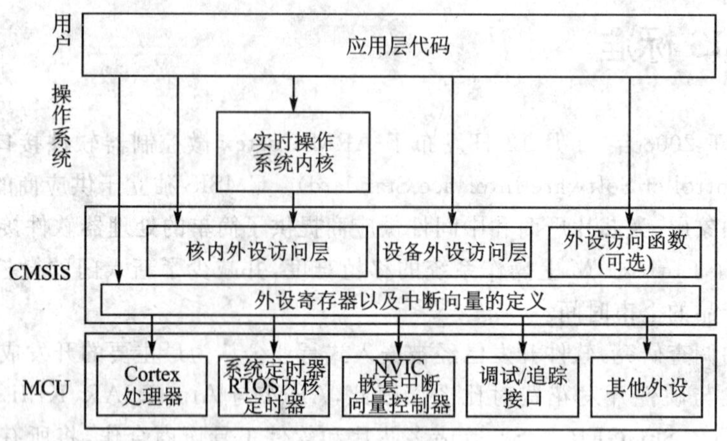

图 5-30 基于 CMSIS 标准的软件架构

定义;另一方面又向上层的操作系统和应用层提供接口,简化了应用程序开发的难度,使开发人员能够在完全透明的情况下进行一些应用程序的开发。也正是如此,CMSIS 层的实现也相对复杂,下面将对 CMSIS 层次结构进行剖析。

CMSIS 层主要分为以下 3 个部分:

- 核内外设访问层(CPAL):该层由 ARM 负责实现。包括对寄存器地址的定义,对核寄存器、NVIC、调试子系统的访问接口定义以及对特殊用途寄存器的访问接口(如 CONTROL,xPSR)定义。由于对特殊寄存器的访问以内联方式定义,所以针对不同的编译器 ARM 统一用__INLINE 来屏蔽差异。该层定义的接口函数均是可重入的。
- 片上外设访问层(DPAL):该层由芯片厂商负责实现。该层的实现与 CPAL 类似,负责对硬件寄存器地址以及外设访问接口进行定义。该层可调用 CPAL 层提供的接口函数同时根据设备特性对异常向量表进行扩展,以处理相应外设的中断请求。
- 外设访问函数(AFP):该层也由芯片厂商负责实现,主要是提供访问片上外设的访问函数,这一部分是可选的。

有了以上 3 个部分的划分,芯片厂商就能专注于对其产品的外设特性进行差异化,并且消除它们对微控制器进行编程时需要维持的不同的、互相不兼容的标准需求,以达到低成本开发的目的。

5.4.2 CMSIS 规范

CMSIS 的头文件结构如图 5-31 所示(以 LPC111x 为例)。

其中,stdint.h 包括对 8 位、6 位、32 位等类型指示符的定义,主要用来屏蔽不同编译器之前的差异。core_cmInstr.h 将一些汇编指令定义为内部函数;core_cmFunc.h 将一些核寄存器(PSP、MSP、PSR、PRIMASK、CONTROL 等)的访问定义为内部函数。core_cm0.h 和 core

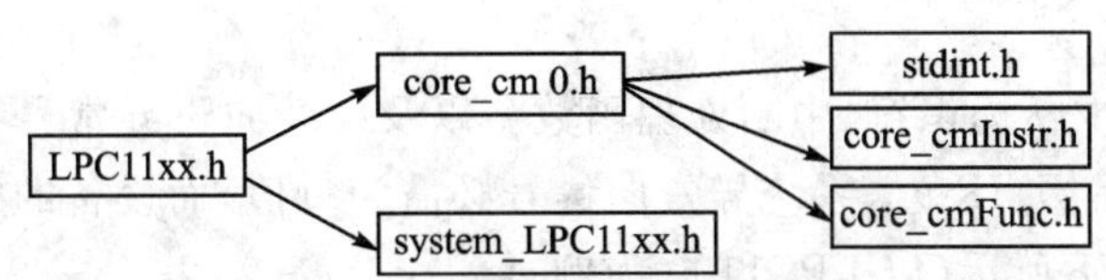

图 5-31　CMSIS 头文件结构

cm0.c 中包括 Cortex-M0 核的全局变量声明和定义，并定义一些静态功能函数。system<device>.h 和 system_<device>.c（即图 5-30 的 system_LPC11xx.h 和 system_LPC11xx.c）定义的是不同芯片厂商定义的系统初始化函数（SystemInit）以及一些指示时钟的变量，如 SystemFrequency。<device>.h（即图 5-30 的 LPC11xx.h）是提供给应用程序的头文件，包含 core_cm0.h 和 system_<device>.h，定义了与特定芯片厂商相关的寄存器以及各中断异常号，并可定义 Cortex-M0 核中的特殊设备，如 MCU、中断优先级位数以及 SysTick时钟配置。虽然 CMSIS 提供的文件很多，但在应用程序中只须包含<device.h>（即图 5-30 的 LPC11xx.h）。

(1) 工具链

CMSIS 支持目前嵌入式开发的三大主流工具链，即 ARM RealView（armcc），IAR EWARM（iccarm）以及 GNU 工具链（gcc）。通过在 core_cm0.c 中的如下定义来屏蔽一些编译器内置关键字的差异：

```
* define compiler specific symbols */
#if defined ( __CC_ARM   )
  #define __ASM          __asm             /*!< asm keyword for ARM Compiler     */
  #define __INLINE       __inline          /*!< inline keyword for ARM Compiler  */
#elif defined ( __ICCARM__ )
  #define __ASM          __asm             /*!< asm keyword for IAR Compiler     */
  #define __INLINE       inline      /*!< inline keyword for IAR Compiler. Only avaiable
  in High optimization mode! */
#elif defined   (  __GNUC__  )
  #define __ASM          __asm             /*!< asm keyword for GNU Compiler     */
  #define __INLINE       inline            /*!< inline keyword for GNU Compiler  */
#elif defined   (  __TASKING__  )
  #define __ASM          __asm             /*!< asm keyword for TASKING Compiler     */
  #define __INLINE       inline            /*!< inline keyword for TASKING Compiler  */
#endif
```

这样 CPAL 中的功能函数就可以被定义成静态内联类型（static __INLINE），以实现编译优化。

(2) 中断异常

CMSIS 对异常和中断标识符、中断处理函数名以及中断向量异常号都有严格的要求。异常和中断标识符需加后缀_IRQn,系统异常向量号必需为负值,而设备的中断向量号是从 0 开始递增,具体的定义如下所示(以 LPC1100 为例):

```
typedef enum IRQn
{
/****** Cortex-M0 处理器异常向量号 ***************************************/
  NonMaskableInt_IRQn = -14,     /*!< 2 Non Maskable Interrupt                    */
  HardFault_IRQn = -13,          /*!< 3 Cortex-M0 Hard Fault Interrupt            */
  SVCall_IRQn = -5,              /*!< 11 Cortex-M0 SV Call Interrupt              */
  PendSV_IRQn = -2,              /*!< 14 Cortex-M0 Pend SV Interrupt              */
  SysTick_IRQn = -1,             /*!< 15 Cortex-M0 System Tick Interrupt          */
/****** LPC11xx 专用中断向量号 ***************************************/
  WAKEUP0_IRQn = 0,              /*!< All I/O pins can be used as wakeup source.  */
  WAKEUP1_IRQn = 1,              /*!< There are 13 pins in total for LPC11xx      */
  WAKEUP2_IRQn = 2,
  WAKEUP3_IRQn = 3,
  WAKEUP4_IRQn = 4,
  WAKEUP5_IRQn = 5,
  WAKEUP6_IRQn = 6,
  WAKEUP7_IRQn = 7,
  WAKEUP8_IRQn = 8,
  WAKEUP9_IRQn = 9,
  WAKEUP10_IRQn = 10,
  WAKEUP11_IRQn = 11,
  WAKEUP12_IRQn = 12,
  SSP1_IRQn = 14,                /*!< SSP1 Interrupt                              */
  I2C_IRQn = 15,                 /*!< I2C Interrupt                               */
  TIMER_16_0_IRQn = 16,          /*!< 16-bit Timer0 Interrupt                     */
  TIMER_16_1_IRQn = 17,          /*!< 16-bit Timer1 Interrupt                     */
  TIMER_32_0_IRQn = 18,          /*!< 32-bit Timer0 Interrupt                     */
  TIMER_32_1_IRQn = 19,          /*!< 32-bit Timer1 Interrupt                     */
  SSP0_IRQn = 20,                /*!< SSP0 Interrupt                              */
  UART_IRQn = 21,                /*!< UART Interrupt                              */
  ADC_IRQn = 24,                 /*!< A/D Converter Interrupt                     */
  WDT_IRQn = 25,                 /*!< Watchdog timer Interrupt                    */
  BOD_IRQn = 26,                 /*!< Brown Out Detect(BOD) Interrupt             */
  EINT3_IRQn = 28,               /*!< External Interrupt 3 Interrupt              */
```

```
    EINT2_IRQn = 29,             /*!< External Interrupt 2 Interrupt                 */
    EINT1_IRQn = 30,             /*!< External Interrupt 1 Interrupt                 */
    EINT0_IRQn = 31,             /*!< External Interrupt 0 Interrupt                 */
} IRQn_Type;
```

CMSIS 对系统异常处理函数以及普通的中断处理函数名的定义也有所不同。系统异常处理函数名需加后缀_Handler,而普通中断处理函数名则加后缀_IRQHandler,这些异常中断处理函数被定义为 weak 属性的,以便在其他的文件中重新实现时不出现重复定义的错误。这些处理函数的地址用来填充中断异常向量表,并在启动代码中给以声明,比如 NMI_Handler、SysTick_Handler 等。

(3) 数据类型

CMSIS 对数据类型的定义是在 stdint.h 中完成的,对核寄存器结构体的定义是在 core_cm0.h 中完成的,寄存器的访问权限是通过相应的标识来指示的。CMSIS 定义以下 3 种标识符来指定访问权限:__I(volatile const)、__O(volatile)和__IO(volatile)。其中,__I 用来指定只读权限,__O 用来指定只写权限,__IO 用来指定读/写权限。

(4) 安全机制

在嵌入式软件开发过程中,代码的安全性和健壮性一直是开发人员所关注的,因此 CMSIS 在这方面也做出了努力,所有的 CMSIS 代码都是基于 MISRA - C 2004(Motor Industry Software Reliability Association for the C programming language)标准的。MIRSA - C 2004 制定了一系列安全机制来保证驱动层软件的安全性,因此是嵌入式行业都应遵循的标准。对于不符合 MISRA 标准的,编译器会提示错误或警告,这主要取决于开发者所使用的工具链。

5.5 第一个 LPC1100 应用程序 Blinky

使用 MDK 作为嵌入式开发工具,其开发的流程与其他开发工具基本一样,一般可以分以下几步:

① 新建一个工程,从设备库中选择目标芯片,配置编译器环境;

② 用 C 或汇编语言编写源文件;

③ 编译目标应用程序;

④ 修改源程序中的错误;

⑤ 测试链接应用程序。

图 5-32 描述了完整的 MDK 软件开发流程,本节以一个基于 LPC1114 处理器的嵌入式应用程序 Blinky 为例,结合 CMSIS 标准,简要介绍使用 MDK 进行嵌入式应用开发的过程。此程序就是用 GPIO 口控制开发板上的 LED 灯。读者可以按照本节介绍一步一步实现这个例程,以快速熟悉使用 MDK 进行 LPC1100 应用开发的基本过程。

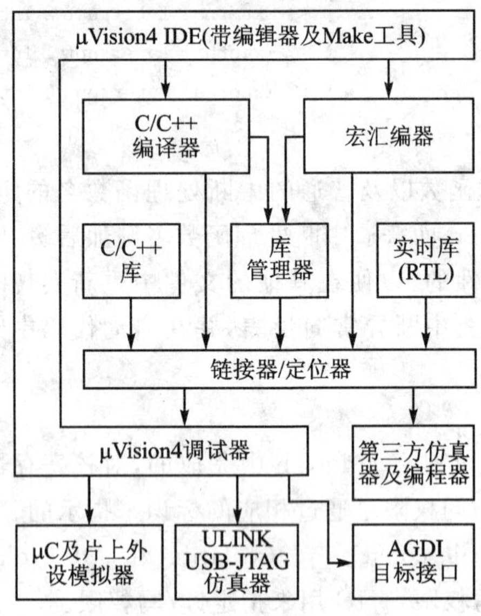

图 5-32 MDK 软件开发流程

5.5.1 选择工具集

利用 μVision 4 创建应用程序，首先要选择开发工具集。选择 Project→Manage→Components, Environment and Books 菜单项，在弹出的如图 5-33 所示对话框中可选择所使用的工具集。在 μVision 4 中可使用 ARM RealView 及 GNU GCC 编译器。当使用 GNU GCC 编译器时，需要安装相应的工具集。如果用户不选择，则默认使用 RealView 编译工具 RVCT 4.0。

5.5.2 创建一个新的工程

这里先建立一个新的文件夹 Blinky，选择 Project→New Project 菜单项，则 MDK 打开一个标准对话框，输入希望新建工程的名字即可创建一个新的工程，建议对每个新建工程使用独立的文件夹。先把工程目录指定到 Blinky 文件夹，然后在如图 5-34 所示的对话框中输入 Blinky，则 MDK 创建一个以 Blinky. uvproj 为名字的新工程文件，它包含了一个默认的目标(target)和文件组名。这些内容在 Project Workspace - Files 中可以看到。

创建一个新工程时，μVision 4 要求设计者为工程选择一款对应的处理器，如图 5-35 所示，该对话框中列出了 MDK 支持的处理器设备数据库，也可选择 Project→Select Device 菜单项进入此对话框。选择了某款处理之后，μVision 4 将会自动为工程设置相应的工具选项，这使得工具的配置过程简化。图 5-35 是以 LPC1114x301 控制器为例。

对于大部分处理器设备，MDK 会提示是否在目标工程里加入 CPU 的相关启动代码，如图 5-36 所示。启动代码是用来初始化目标设备的配置，完成运行时系统的初始化工作，对于

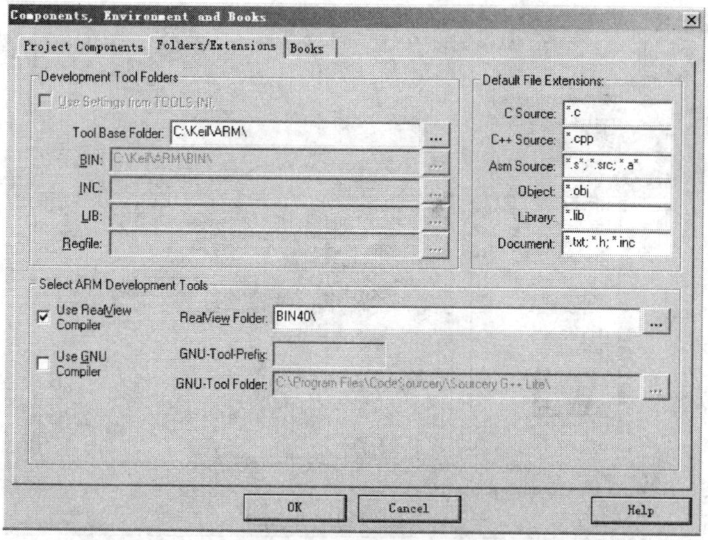

图 5-33 选择工具集

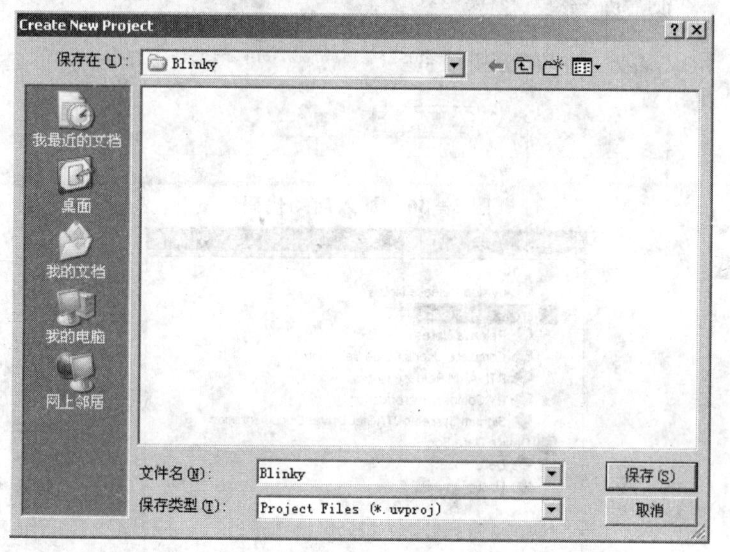

图 5-34 创建一个新工程

嵌入式系统开发而言是必不可少的，单击 OK 便可将启动代码加入工程，这使得系统的启动代码编写工作量大大减少。

在设备数据库中为工程选择 CPU 后，Project Workspace - Books 内就可以看到相应设备的用户数据手册，以供设计者参考，如图 5-37 所示。某些处理器如无手册，则读者也可自行添加。

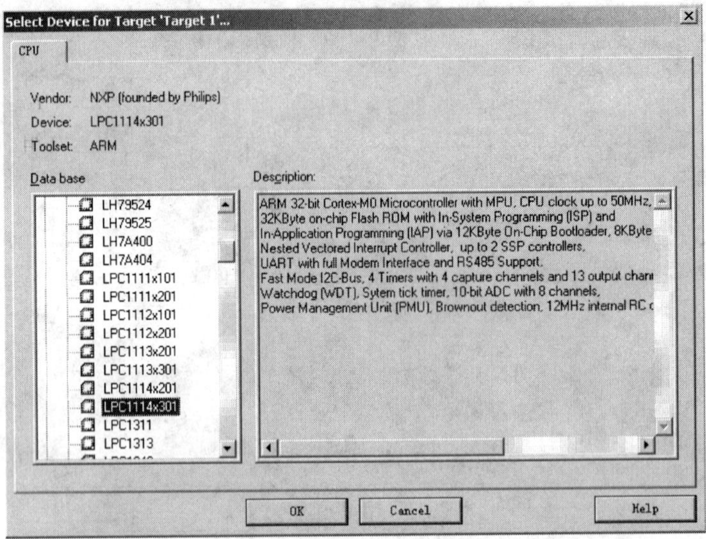

图 5-35　选择处理器

图 5-36　加入启动代码

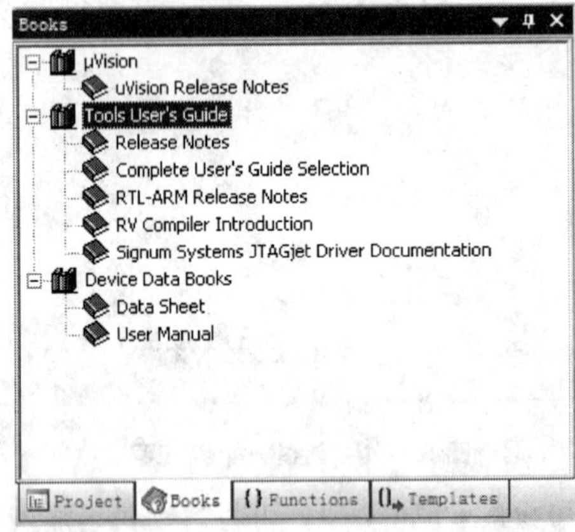

图 5-37　相应设备数据手册

5.5.3 硬件选项配置

μVision 4 可根据目标硬件的实际情况对工程进行配置。选择 Project→Options for Target菜单项，在弹出的 Target 页面可指定目标硬件和所选择设备片内组件的相关参数，如外部晶振、片上 ROM/RAM、是否使用操作系统等，如图 5-38 所示。

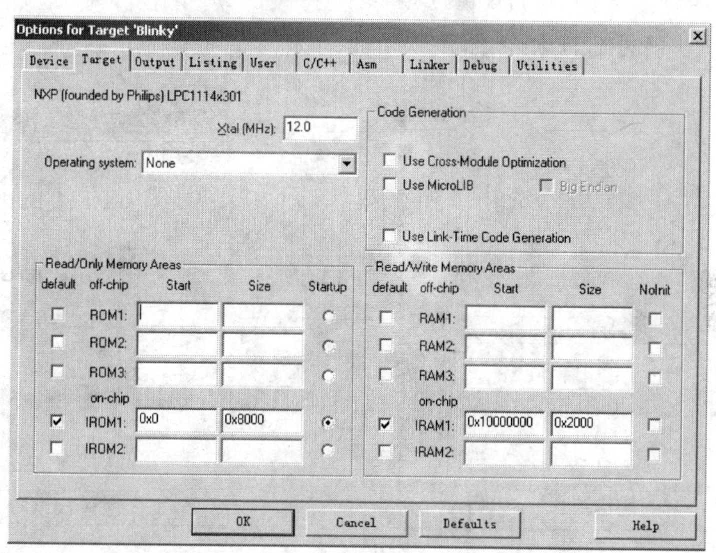

图 5-38 目标硬件选项配置

5.5.4 创建文件组及源文件

创建一个工程之后，就应开始编写源程序。这里先创建几个文件组，用于存放源文件。双击 Blinky. Uv2 打开工程，右击 Project Workspace 中的 Source Group 1，在弹出的快捷菜单中选择 New Group，添加文件并重命名文件组，如图 5-39 所示。

单击工程的名字，将工程名字修改为 Blinky。然后创建 5 个文件组，分别为：Starup Code，用于存放启动代码；Cmsis Code，用于存放与 CMSIS 标准相关的代码；Common，用于存放相关外设的驱动，NXP 官方的 LPC1100 Fireware 已提供了处理器片上外设的驱动；Source Code，用于存放用户自己编写的代码；Readme，用于存放工程帮助文件。创建完成后如图 5-40 所示。

文件组创建完成之后开始创建源文件，启动代码使用默认的 startup_LPC11xx. s，在创建工程时已经添加了，用户可以通过图形方式来修改启动代码，如图 5-41 所示。LPC1100 处理器启动代码比较简单，需要修改的内容很少。Cmsis Code 包含两个 c 文件，分别为 core_cm0. c 和 system_LPC11xx. c，这两个文件在本书例程包的\common\src 目录中。关于这两个文件的介绍可以参考本书的 6.3 节，这里就不给出它们的源代码了，直接将这两个文件复制到当前工程下。Common Code 包含两个 c 文件 gpio.c 和 LPC11xx_clkpwr.c，本例程只需要用到 GPIO 外设，clkconfig.c 是用于时钟配置；Source Code 则需要设计者自己编写。下面以 Source Code 为例介绍如何创建源文件。

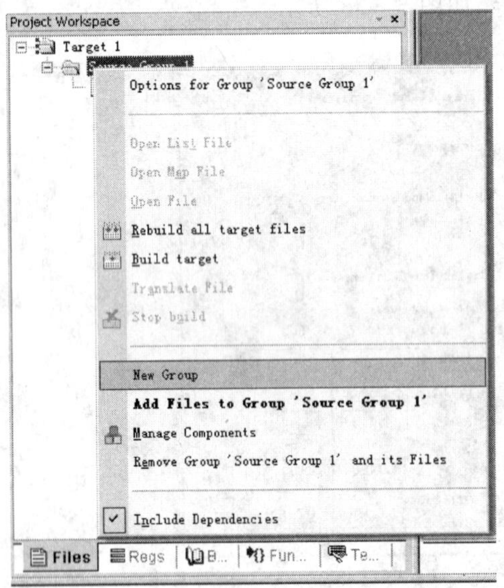

图 5-39　创建文件组

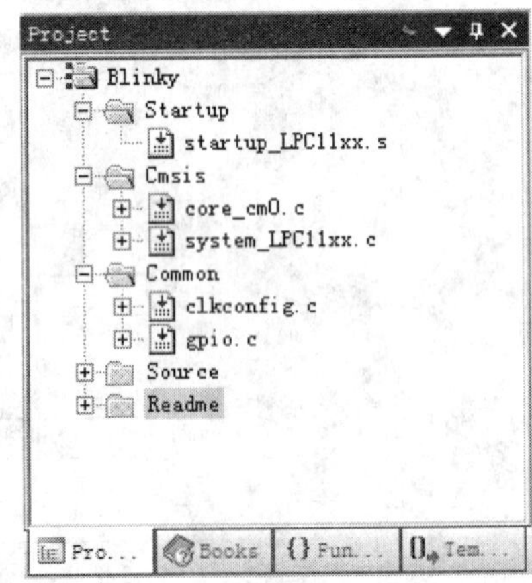

图 5-40　文件组创建完成

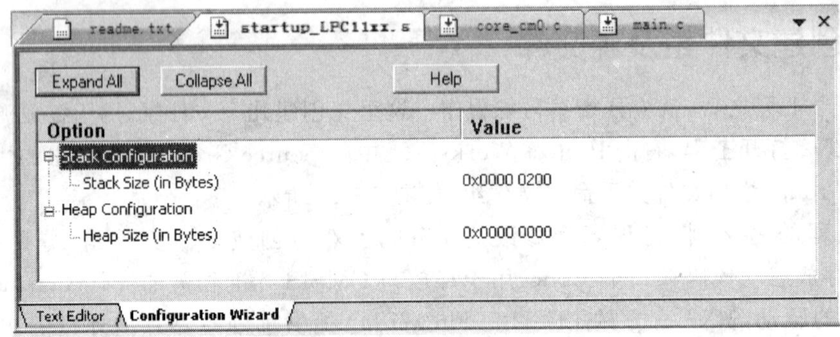

图 5-41　启动代码的图形化编程

选择 File→New 菜单项可创建新的源文件，μVision IDE 将会打开一个空的编辑窗口用以输入源程序。在输入完源程序后，选择 File→Save As 菜单项保存源程序；当以 *.C 为扩展名保存源文件时，μVision IDE 将会根据 C 语言语法以彩色高亮字体显示源程序。在本例中，使用 main.c 来保存示例文件。

```
/**********************(C) COPYRIGHT 2010 UP Team, WHUT *********************
 * 文件名：main.c
 * 作者  ：UP Team, Wuhan University of Technology
 * 日期  ：01/18/2010
 * 描述  ：主程序源文件
 ****************************************************************************
 ****************************************************************************
 * 历史：
 * 01/18/2010          ：V1.0              初始版本
 ****************************************************************************/
/* Includes ------------------------------------------------------------------*/
#include "LPC11xx.h"
#include "lpc_types.h"
#include "LPC11xx_clkpwr.h"
#include "LPC11xx_gpio.h"
/* Private typedef -----------------------------------------------------------*/
/* Private define ------------------------------------------------------------*/
/* Private macro -------------------------------------------------------------*/
/* Private variables ---------------------------------------------------------*/
/* Private function prototypes -----------------------------------------------*/
/* Private functions ---------------------------------------------------------*/
/**
  * @函数名:main
  * @描述:主函数
  * @参数:无
  * @返回值:无
  */
int main (void) {
    unsigned int i;
    /* 设置端口 PIO2_0 为输出 */
    GPIO_SetDir( 2, 0, 1 );
    /* 循环 */
    while (1)
    {
        /* 点亮 PIO2_0 所对应的 LED 灯 D4 */
        GPIO_SetValue( 2,0 );
        /* set the bitvalue */
        LPC_GPIO2->MASKED_ACCESS[1] = 0x0<<0;
        /* 软件循环延时 */
```

```
            for (i = 0; i < 0xFFFFF; i++);
            /* 关闭 PIO2_0 所对应的 LED 灯 D4 */
            GPIO_SetValue( 2, 1 );
            /* clear the bitvalue */
            LPC_GPIO2->MASKED_ACCESS[1] = 0x1<<0;
            /* 软件循环延时 */
            for (i = 0; i < 0xFFFFF; i++);
        }
    }
/********** (C) COPYRIGHT 2010 UP Team, WHUT ************文件结束***********/
```

main.c 中 main()函数的功能很简单，就是将 PIO2 端口的两个引脚 PIO2_0 设置为输出来驱动蓝色的 LED 灯 D4，然后循环点亮和熄灭 D4，点亮和熄灭时间用软件循环延时实现。在开发板上，处理器的 PIO2_0 引脚已经与 LED 灯 D4 连接了，如图 5－42 所示。关于 GPIO 控制器，前面的 4.2 节做了详细介绍，这里不复述了。

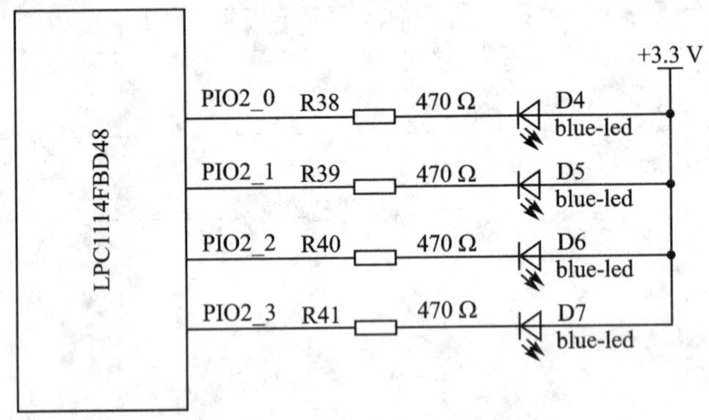

图 5－42　Blinky 例程硬件电路

main.c 中调用了 SystemInit()函数。这个函数用于系统的初始化和基本配置，在 system_LPC11xx.c 中定义，属于 CMSIS 标准的一部分，由芯片制造商提供，其内容通常是处理器核外围设备的初始化，特别是时钟的设置。LPC1100 处理器相对比较简单，其内容主要是对时钟的初始化设置，这里不做解释，读者可以参考 4.1 节阅读，也可以采用图形化方式对 system_LPC11xx.c 进行修改，如图 5－43 所示。

为了方便读者了解此函数，下面给出此函数的源代码。

```
/**
 * Initialize the system
 *
 * @param  none
```

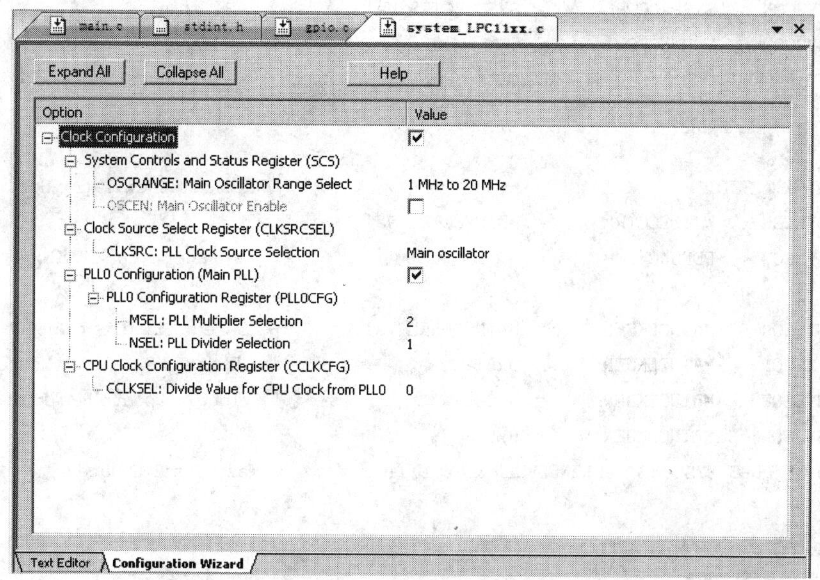

图 5-43　图形化的方式修改 System_LPC11xx.c

```
 * @return none
 *
 * @brief  Setup the microcontroller system.
 *         Initialize the System.
 */
void SystemInit (void)
{
#if (CLOCK_SETUP)                                  /* Clock Setup              */
#if (SYSCLK_SETUP)                                 /* System Clock Setup       */
#if (SYSOSC_SETUP)                                 /* System Oscillator Setup  */
  uint32_t i;

  LPC_SYSCON->PDRUNCFG      &= ~(1 << 5);          /* Power-up System Osc */
  LPC_SYSCON->SYSOSCCTRL     = SYSOSCCTRL_Val;
  for (i = 0; i < 200; i++) __NOP();
  LPC_SYSCON->SYSPLLCLKSEL   = SYSPLLCLKSEL_Val;   /* Select PLL Input         */
  LPC_SYSCON->SYSPLLCLKUEN   = 0x01;               /* Update Clock Source      */
  LPC_SYSCON->SYSPLLCLKUEN   = 0x00;               /* Toggle Update Register */
  LPC_SYSCON->SYSPLLCLKUEN   = 0x01;
  while (!(LPC_SYSCON->SYSPLLCLKUEN & 0x01));      /* Wait Until Updated       */
#if (SYSPLL_SETUP)                                 /* System PLL Setup         */
```

```
    LPC_SYSCON->SYSPLLCTRL      = SYSPLLCTRL_Val;
    LPC_SYSCON->PDRUNCFG       &= ~(1 << 7);          /* Power-up SYSPLL          */
    while (!(LPC_SYSCON->SYSPLLSTAT & 0x01));         /* Wait Until PLL Locked    */
#endif
#endif
#if (WDTOSC_SETUP)                                    /* Watchdog Oscillator Setup*/
    LPC_SYSCON->WDTOSCCTRL      = WDTOSCCTRL_Val;
    LPC_SYSCON->PDRUNCFG       &= ~(1 << 6);          /* Power-up WDT Clock       */
#endif
    LPC_SYSCON->MAINCLKSEL      = MAINCLKSEL_Val;     /* Select PLL Clock Output  */
    LPC_SYSCON->MAINCLKUEN      = 0x01;               /* Update MCLK Clock Source */
    LPC_SYSCON->MAINCLKUEN      = 0x00;               /* Toggle Update Register   */
    LPC_SYSCON->MAINCLKUEN      = 0x01;
    while (!(LPC_SYSCON->MAINCLKUEN & 0x01));         /* Wait Until Updated       */
#endif

#if (USBCLK_SETUP)                                    /* USB Clock Setup          */
    LPC_SYSCON->PDRUNCFG       &= ~(1 << 10);         /* Power-up USB PHY         */
#if (USBPLL_SETUP)                                    /* USB PLL Setup            */
    LPC_SYSCON->PDRUNCFG       &= ~(1 <<  8);         /* Power-up USB PLL         */
    LPC_SYSCON->USBPLLCLKSEL    = USBPLLCLKSEL_Val;   /* Select PLL Input         */
    LPC_SYSCON->USBPLLCLKUEN    = 0x01;               /* Update Clock Source      */
    LPC_SYSCON->USBPLLCLKUEN    = 0x00;               /* Toggle Update Register   */
    LPC_SYSCON->USBPLLCLKUEN    = 0x01;
    while (!(LPC_SYSCON->USBPLLCLKUEN & 0x01));       /* Wait Until Updated       */
    LPC_SYSCON->USBPLLCTRL      = USBPLLCTRL_Val;
    while (!(LPC_SYSCON->USBPLLSTAT   & 0x01));       /* Wait Until PLL Locked    */
    LPC_SYSCON->USBCLKSEL       = 0x00;               /* Select USB PLL           */
#else
    LPC_SYSCON->USBCLKSEL       = 0x01;               /* Select Main Clock        */
#endif
#else
    LPC_SYSCON->PDRUNCFG       |=  (1 << 10);         /* Power-down USB PHY       */
    LPC_SYSCON->PDRUNCFG       |=  (1 <<  8);         /* Power-down USB PLL       */
#endif

    LPC_SYSCON->SYSAHBCLKDIV    = SYSAHBCLKDIV_Val;
    LPC_SYSCON->SYSAHBCLKCTRL = AHBCLKCTRL_Val;
#endif
```

```
#if (MEMMAP_SETUP || MEMMAP_INIT)        /* Memory Mapping Setup              */
  LPC_SYSCON->SYSMEMREMAP = SYSMEMREMAP_Val;
#endif
}
```

创建完源文件后便可以在工程里加入此源文件，μVision 提供了多种方法将源文件加入到工程中。例如，在 Project Workspace→Files 菜单项中选择文件组并右击相应的文件组，单击 Add Files to Group 打开一个标准文件对话框，将已创建好源文件加入到工程中。添加完成后如图 5-44 所示。

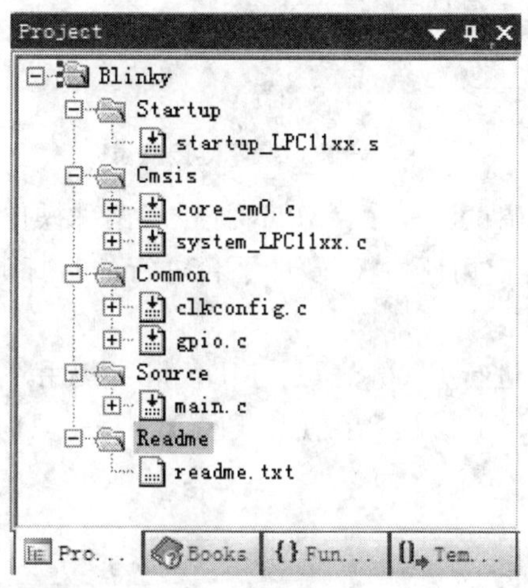

图 5-44　源文件添加完成

5.5.5　编译链接工程

通常，在 5.5.3 小节所述的 Project-Options for Target(图 5-38)中包含了创建一个新应用程序所需的所有设置。接下来的工作是编译链接工程，单击工具栏中 Build Target 图标可编译链接工程文件。如果源程序中存在语法错误，则 μVision 会在 Output Window-Build 窗口中显示出错误和警告信息。双击提示信息所在行，则在 μVision 编辑窗口里打开并显示相应的出错源文件；光标会定位在该文件的出错行上，以方便用户快速定位出错位置。若源程序无语法错误，则出现如图 5-45 所示信息。

应用程序的修改、编译和调试按如下步骤进行：

① 修改现有源代码或者向工程里加入新的源文件。单击工具栏中 Build Target 按钮，则只编译修改过或者是新的源文件，并且产生可执行文件。μVision 会保持文件的从属列表，同时也知道每一个源文件里的包含文件。即使工具选项保存在文件从属列表中，MDK 也只是重新编译所需要的文件。使用 Rebuild Target 命令，则不管是否修改过，所有源文件都被编译。

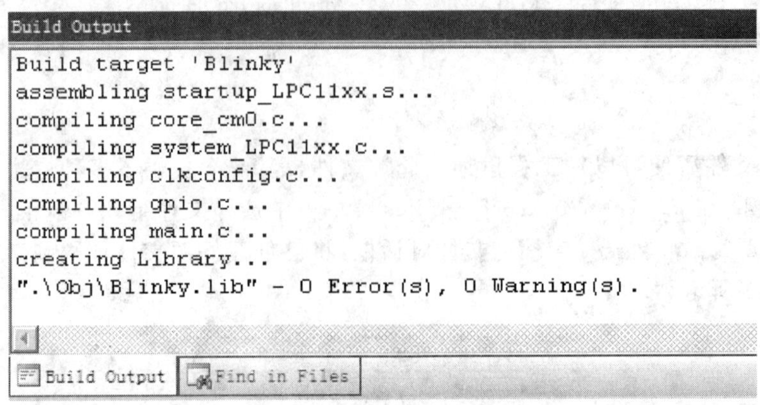
Build Output
Build target 'Blinky'
assembling startup_LPC11xx.s...
compiling core_cm0.c...
compiling system_LPC11xx.c...
compiling clkconfig.c...
compiling gpio.c...
compiling main.c...
creating Library...
".\Obj\Blinky.lib" - 0 Error(s), 0 Warning(s).
Build Output
Find in Files

图 5-45 编译链接信息

② 使用 MDK 调试器来调试源程序。MDK 提供了两种操作模式:用于在 PC 机上调试开发应用程序的仿真模式,或者使用评估板/硬件平台进行的目标调试。若调试中出现问题,则回到第①步修改源程序。

③ 调试通过的程序则可进行 Flash 烧写。MDK 既可使用外部的 Flash 编程工具,也可使用 ULINK2 适配器来进行 Flash 编程。在使用 Flash 编程工具时,开发者通常需要创建 HEX 文件。

5.5.6 调试程序

编译链接完成后,就可使用 MDK 的调试器进行调试了。MDK 调试器提供了两种调试模式,可以在 Options for Target→Debug 对话框内选择操作模式,如图 5-46 所示。

- 软件仿真模式:在没有目标硬件情况下,可以 MDK 软件仿真器(Simulator)。它可以仿真微控器的许多特性,还可以仿真许多外围设备(包括串口、外部 I/O 口及时钟等)。所能仿真的外围设备在为目标程序选择 CPU 时就被选定了。在目标硬件准备好之前,可用这种方式测试和调试嵌入式应用程序。不过 MDK 4.1 版本目前还未添加 LPC1100 系列处理器的外设仿真功能,只能进行处理器核的仿真。
- GDI 驱动模式:使用高级 GDI 驱动设备连接目标硬件来进行调试,本书所有例程均使用 CooCox CoLinkEx Debugger 调试,具体配置方法已在 6.1 节中详述了。

为了验证程序逻辑的正确性,先进行软件仿真调试。在图 5-46 中,选中 Use Simulator。注意,为了能进行仿真运行一般还需要配置一个调试脚本文件,图 5-46 中是 Simulator.ini,其内容为:

```
MAP 0x0000000,0x00008000 read write exec
MAP 0x1000000,0x10002000 read write exec
```

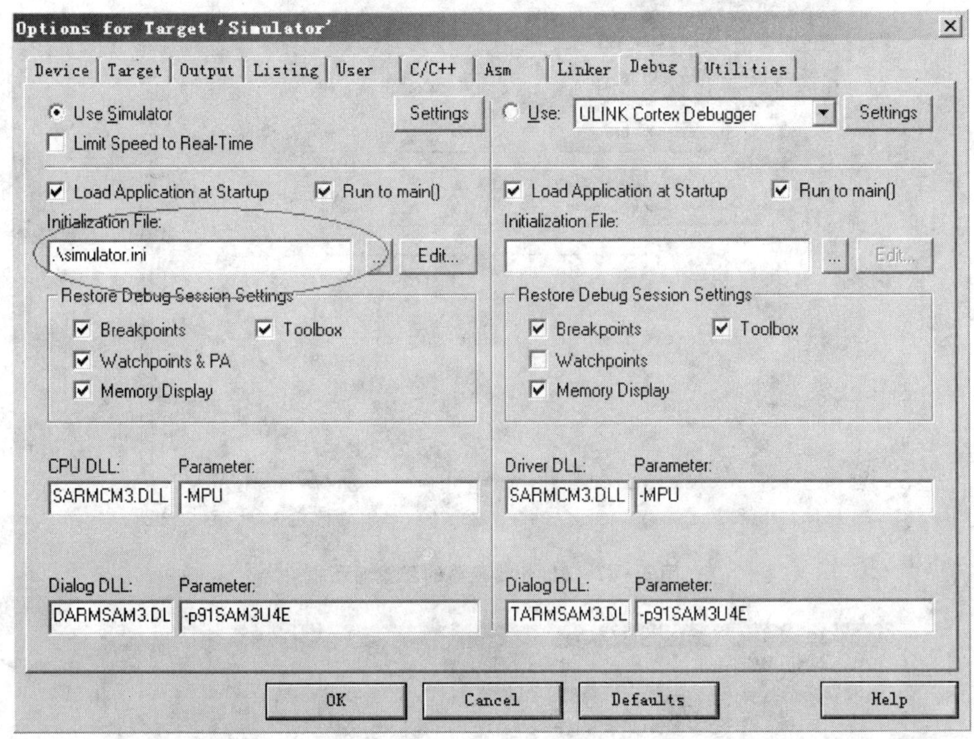

图 5-46 调试器的选择

即指定一段存储地址空间以及它们的属性。对于复杂的程序，则需要添加其他的调试函数。

可以使用 Debug→Start 菜单项、Ctrl+F5 或工具按钮启动调试运行。由于当前最新的 MDK 版本暂时还未支持 LPC1100 系列处理器的外设仿真功能，因此这里就不对仿真模式调试做更多介绍了。如果新的 MDK 版本支持 LPC1100 外设仿真功能，读者可以参考"ARM RealView MDK 系列丛书"中的其他几本来尝试。

如果在软件仿真方式下调试的结果与设计要求一致，则进一步在开发板上进行硬件调试；当然只要工程编译通过，也可以直接进入硬件调试。回顾一下图 5-38 中的配置，如果要把程序下载到 Flash 中调试，则还需要在 Utilities 选项卡中配置相关选项，如图 5-47 所示。

MDK 自带了 Flash 编程工具，单击图 5-47 中的 Settings 按钮，则弹出如图 5-48 所示的设置对话框。关于编程器的配置、编程算法的选择以及初始化文件的配置，在此不做冗述，读者可参考 ARM 开发工具《RealView MDK 使用入门》或查阅 MDK 帮助。

选择 Debug→Start/Stop Debug Session 菜单项或者单击工具栏里的对应图标进入调试模式，则 MDK 将初始化调试器并启动程序运行到主函数。以下是调试程序的几个最基本

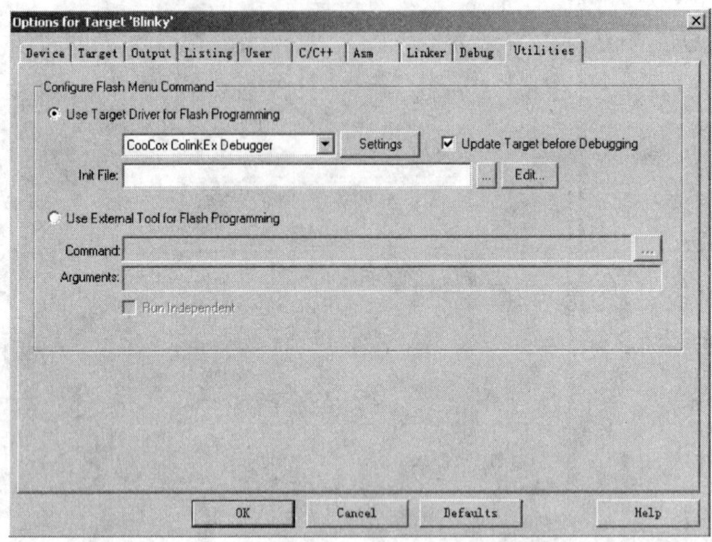

图 5－47　Flash 编程器的配置对话框

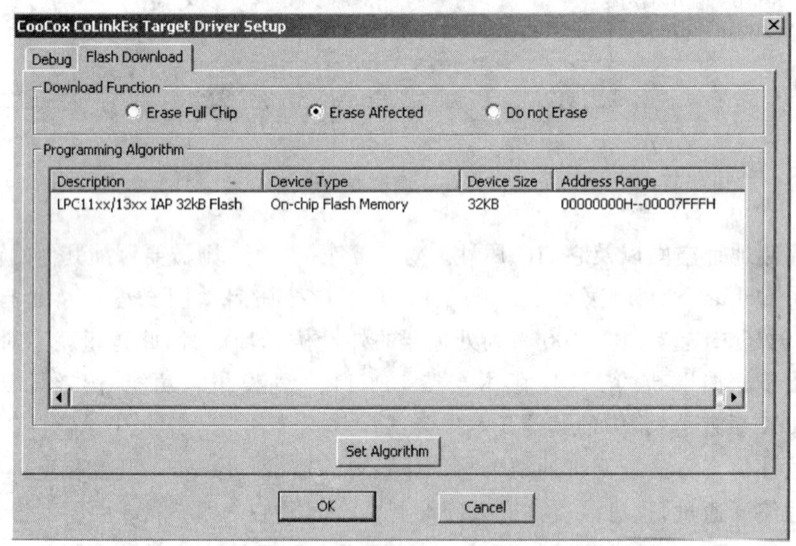

图 5－48　CoLinkEx Debugger 的 Flash 下载设置对话框

功能：

- 执行程序：选择 Debug→GO 菜单项或单击工具栏里的运行图标以启动程序运行。对于工程 Blinky，将会看到开发板上的 LED 灯 D4 闪烁。
- 程序中止：选择 Debug→Halt 菜单项或者单击工具栏中的停止图标来中止程序运行。

另外，在命令行的 Output 页面输入 Esc 也可以中止程序的运行。

➢ 在调试过程中 MDK 将会输出如图 5－49 所示信息。

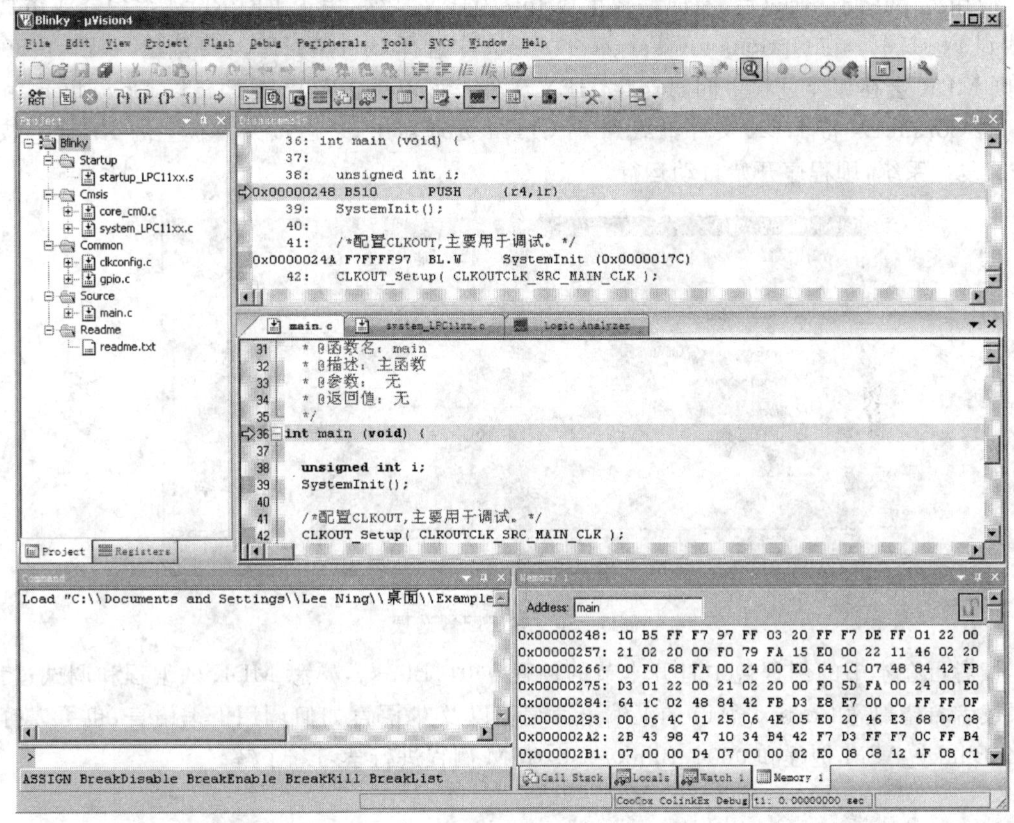

图 5－49 调试界面

单步调试和断点设置方法如下：

➢ 设置断点：选择 Debug→Insert/Remove Breakpoints 菜单项，或者右击快捷菜单中的 Insert/Remove Breakpoints 选项设置断点。

➢ 复位：可以选择 Debug 菜单或者工具栏里的 Reset CPU 命令对 CPU 进行复位。如果已经中止了程序，则可使用 Run 命令启动程序运行。MDK 会在断点处中止程序运行。

➢ 单步运行：可使用调试工具栏里的 Step 按钮单步运行程序，当前的指令会用黄色箭头标记出。

➢ 变量值观察：将鼠标指针停留在变量上可以观察其相应的值。

➢ 中止调试：可在任何时刻使用菜单中 Start/Stop Debug Session 选项或者工具栏中相应图标来中止调试。

5.5.7 建立 HEX 文件

应用程序在调试通过后，有时需要生成 Intel HEX 文件，用于 EEPROM 编程器或仿真器下载到 Flash 中。在 Options for Target－Output 中选择 Create HEX file 选项，如图 5－50 所示，则 MDK 会在编译过程中同时产生 HEX 文件。可以单击菜单项 Flash－Download，利用仿真器 CoLinkEx 将 HEX 文件下载到 LPC1114 处理器中，之后按开发板上的 RESET 按键(BP2)复位系统，则程序开始自动运行。

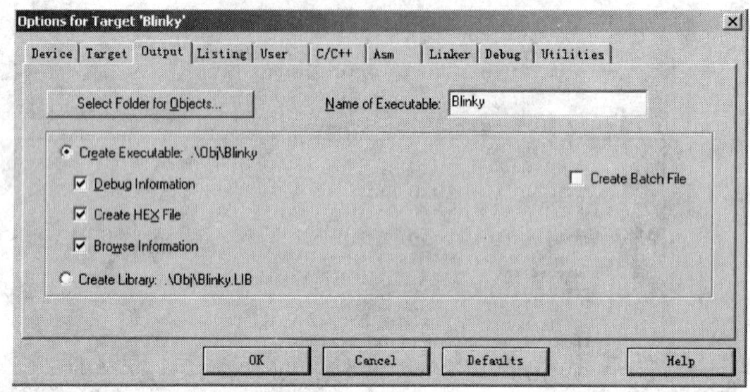

图 5－50 输出配置选项

读者可在本书的例程包中打开本节的例程 0604_Blinky，熟悉 MDK 的编程和调试过程。如果读者希望熟悉 Cortex－M0 的汇编语言编程以及 C 语言如何调用汇编语言，也可以打开 0604_Blinky_ASM 例程和 0604_Blinky_C&ASM 例程进行学习和了解。

第 6 章

LPC1110 处理器基本接口

本章将以 EM - LPC1100LK 开发套件中的 LPC1100 评估板为对象，分别介绍 LPC1100 处理器片上的常见外围接口，包括 CIT、ADC、WDT；每个接口都会给出相应的应用实例，以帮助读者掌握使用 MDK 进行 LPC1110 处理器的开发及应用。其中，GPIO 已经在 4.3 节做了介绍，6.4 节的例子也就是 GPIO 的简单应用。

6.1 定时/计数器 CT16B0/1 和 CT32B0/1

LPC1110 处理器拥有 2 个 16 位和 2 个 32 位可编程定时器/计数器，分别为 CT16B0/1 和 CT32B0/1。定时器用来对外设时钟（PLCK）进行计数，而计数器对外部脉冲信号进行计数，用户可选择在规定的时间内产生中断或执行其他操作。每个定时器/计数器均具有捕获比较功能，用来在输入信号变化时捕获定时器瞬时值和产生中断。

另外，定时器还可以用于 PWM 输出。在 PWM 模式下，CT32B0/1 均有 3 个匹配寄存器用于提供单边沿的 PWM 输出，还有一个匹配寄存器用于控制 PWM 周期长度；CT16B0 与 32 位定时器相同，而 CT16B1 只有其中的两个匹配可用于向匹配输出引脚提供单边沿的 PWM 输出。

6.1.1 概　述

16 位和 32 位定时/计数器具有以下特性：

- 2 个带可编程 16/32 位预分频器的 16/32 位定时/计数器。
- 可进行计数器或定时器操作。
- 具有 1 路 16/32 位的捕获通道。当输入信号跳变时可捕获定时器的当前值。也可以选择使捕获事件产生中断。
- 4 个 16/32 位匹配寄存器允许进行以下操作：
  ——匹配时持续比较，可选择产生中断；
  ——匹配时停止定时器，可选择产生中断；
  ——匹配时复位定时器，可选择产生中断。

- CT32B0/1 具有 4 个外部输出，CT16B0 具有 3 个外部输出，CT16B1 具有 2 个外部输出，其对应的匹配寄存器带有以下功能：
  ——匹配时设置低电平；
  ——匹配时设置高电平；
  ——匹配时翻转；
  ——匹配时无动作。
- 对于每个定时器，多达 4 个可配置为 PWM 的匹配寄存器，允许使用多达 3 个匹配输出作为单边沿控制的 PWM 输出。

CT16B0/1 及 CT32B0/1 定时/计数器的引脚如表 6－1 及表 6－2 所列，也可参考 4.2 节的表 4－39。

表 6－1　CT16B0/1 的引脚

引　脚	类　型	描　述
CT16B0_CAP0 CT16B1_CAP0	输入	捕获信号：捕获引脚的跳变可配置为将定时/计数器值装入捕获寄存器，并可选择产生一个中断。定时/计数器可选择一个捕获信号作为时钟源来代替 PCLK 分频时钟
CT16B0_MAT[2：0] CT16B1_MAT[1：0]	输出	外部匹配输出：当匹配寄存器 CT16B0/1(MR3：0)等于定时器计数器(TC)时，其输出可翻转，变为低电平、变为高电平或不变。外部匹配寄存器(EMR)和 PWM 控制寄存器(PWMCON)控制该输出的功能

表 6－2　CT32B0/1 的引脚

引　脚	类　型	描　述
CT32B0_CAP0 CT32B1_CAP0	输入	捕获信号：捕获引脚的跳变可配置为将定时/计数器值装入捕获寄存器，并可选择产生一个中断。定时/计数器可选择一个捕获信号作为时钟源来代替 PCLK 分频时钟
CT32B0_MAT[3：0] CT32B1_MAT[3：0]	输出	外部匹配输出：当匹配寄存器 CT32B0/1(MR3：0)等于定时器计数器(TC)，其输出可翻转，变为低电平、变为高电平或不变。外部匹配寄存器(EMR)和 PWM 控制寄存器(PWMCON)控制该输出的功能

4 个定时/计数器的外设时钟(PCLK)都是由系统时钟提供。通过设置 AHBCLKCTRL 寄存器第 7、8、9、10 位，可以分别禁止提供给 CT16B0、CT16B1、CT32B0 和 CT32B1 的时钟(参见表 4－17)，以达到节省功耗的目的。

6.1.2　功能描述

CT16B0/1 和 CT32B0/1 这 4 个定时/计数器在功能上差异很小：定时/计数器的内部结构如图 6－1 所示，控制寄存器基本一样，只是基地址不同。CT16B0 的基地址为 0x4000C000，

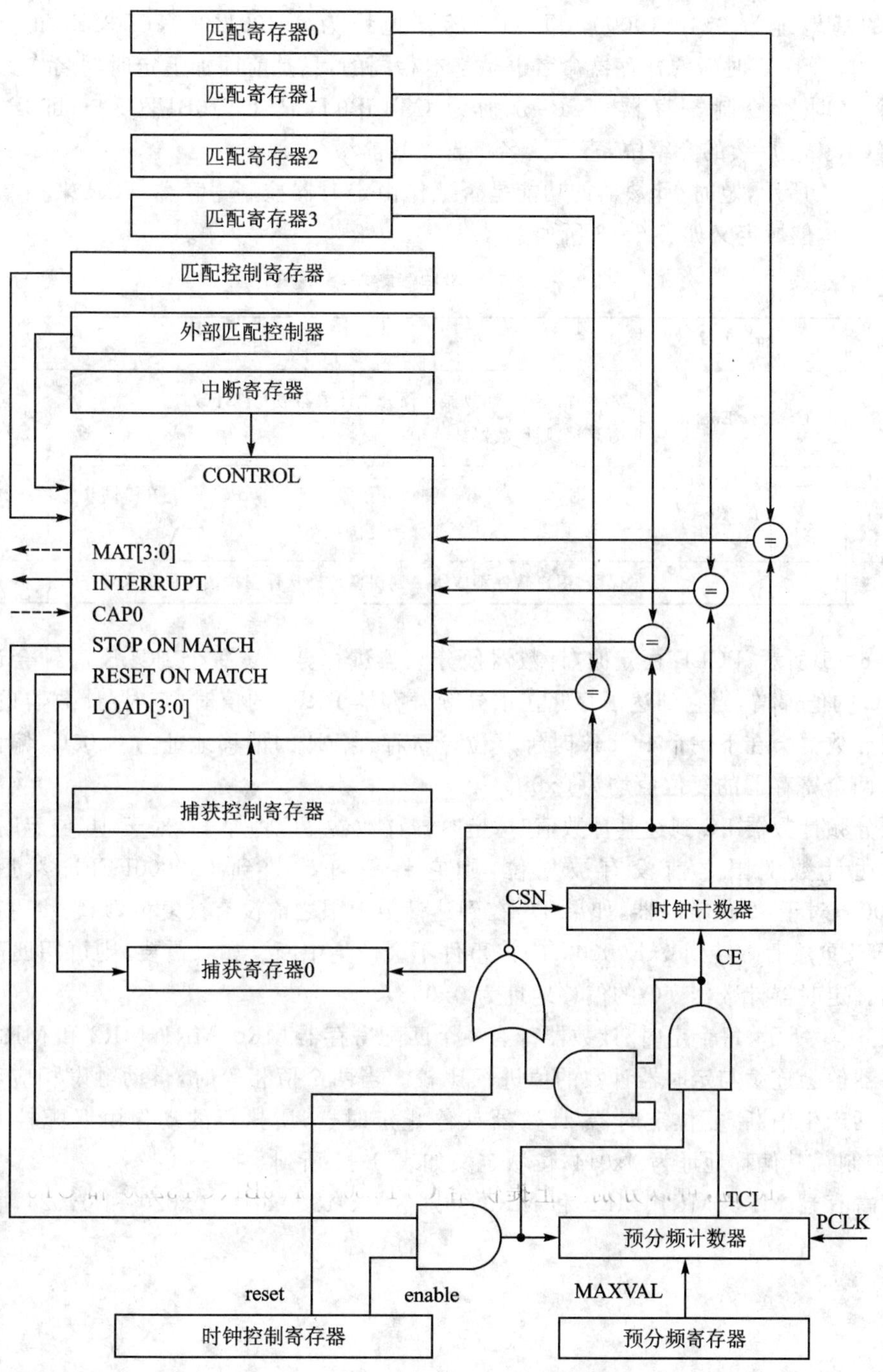

图 6-1　16 位或 32 位定时/计数器内部结构

CT16B1 的基地址为 0x40010000，CT32B0 的基地址为 0x40014000，CT32B0 的基地址为 0x40018000。4 个定时器的寄存器命名也是基本相同的，只是前面加上定时器名作为其前缀，比如 4 个定时器控制寄存器 TCR 分别为 CT16B0TCR、CT16B1TCR、CT32B0TCR 和 CT32B1TCR。在后续的介绍中，寄存器名将省略其前缀。

如图 6-1 所示，定时/计数器的功能是否工作由定时器控制寄存器 TCR 来控制，其偏移地址为 0x004，位域定义如表 6-3 所列。

表 6-3　定时器控制寄存器 TCR

位　域	符　号	描　述
0	Counter Enable	为 1 时，定时/计数器和预分频计数器被允许计数 为 0 时，则计数器被禁止
1	Counter Reset	为 1 时，定时/计数器和预分频器在下一个 PCLK 上升沿同步复位。计数器在 TCR[1]恢复为 0 之前保持复位状态
[31：2]	—	保留，用户软件不应写 1 到保留位。从保留位读出的值未定义

如图 6-1 所示，PCLK 由定时/计数器预分频器进行分频。每个 PCLK 时钟会让预分频计数器 PC 的值递增，当它到达了存储在预分频寄存器 PR 中的值时，定时/计数器也会递增，且预分频计数器会在下一个 PCLK 时钟复位。寄存器 PR 的偏移地址为 0x00C，偏移地址为 0x010，这两个寄存器的复位值均为 0x00。

当预分频计数器 PC 到达其计数值时，定时器计数器 TC 将加 1。对于 16 位定时器，如果 TC 在到达计数上限之前没有被复位，则它将一直计数到 0x0000FFFF 然后翻转到 0xE0000000；对于 32 位定时器，如果 TC 在到达计数上限之前没有被复位，则它将一直计数到 0xFFFFFFFF 然后翻转到 0xE0000000；该事件不会产生中断。如果需要，则可用匹配寄存器检测溢出。定时器计数器 TC 的偏移地址为 0x008。

如图 6-1 所示，每个定时/计数器都有 4 个匹配寄存器 MR0、MR1、MR2 和 MR3，这 4 个匹配寄存器值会连续与定时器计数的值进行比较。当两个值相等时，自动触发相应动作。这些动作包括产生中断、复位定时器/计数器或停止定时器，所执行的动作由匹配控制寄存器 MCR 来控制。其偏移地址为 0x014，位域定义如表 6-4 所列。

匹配寄存器 MR0、MR1、MR2 和 MR3 分别为 0x018、0x01C、0x020 和 0x024，复位值均为 0x00。

表 6-4　匹配控制寄存器 MCR

位　域	符　号	描　述
0	MR0I	1:MR0 中断:当 MR0 与 TC 的值匹配时产生一个中断 0:该中断被禁止
1、	MR0R	1:复位:如果 MR0 与 TC 值的匹配将使 TC 复位 0:该功能被禁止
2	MR0S	1:MR0 停止,如果 MR0 与 TC 值的匹配将使 TC 和 PC 停止,TCR[0]清 0 0:该功能被禁止
3	MR1I	1:MR1 中断:当 MR1 与 TC 的值匹配时产生一个中断 0:该中断被禁止
4	MR1R	1:复位:如果 MR1 与 TC 值的匹配将使 TC 复位 0:该功能被禁止
5	MR1S	1:MR1 停止,如果 MR1 与 TC 值的匹配将使 TC 和 PC 停止,TCR[0]清 0 0:该功能被禁止
6	MR2I	1:MR2 中断:当 MR2 与 TC 的值匹配时产生一个中断 0:该中断被禁止
7	MR2R	1:复位:如果 MR2 与 TC 值的匹配将使 TC 复位 0:该功能被禁止
8	MR2S	1:MR2 停止,如果 MR2 与 TC 值的匹配将使 TC 和 PC 停止,TCR[0]清 0 0:该功能被禁止
9	MR3I	1:MR3 中断:当 MR3 与 TC 的值匹配时产生一个中断 0:该中断被禁止
10	MR3R	1:复位:如果 MR3 与 TC 值的匹配将使 TC 复位 0:该功能被禁止
11	MR3S	1:MR3 停止,如果 MR3 与 TC 值的匹配将使 TC 和 PC 停止,TCR[0]清 0 0:该功能被禁止
[32:12]	—	保留,用户软件不应写 1 到保留位。从保留位读出的值未定义

如图 6-1 所示,每个定时/计数器内都有一个捕获寄存器 CR0,捕获寄存器与一个设备引脚相联系;当有一个特殊事件发生在该引脚上时,捕获寄存器会装载定时/计数器的值。用户通过设置捕获控制寄存器 CCR 来控制:是否允许捕获功能;捕获事件是发生在上升沿,下降沿还是双边沿;是否装载在计数器/定时器中的值以及是否产生中断。捕获寄存器 CR0 的偏移地址为 0x02C,复位值为 0x00。捕获控制寄存器 CCR 的偏移地址为 0x028,其位域定义如

表 6－5 所列，复位值为 0x00。

表 6－5　捕获控制寄存器 CCR

位　域	符　号	描　述
0	CAP0RE	1：CAP0 上升沿捕获：CAP0 上 0 到 1 的跳变，会导致 TC 的内容被装载到 CR0 中 0：该功能被禁止
1	CAP0FE	1：CAP0 下升沿捕获：CAP0 上 1 到 0 的跳变，会导致 TC 的内容被装载到 CR0 中 0：该功能被禁止
2	CAP0I	1：CAP0 事件中断，CAP0 的事件所导致的 CR0 装载，并会产生一个中断 0：该功能被禁止
[31：3]	—	保留，用户软件不应写 1 到保留位。从保留位读出的值未定义

4 个匹配寄存器是否发生了中断可以通过中断寄存器 IR 来获取。IR 包含 4 个中断匹配位和一个中断捕获位组成的。如果一个中断产生，则 IR 中相应的位就会被置为高电平；否则，就为低电平。写“1”到 IR 中相应的位会复位中断，写“0”则没有影响。IR 寄存器偏移地址为 0x00，复位值为 0x00，位域定义如表 6－6 所列。

表 6－6　中断寄存器 IR

位　域	符　号	描　述
0	MR0 Interrupt	匹配通道 0 的中断标志位
1	MR1 Interrupt	匹配通道 1 的中断标志位
2	MR2 Interrupt	匹配通道 2 的中断标志位
3	MR3 Interrupt	匹配通道 3 的中断标志位
4	CR0 Interrupt	捕获通道 0 事件的中断标志位
[31：5]	—	保留，用户软件不应写 1 到保留位。从保留位读出的值未定义

如图 6－1 所示，每个定时/计数器都有一个外部匹配寄存器 EMR，EMR 提供对外部匹配引脚 MAT[3：0]的控制，并反映它们的状态。如将匹配输出配置成 PWM 输出，则外部匹配寄存器的功能由 PWM 决定。EMR 寄存器的偏移地址为 0x03C，复位值为 0x00，位域定义如表 6－7 所列。

每个定时/计数器都可以选择为定时器模式或者计数器模式，用户通过计数控制寄存器 CTCR 来选择。CTCR 还用于在计数器模式下选择计数的引脚和边沿，该寄存器的偏移地址为 0x070，复位值为 0x00，位域定义如表 6－9 所列。

表 6-7 外部匹配控制寄存器 EMR 位域定义

位 域	符 号	描 述
0	EM0	外部匹配 0。无论这路输出是否关联到其引脚,该位都会反映 MAT0 的输出状态。当 MR0 与 TC 发生匹配的时候,该位可翻转、为低电平、为高电平或不执行任何动作。位 EMR[5:4]控制该输出的功能。如果在 IOCON 寄存器(0=低,1=高)选择了匹配功能,那么该位就会驱动 MAT0 引脚
1	EM1	外部匹配 1。无论这路输出是否关联到其引脚,该位都会反映 MAT1 的输出状态。当 MR1 与 TC 发生匹配的时候,该位可翻转、为低电平、为高电平或不执行任何动作。位 EMR[7:6]控制该输出的功能。如果在 IOCON 寄存器(0=低,1=高)选择了匹配功能,那么该位就会驱动 MAT1 引脚
2	EM2	外部匹配 2。无论这路输出是否关联到其引脚,该位都会反映 MAT2 的输出状态。当 MR2 与 TC 发生匹配的时候,该位可翻转、为低电平、为高电平或不执行任何动作。位 EMR[9:8]控制该输出的功能。如果在 IOCON 寄存器(0=低,1=高)选择了匹配功能,那么该位就会驱动 MAT2 引脚
3	EM3	外部匹配 3。无论这路输出是否关联到其引脚,该位都会反映 MAT3 的输出状态。当 MR3 与 TC 发生匹配的时候,该位可翻转、为低电平、为高电平或不执行任何动作。位 EMR[11:10]控制该输出的功能。如果在 IOCON 寄存器(0=低,1=高)选择了匹配功能,那么该位就会驱动 MAT3 引脚
[5:4]	EMC0	外部匹配控制 0。决定外部匹配 0 的功能,见表 6-8
[7:6]	EMC1	外部匹配控制 1。决定外部匹配 1 的功能,见表 6-8
[9:8]	EMC2	外部匹配控制 2。决定外部匹配 2 的功能,见表 6-8
[11:10]	EMC3	外部匹配控制 3。决定外部匹配 3 的功能,见表 6-8
[32:12]	—	保留,用户软件不应写 1 到保留位。从保留位读出的值未定义

表 6-8 外部匹配控制

EMR[11:10], EMR[9:8], EMR[7:6], EMR[5:4]	描 述
00	不执行任何动作
01	将对应的外部匹配位/输出清 0(如果连接到引脚,则 MATm 引脚为低电平)
10	将对应的外部匹配位/输出清 1(如果连接到引脚,则 MATm 引脚为高电平)
11	使对应的外部匹配位/输出发生翻转

当选择工作在计数器模式时,在每个 PCLK 时钟上升沿对 CAP 输入(通过 CTCR 的位 3:2)进行采样。在完成 CAP 输入连续 2 次采样结果的比较之后,可以识别以下 4 个事件之一:上升沿、下降沿、任一边沿或在选定的 CAP 输入上无电平变化。只要识别的事件与 CTCR

寄存器位[1∶0]选定的事件对应，定时/计数器寄存器将递增 1。

计数器外部时钟源的有效操作有一些限制。由于 PCLK 时钟的 2 个连续上升沿用来识别 CAP 选择输入的一个边沿，所以 CAP 输入的频率不能大于 1/2 个 PCLK 时钟。因此，这种情况下同一 CAP 输入的高/低电平持续时间不能小于 1/(2×PCLK)。

表 6-9　计数控制寄存器 CTCR 位域定义

位　域	符　号	描　述
[1∶0]	Counter/ Timer Mode	该位域选择触发定时器的预分频计数器(PC)递增、清除 PC 和定时器计数器(TC)递增的 PCLK 边沿 00:定时器模式:每个 PCLK 的上升沿计数 01:计数器模式:在位 3∶2 所选择的 CAP 输入的上升沿,TC 递增 10:计数器模式:在位 3∶2 所选择的 CAP 输入的下降沿,TC 递增 11:计数器模式:在位 3∶2 所选择的 CAP 输入的双边沿,TC 递增
[3∶2]	Count Input Select	当位[1∶0]不是 00,这些位用来选择对哪个 CAP 引脚进行采样计时: 00:CT32Bn_CAP0;01、10、11:保留 注意:如果在 CTCR 寄存器中选择了计数器模式,捕获控制寄存器(TnCCR)的位[2∶0]必须为 000
[31∶4]	—	保留,用户软件不应写 1 到保留位。从保留位读出的值未定义

每个定时器可选择 MATn[2∶0]这 3 个输出为单边沿控制的 PWM 输出。在 PWM 模式下，CT32B0/1 均有 3 个匹配寄存器用于提供单边沿的 PWM 输出，还有一个匹配寄存器用于控制 PWM 周期长度；当在其他任何一个匹配寄存器中出现匹配时，PWM 输出设置为高电平。定时器通过配置为设定 PWM 周期长度的匹配寄存器来复位。当定时器被复位为 0 时，所有被配置为 PWM 输出的高电平匹配输出被清除。CT16B0 与 32 位定时器相同，而 CT16B1 只有其中的两个匹配可用于向匹配输出引脚提供单边沿的 PWM 输出。

PWM 控制寄存器 PWMC 用于将匹配输出配置为 PWM 输出。每个匹配输出都可独立地配置为 PWM 输出或匹配输出，而这些功能由外部匹配寄存器(EMR)来控制。PWMC 寄存器的偏移地址为 0x074，复位值为 0x00，位域定义如表 6-10 所列。

表 6-10　PWM 控制寄存器 PWMC

位　域	符　号	描　述
0	PWM enable	为 1 时,允许 MAT0 使用 PWM 模式。为 0 时,MAT0 被 EM0 控制
1	PWM enable	为 1 时,允许 MAT1 使用 PWM 模式。为 0 时,MAT1 被 EM1 控制
2	PWM enable	为 1 时,允许 MAT2 使用 PWM 模式。为 0 时,MAT2 被 EM2 控制

续表 6-10

位域	符号	描述
3	PWM enable	为1时，允许 MAT3 使用 PWM 模式。为0时，MAT3 被 EM3 控制 注意：建议使用匹配通道 3 去设置 PWM 周期，因为它没有引脚输出
[32：4]	—	保留，用户软件不应写 1 到保留位。从保留位读出的值未定义

单边沿控制 PWM 输出的规则如下：

① 所有单边沿控制 PWM 输出在每个 PWM 周期开始时都置为低电平(定时器设置为0)，除非它们的匹配值等于 0。

② 每个 PWM 输出都会在它的匹配值到达时置为高电平，在没有到达(也就是匹配值大于 PWM 周期的长度)时为低电平。

③ 如果匹配值大于写入匹配寄存器中 PWM 周期的长度，同时 PWM 信号已经是高电平，那么 PWM 信号会在下一个 PWM 周期开始时被清除。

④ 如果匹配寄存器中的值与定时器复位值相同(PWM 周期的长度)，那么 PWM 输出就会在下一个时钟滴答复位为低。因此，PWM 输出一般包括一个时钟滴答宽度的正脉冲，其宽度由 PWM 周期长度决定(也就是定时器的重装载值)。

⑤ 如果匹配寄存器被设置为 0，那么 PWM 输出会在定时器第一次回到 0 时成为高电平，且持续保持高电平。

例如，通过 PWMC 寄存器允许 MAT[3：0]的 PWM 输出，设置 MR0=65、MR1=41、MR2=100、PWM 周期长度为 100 的采样 PWM 波形(由 MR3 选中)，则相应的 PWM 波形如图 6-2 所示。

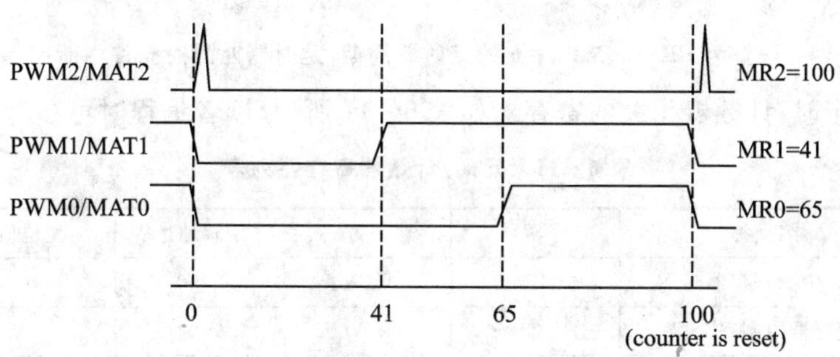

图 6-2 PWM 波形

注意：当匹配输出被用作 PWM 输出时，在匹配寄存器中的定时器复位位(MRnR)和定时停止位 (MRnS)就必须设置为 0，除了用于设置 PWM 周期长度的匹配寄存器。对于该寄存器，如果设置 MRnR 位为 1，当定时器值与相应的匹配寄存器值发生匹配时，定时器允许被复位。

[例 1] 定时器配置为:在匹配发生时,定时器复位并产生中断;预分频器设置为 2,匹配寄存器设置为 6。在匹配发生的定时器周期结束时,定时器计数值被复位,这样就使匹配值具有完整长度的周期。在定时器到达匹配值后的下一个时钟周期内,中断产生。时序如图 6-3 所示。

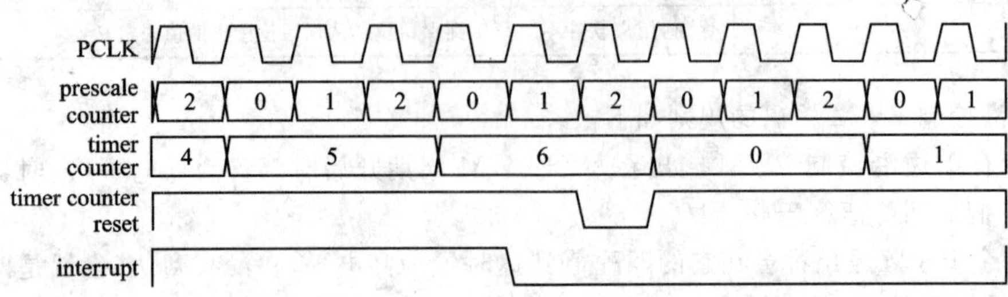

图 6-3 设置为 PR=2、MRx=6 的定时器周期(定时器匹配时允许中断和复位)

[例 2] 定时器配置为:在匹配发生时,定时器停止并产生中断;预分频器设置为 2,匹配寄存器设置为 6。在定时器到达匹配值后的下一个时钟周期内,TCR 中的定时器允许位被清 0 并产生中断。时序如图 6-4 所示。

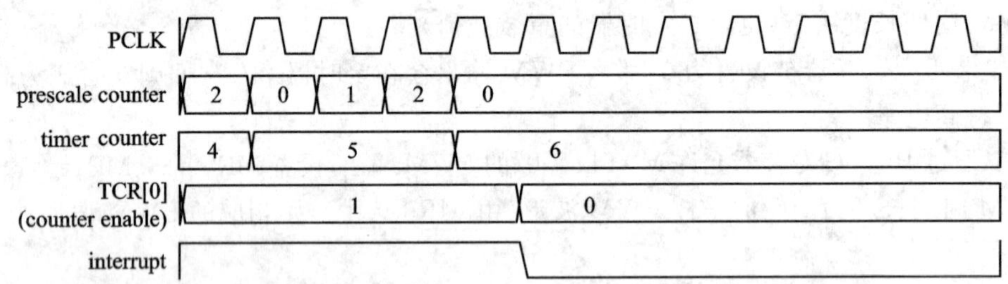

图 6-4 设置为 PR=2、MRx=6 的定时器周期(定时器匹配时允许中断和停止)

可见,所有定时/计数器相关的寄存器如表 6-11 所列,读者编程时可参考。

表 6-11 定时/计数器寄存器列表

名 称	符 号	访问方式	偏移地址	复位值
中断寄存器	IR	R/W	0x00	0
定时器控制寄存器	TCR	R/W	0x04	0
定时器计数器	TC	R/W	0x08	0
预分频寄存器	PR	R/W	0x0C	0
预分频计数器	PC	R/W	0x10	0
匹配控制寄存器	MCR	R/W	0x14	0
匹配寄存器 0	MR0	R/W	0x18	0

续表 6-11

名　称	符　号	访问方式	偏移地址	复位值
匹配寄存器 1	MR1	R/W	0x1C	0
匹配寄存器 2	MR2	R/W	0x20	0
匹配寄存器 3	MR3	R/W	0x24	0
捕获控制寄存器	CCR	R/W	0x28	0
捕获寄存器 0	CR0	R0	0x2C	0
外部匹配寄存器	EMR	R/W	0x3C	0
计数控制寄存器	CTCR	R/W	0x70	0
PWM 控制寄存器	PWMCON	R/W	0x74	0

6.1.3　应用程序设计

设计任务：利用定时器 CT32B0 来实现硬件定时，利用该硬件定时准确地控制 PIO2_0 对应的 LED 灯 D4 或者 PIO2_1 对应的 LED 灯 D5。

硬件设计：在开发板上，处理器的 PIO2_0 引脚驱动 LED 灯 D4，处理器的 PIO2_1 引脚驱动 LED 灯 D5。连接如图 5-41 所示。

软件设计：根据设计任务要求，将 CT32B0 设置为：MR0＝12M/100－1(IRC 的频率为 12 MHz)、MR0 通道上升沿捕获，匹配时 TC 的值装载到 CR0 中、TC 值复位并发出一个中断。这样的配置使得每 0.01 s 就会产生一次中断。利用这个中断即可实现准确的硬件定时。

除了启动代码、CMSIS 文件之外，整个工程包含 3 个主要的源文件：timer32.c、gpio.c、main.c。其中：

- timer32.c 中包含对 CT32B0/1 的驱动函数。利用 init_timer32 函数将定时器配置为：MR0＝12M/100－1(IRC 的频率为 12 MHz)、MR0 通道上升沿捕获，匹配时 TC 的值装载到 CR0 中、TC 值复位并发出一个中断。使用 enable_timer32 函数允许定时器工作。TIMer32_0_IRQHandler 函数则用于对每隔 0.01 s 的中断进行计数。
- gpio.c 中包含对 gpio 驱动函数，GPIOSetDir 函数用于设置端口的输入输出方式，GPIOSetValue 函数用于设置端口的值。
- main.c 中包含的 main 函数为初始化系统，根据 TIMer32_0_IRQ 中断的计数值来循环点亮或者关闭 LED 灯，使得 LED 灯每秒钟闪烁一次。

Timer32.c 和 gpio.c 是由 NXP 提供的外设驱动库，读者可以阅读相关手册及源代码，这里不做冗述。main.c 参考程序如下：

```
/********** (C) COPYRIGHT 2010 UP Team, WHUT ******************************
* 文件名：main.c
```

```
 *  作者   : UP Team, Wuhan University of Technology
 *  日期   : 01/18/2010
 *  描述   : 主程序源文件
**********************************************************************
**********************************************************************
 *  历史:
 * 01/18/2010          : V1.0           初始版本
**********************************************************************
/* Includes ------------------------------------------------------------*/
/* LPC11xx 定义 */
#include "LPC11xx.h"
#include "timer32.h"
#include "gpio.h"
/* Private typedef ------------------------------------------------------*/
/* Private define -------------------------------------------------------*/
/* 0 或 1 选择 32 - 位定时器 */
#define TEST_TIMER_NUM          0
/* Private macro --------------------------------------------------------*/
/* Private variables ----------------------------------------------------*/
/* Private function prototypes ------------------------------------------*/
/* Private functions ----------------------------------------------------*/
extern volatile uint32_t timer32_0_counter;
extern volatile uint32_t timer32_1_counter;
/**
  * @函数名:main
  * @描述:主函数
  * @参数:无
  * @返回值:无
  */
int main (void) {
  SystemInit();
  /* TEST_TIMER_NUM 是 0 或 1 对应着 32 位定时器 0 或 1。 */
  init_timer32(TEST_TIMER_NUM, TIME_INTERVAL);
  enable_timer32(TEST_TIMER_NUM);
  /* 允许 AHB 时钟到 GPIO 域。 */
  LPC_SYSCON->SYSAHBCLKCTRL |= (1<<6);
  /* 设置端口 2 的 0 位输出 */
  GPIOSetDir( 2, 0, 1 );
  /* 永远循环 */
  while (1)
```

```
  {
#if TEST_TIMER_NUM
/* 循环定时闪烁 LED 灯 D4。 */
    if ( (timer32_1_counter > 0) && (timer32_1_counter <= 50) )
    {
      GPIOSetValue( 2, 0, 0 );
    }
    if ( (timer32_1_counter > 50) && (timer32_1_counter <= 100) )
    {
      GPIOSetValue( 2, 0, 1 );
    }
    else if ( timer32_1_counter > 100 )
    {
      timer32_1_counter = 0;
    }
#else
/* 循环定时闪烁 LED 灯 D5。 */
    if ( (timer32_0_counter > 0) && (timer32_0_counter <= 50) )
    {
      GPIOSetValue( 2, 0, 0 );
    }
    if ( (timer32_0_counter > 50) && (timer32_0_counter <= 100) )
    {
      GPIOSetValue( 2, 0, 1 );
    }
    else if ( timer32_0_counter > 100 )
    {
      timer32_0_counter = 0;
    }
#endif
  }
}
/********* (C) COPYRIGHT 2010 UP Team, WHUT ***********文件结束*******/
```

运行过程：

① 使用 USB 线连接 PC 机与 EM-LPC1100 开发套件；

② 打开例程包中 0701_CT32B0 目录下的工程，编译链接工程并下载到开发板中；

③ 按开发板的 Reset 按键，可以看到 LED 灯 D4 每秒闪烁一次；

④ 读者可以修改程序，将定时器更换为 CT32B1、修改定时长度等。

6.2 数模转换器 ADC

所有 LPC1110 处理器的 ADC 转换器均一样，基本时钟由 APB 时钟提供。ADC 内含一个可编程的分频器，可将 APB 时钟调整为逐次逼近转换所需的时钟，最大可达 4.5 MHz，完全满足精度要求的一次 A/D 转换需要 11 个这样的时钟。

6.2.1 概　述

LPC1110 处理器的 ADC 具有以下特性：

- 10 位逐次逼近型模拟数字转换器(ADC)；
- 8 引脚复用输入；
- 支持掉电模式；
- 测量范围 0～3.6 V，不可超过 V_{DD} 电压水平；
- 10 位转换时间≥2.44 μs；
- 具有单个或多个输入的突发转换模式；
- 可选择由输入引脚跳变转换或定时器匹配信号来触发转换；
- 每个 A/D 通道具有单独的转换结果寄存器，以减少中断开销。

ADC 的 8 个输入引脚如表 6-12 所列，也可参考 4.2 节的表 4-39。

表 6-12　ADC 的引脚

引　脚	类　型	描　述
AD[7：0]	输入	模拟输入。A/D 转换器单元可以测量任一引脚输入信号的电压 注意：虽然在数字模式引脚可承受 5 V 电压，但当配置为模拟输入时，输入电压不能超过 V_{DD}(3.3 V)
V_{DD}	输入	V_{REF}：参考电压，3.3 V

ADC 的时钟和可编程 ADC 时钟分频器的外设时钟 (PCLK)由系统时钟提供，如图 4-1 所示，该时钟可以通过设置 AHBCLKCTRL 寄存器的第 13 位来禁止以节省功耗，参见表 4-17。在运行时，可以通过设置 PDRUNCFG 寄存器以关闭 ADC 时钟，参见表 4-29。

6.2.2 功能概述

ADC 的工作由控制寄存器 AD0CR 来控制，包括对 A/D 通道的选择、A/D 时序的选择、A/D 模式的选择以及 A/D 触发方式的选择。ADC 相关的寄存器组基地址为 0x4001C000，ADC0R 寄存器的偏移地址为 0x00，复位值为 0x001，其位域定义如表 6-13 所列。

表 6-13 AD0CR 的引脚

位域	符号	描述
[7:0]	SEL	选择 AD[7:0]中的一个引脚作为输入采样和转换的有效引脚。位 0 选中引脚 AD0,位 1 选中引脚 AD1、…、位 7 选中引脚 AD7 在软件控制模式 (BURST = 0),只能选中一个通道,即这些位中只有一个可以被置位 1 在硬件扫描模式 (BURST = 1),多个通道都可被选中,即这些位中任意位都可以被置成 1。如果所有位都设置为 0,则通道 0 被自动选定 (SEL =0x01)
[15:8]	CLKDIV	APB 时钟 (PCLK)被 CLKDIV+1 分频,产生 ADC 时钟,要求小于或等于 4.5 MHz。通常,在软件编程时应该设置该值为最小值,以产生 4.5 MHz 的时钟或略小的时钟,然而在某些情况(如高阻抗模拟信号源)可能要求一个较慢的时钟
16	BURST	0:软件控制模式,转换是由软件控制的,需要 11 个时钟周期(默认为 0) 1:硬件扫描模式,A/D 转换器以 CLKS 设定的频率不断地转换,扫描(如果需要)由 SEL 选定的引脚。第一次转换对应 SEL 位域中设置为 1 的最低有效位所对应的引脚,然后再扫描下一个为 1 位所对应的引脚。清除该位可以终止重复转换,但即使该位被清除,正在进行的转换仍然会完成 注意:当 BURST=1 时 START 位域必须是 000,否则转换不会启动
[19:17]	CLKS	该位域选定在 BURST 模式下每次转换需要的时钟数,和存储在 ADDR 寄存器 LS 位域转换结果的精度位数。可在 11 clock(10 bit)和 4 clock(3 bit)之间取值 000:11 clock / 10 bit; 001:10 clock / 9 bit; 010:10 clock / 9 bit; 011:8 clock / 7 bit; 100:7 clock / 6 bit; 101:6 clock / 5 bit; 110:5 clock / 4 bit; 111:4 clock / 3 bit
[23:20]	—	保留,用户程序不能向保留位写 1。从保留位读取的值未定义
[26:24]	START	当 BURST 位域为 0 时,这些位域控制是否开始以及何时开始 A/D 转换 000:不开始 (当清除 PDN 为 0 时,使用该值) 001:现在开始转换 010:当被第 27 位所选择的边沿发生在 PIO0_2 时,启动转换 011:当被第 27 位所选择的边沿发生所在 PIO1_5 时,启动转换 100:当被第 27 位所选择的边沿发生在 CT32B0_MAT0 时,启动转换 101:当被第 27 位所选择的边沿发生在 CT32B0_MAT1 时,启动转换 110:当被第 27 位所选择的边沿发生在 CT16B0_MAT0 时,启动转换 111:当被第 27 位所选择的边沿发生在 CT16B0_MAT1 时,启动转换

续表 6-13

位 域	符 号	描 述
27	EDGE	该位只有在 START 位域包含 010～111 时才有意义。在这种情况下： 0：在选定的 CAP/MAT 信号的上降沿启动转换。 1：在选定的 CAP/MAT 信号的下降沿启动转换
[31：28]	—	保留，用户程序不能向保留位写 1。从保留位读取的值未定义

每个 ADC 转换通道都对应一个数据寄存器 AD0DRn(n=0～7)来保存 A/D 转换完成的结果，同时还包含转换完成标志和溢出标志。AD0DR0～AD0DR7 的偏移地址为 0x010～0x02C，其位域定义如表 6-14 所列。

表 6-14 ADC 数据寄存器 AD0DR0～AD0DR7

位 域	符 号	描 述
[5：0]	Unused	未使用，总为 0。这些位总是读取为 0，它们为未来的扩展提供兼容的空间，以便适用更高分辨率的 A / D 转换器
[15：6]	V/V_{REF}	当 DONE 标志为 1 时，该位域包含的二进制小数表示 ADn 引脚上的电压除以 V_{REF} 电压值的结果。该位域为 0，表明 ADn 引脚上的电压小于等于或接近 V_{SS} 引脚上的电压；该位域为 0x3FF，表明 ADn 引脚上的电压接近等于或大于 V_{REF} 引脚上的电压
[29：16]	Unused	从这些位读取的数据总是 0。它们允许 A/D 值在没有 AND-masking 时连续累加至少 256 个，而不会在 CHN 位域溢出
30	OVERRUN	在 burst 模式下，如果一个或多个转换结果丢失该位被置为 1，并在转换产生的结果影响 LS 位之前被覆盖 在非 FIFO 操作下，对该寄存器的读操作会将该位清 0
31	DONE	当一次 A/D 转换结束该位被置为 1。对该寄存器的读操作将其清 0

ADC 有 8 个转换通道，其中当前最近一次 ADC 的结果保存在 ADC 全局数据寄存器 AD0GDR 中，内容包括数据、DONE、Overrun 标志以及与数据相关的 A/D 通道号。该寄存器的偏移地址为 0x04，位域定义如表 6-15 所列。

表 6-15 ADC 全局数据寄存器 AD0GDR

位 域	符 号	描 述
[5：0]	Unused	未使用，总为 0。这些位总是读取为 0，它们为未来的扩展提供兼容的空间，以便适用更高分辨率的 A / D 转换器

续表 6-15

位 域	符 号	描 述
[15 : 6]	V/V_{REF}	当 DONE 标志为 1 时，该位域包含的二进制小数表示 ADn 引脚上的电压除以 V_{REF} 电压值的结果。该位域为 0，表明 ADn 引脚上的电压小于等于或接近 V_{SS} 引脚上的电压；该位域为 0x3FF，表明 ADn 引脚上的电压接近等于或大于 V_{REF} 引脚上的电压
[23 : 16]	Unused	从这些位读取的数据总是 0。它们允许 A/D 值在没有 AND-masking 时连续累加至少 256 个，而不会在 CHN 位域溢出
[26 : 24]	CHN	这些位包含被 LS 位设置的通道
[29 : 27]	Unused	从这些位读取的数据总是 0。它们将来可以用作扩展 CHN 位域，以兼容未来更多通道的 A/D 转换器
30	OVERRUN	在 burst 模式下，如果一个或多个转换结果丢失该位被置为 1，并在转换产生的结果影响 LS 位之前被覆盖。 在非 FIFO 操作下，对该寄存器的读操作会将该位清 0
31	DONE	当一次 A/D 转换结束该位被置为 1。对该寄存器的读操作以及对 ADCR 寄存器的写操作会将该位清 0。如果在一次转换正在进行时，对 ADCR 进行写操作，该位被置位并开始一次新的转换

ADC 各通道的状态可以通过 ADC 状态寄存器 AD0STAT 来查看。各 A/D 通道在 ADDRn 寄存器中的 DONE 标志和 OVERRUN 标志都镜像到 AD0STAT 寄存器中。在 AD0STAT 寄存器中也可以查看中断标志（所有 DONE 标志的逻辑或）。AD0STA 的偏移地址为 0x030，复位值为 0x00，位域定义如表 6-16 所列。

表 6-16 ADC 状态寄存器 AD0STAT

位 域	符 号	描 述
[7 : 0]	Done 7 : 0	这些位镜像出现在每个通道结果寄存器中的 DONE 状态标志位
[15 : 6]	Overrun 7 : 0	这些位镜像出现在每个通道结果寄存器中的 OVERRRUN 状态标位。读 AD0STAT 寄存器可同时查看所有 A/D 通道的状态
16	ADINT	该位是 A/D 中断标志。当任一 A/D 通道 Done 标志有效是该位为 1，并允许通过 ADINTEN 寄存器引起 A/D 中断
[31 : 17]	Unused	未使用，从这些位读取的数据总是 0

ADC 通道在转换结束之后可以产生中断。可以通过 A/D 中断允许寄存器 AD0INTEN 来控制哪个 A/D 通道转换结束后产生中断。该寄存器的偏移地址为 0x0C，复位值为 0x0000 0100，其位域定义如表 6-17 所列。

表 6－17　ADC 中断允许寄存器 AD0INTEN

位　域	符　号	描　述
[7：0]	ADINTEN7：0	这些位控制哪些 A/D 通道在转换完成后产生中断。第 0 位为 1 时，A/D 通道 0 转换完成后产生一个中断；第 1 位为 1 时，A/D 通道 1 转换完成后产生一个中断；以此类推
8	ADGINTEN	该位为 1，允许在 ADDR 寄存器中的全局 DONE 标志产生一个中断。该位为 0，只有被 ADINTEN 7：0 允许的 A/D 通道才会产生中断
[31：9]	Unused	未使用，从这些位读取的数据总是 0

用户通过上述 ADC 寄存器的操作来实现对 ADC 的使用：

1）ADC 的基本设置

使用 ADC 模块时，先要将测量通道引脚设置为 ADx 功能，然后通过 AD0CR 寄存器设置 ADC 的工作模式、ADC 转换通道、转换时钟（CLKDIV 时钟分频值）并启动 ADC 转换。

2）ADC 转换

一旦 ADC 转换开始，则不能被中断。若前一个转换未结束，软件新写入就不能发起新的转换，新的边沿触发事件也会被忽略。如果 AD0CR 中的 BURST 位为 0 且 START 字段的值包含在 010～111 之间，则当所选引脚或定时器匹配的信号发生跳变时，A/D 转换器将启动一次转换。

3）ADC 转换值的读取

可以通过查询或中断的方式等待 ADC 转换完毕，转换数据保存在 AD0DRx 或者 AD0GDR 寄存器中。A/D 有独立的的参考电压引脚 V_{REF}。假定从 AD0DRx 或者 AD0GDR 寄存器中读取到的 10 位 A/D 转换结果为 VALUE，则对应的实际电压为：$U=(V_{REF}\times VALUE)/1\,024$。

4）中　断

当 AD0STAT 寄存器中 ADINT 位为 1 时，ADC 可向中断控制器发出中断请求。当任一 A/D 通道的 DONE 标志位为 1（通过寄存器 ADINTEN 设置）时，ADINT 位置为 1。软件可以利用中断控制器中的 ADC 中断允许控制位，来控制是否产生中断。必须读取产生中断的 A/D 通道的结果寄存器，以清除相应的 DONE 标志。

5）精　度

尽管 ADC 能够用来测量任意 ADC 输入引脚的电压值，而无须设置各引脚的 IOCON 寄存器。但是通过设置 IOCON 寄存器禁止 ADC 功能引脚的数字接收器，可以提高转换精度。

综上，所有 ADC 相关的寄存器如表 6－18 所列，读者编程时可参考。

表 6-18　ADC 相关寄存器列表(基地址为 0x4001 C000)

名　称	符　号	访问方式	偏移地址	复位值
ADC 控制寄存器	AD0CR	R/W	0x00	0x0000 0001
ADC 全局数据寄存器	AD0GDR	R/W	0x04	NA
ADC 中断允许寄存器	AD0INTEN	R/W	0x08	0x0000 0100
AD 通道 0～7 数据寄存器	AD0DR0－7	R/W	0x0C－0x2C	NA
ADC 状态寄存器	AD0STAT	RO	0x30	0

6.2.3　应用程序设计

设计任务:循环采集 ADC 的 8 个通道上的值,并将采集值通过串口输出。

硬件设计:在开发板上 J6、J7 将所有 ADC 通道引脚都已扩展出来了,这里在 3.3 V 和 GND 之间接入一个可调电位器,将其可调端接入 AD5(PIO1_4)引脚,如图 6-5 所示。用串口线将开发板的 UART 与 PC 机的串口相连。

软件设计:根据设计任务的要求,将相应引脚设置为 AD0～AD7 功能、模拟输入,并设置 ADC 的转换模式的参数、精度等;初始化并设置 UART。通过软件延时,每 3 s 左右读取所有 8 个 ADC 通道的输入值,并转换为 ASCII 码送往 UART 端口。

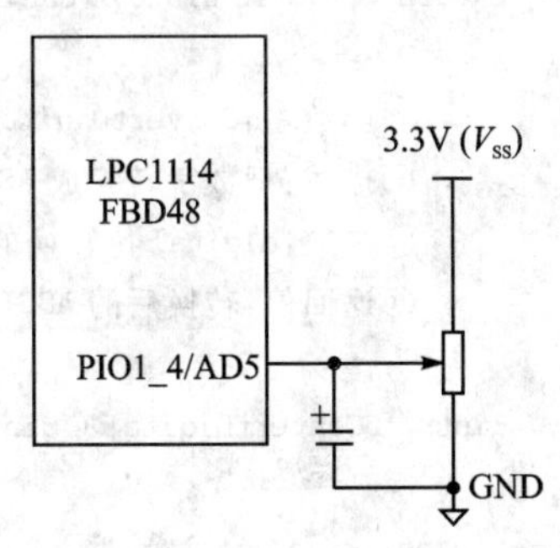

图 6-5　ADC 例程硬件连接图

除了启动代码、CMSIS 文件之外,整个工程包含 3 个主要的源文件:adc.c、uart.c、main.c。其中:

- uart.c 包含 UART 端口的驱动函数,其内容将在 8.1 节中介绍,读者可参考之。
- adc.c 包含 ADC 的驱动函数,ADCInit 函数用于初始化 ADC,ADCRead 函数用于读取 ADC 通道值,ADC0BurstRead 函数使用 burst 模式,一次转换多个通道的值,ADC_IRQHandler 函数用于处理 ADC 转换触发的中断。
- main.c 包含的 main 函数初始化系统,初始化设置 ADC 和 UART,每 3 s 左右读取8 个通道的转换值一次,并转换为 ASCII 码送往 UART 端口。ConvertDigital 函数用于将数字转换为 ASCII 码。

adc.c 和 uart.c 是由 NXP 提供的外设驱动库,读者可以阅读相关手册及源代码,这里不做冗述。main.c 参考程序如下:

```
/********************** (C) COPYRIGHT 2010 UP Team, WHUT ***********************
 * 文件名: main.c
```

```
 * 作者   : UP Team, Wuhan University of Technology
 * 日期   : 01/18/2010
 * 描述   : 主程序源文件
 **********************************************************************
 **********************************************************************
 * 历史:
 * 01/18/2010        : V1.0          初始版本
 *******************************************************************/
/* Includes -------------------------------------------------------*/
#include "LPC11xx.h"                        /* LPC11xx 定义 */
#include "adc.h"
#include "uart.h"
extern volatile uint32_t ADCValue[ADC_NUM];
extern volatile uint32_t ADCIntDone;
#if ADC_DEBUG
extern volatile uint32_t UARTCount;
extern volatile uint8_t UARTBuffer[BUFSIZE];
/**
  * @函数名:ConvertDigital
  * @描述:把数字转换成 ASCII 码字符
  * @参数:digital 待转换的数据
  * @返回值:转换后的 ASCII 码字符
  */
uint8_t ConvertDigital ( uint8_t digital )
{
  uint8_t ascii_char;
  if ( (digital >= 'A') && (digital <= 'F') )
  {
    ascii_char = digital - 0x0A;
    ascii_char += 0x41;                /* A~F */
  }
  else
  {
    ascii_char = digital + 0x30;    /* 0~9 */
  }
  return ( ascii_char );
}
#endif
/**
```

```
 * @函数名:main
 * @描述:主函数
 * @参数:无
 * @返回值:无
 */
int main (void)
{
  uint32_t i, j;
  uint8_t c;
  /* 系统初始化 */
  SystemInit();
#if ADC_DEBUG
  /* 配置串口 */
  UARTInit(115200);
#endif
  /* 初始化 ADC  */
  ADCInit( ADC_CLK );
#if BURST_MODE                    /* 仅仅在中断模式下工作 */
  ADCBurstRead();
  while ( ! ADCIntDone );
  ADCIntDone = 0;
#else
  /* 在轮询模式下工作 */
  while (1)
  {
      /* 轮询 8 个 ADC 的状态 */
      for ( i = 0; i < ADC_NUM; i++ )
      {
#if ADC_INTERRUPT_FLAG                    /* 中断驱动 */
        /* 读 ADC 通道 i 的值 */
        ADCRead( i );
        while ( ! ADCIntDone );
        ADCIntDone = 0;
#else
        ADCValue[i] = ADCRead( i );    /* 轮询 */
#endif
#if ADC_DEBUG
        LPC_UART->IER = IER_THRE | IER_RLS;            /* 禁止 UART 的 RBR */
        /* 把 32 位整形的值转换成 8 个字符,以便串口输出 */
```

```
            UARTBuffer[0] = ConvertDigital( (uint8_t)(ADCValue[i]>>28));
            UARTBuffer[1] = ConvertDigital( (uint8_t)((ADCValue[i]>>24)&0xF));
            UARTBuffer[2] = ConvertDigital( (uint8_t)((ADCValue[i]>>20)&0xF));
            UARTBuffer[3] = ConvertDigital( (uint8_t)((ADCValue[i]>>16)&0xF));
            UARTBuffer[4] = ConvertDigital( (uint8_t)((ADCValue[i]>>12)&0xF));
            UARTBuffer[5] = ConvertDigital( (uint8_t)((ADCValue[i]>>8)&0xF));
            UARTBuffer[6] = ConvertDigital( (uint8_t)((ADCValue[i]>>4)&0xF));
            UARTBuffer[7] = ConvertDigital( (uint8_t)(ADCValue[i]&0xF));
            UARTBuffer[8] = '\r';
            UARTBuffer[9] = '\n';
            /* 通过串口输出当前 ADC 的值 */
            UARTSend("ADC", 3);
            c = i + '0';
            UARTSend(&c, 1);
            UARTSend("=", 1);
            UARTSend( (uint8_t *)UARTBuffer, 10 );
            LPC_UART->IER = IER_THRE | IER_RLS | IER_RBR;     /* Re-enable RBR */
#endif
        }
        UARTSend("<-------------------->\r\n", 24);
        /* 等待大概 3 s */
        for (j = 0; j < 0x888888; j++);
    }
#endif
}
/********** (C) COPYRIGHT 2010 UP Team, WHUT ***********文件结束**********/
```

运行过程:

① 在 V_{SS}(3.3 V)和 GND 之间接入一个可调电位器,将其可调端接入 AD5(PIO1_4)引脚;

② 用串口线将开发板的 UART 接口 J5 与 PC 机的串口相连,注意开发板的 UART 接口 J5 的机械尺寸是非标准的,在开套件中带有相应的连接线;

③ 打开 PC 机端的串口终端,比如 Windows 下的超级终端,选择相应的 COM 口,设置数据位为 8 位,停止位 1 位,无奇偶校验位,波特率 11 520;

④ 使用 USB 线连接 PC 机与 EM-LPC1100 开发套件;

⑤ 打开例程包中 0702_ADC 目录下的工程,编译链接工程并下载到开发板中;

⑥ 按开发板的 Reset 按键,可以看到在 PC 机的串口终端每 3 s 左右会显示一次 8 个 ADC 通道的转换值,调节 AD5 上的电位器可见类似如下的结果:

```
ADC0 = 0x000003FF
ADC1 = 0x000003FF
ADC2 = 0x000003FF
ADC3 = 0x000003FF
ADC4 = 0x000003FF
ADC5 = 0x000002BA
ADC6 = 0x000003FF
ADC7 = 0x000003FF
<------------------->
ADC0 = 0x000003FF
ADC1 = 0x000003FF
ADC2 = 0x000003FF
ADC3 = 0x000003FF
ADC4 = 0x000003FF
ADC5 = 0x00000154
ADC6 = 0x000003FF
ADC7 = 0x000003FF
<------------------->
.....
```

读者可以修改程序,采用 burst 方式采集各通道数据,也可在 ADC 转换中断时读取转换结果。

6.3 看门狗定时器 WDT

看门狗定时器 WDT 的作用是使处理器在进入错误状态后的一定时间之内复位。当 WDT 被允许时,如果用户程序没有在溢出周期内喂狗(给看门狗定时器重装定时值),看门狗会产生复位动作。

6.3.1 概 述

所有 LPC1110 系列处理器的 WDT 模块都完全一样,其基本特性如下:

- 如果没有周期性重装计数值(即喂狗),则产生片内复位。
- 支持调试模式。
- 可通过软件允许看门狗,但禁止看门狗需要硬件复位或看门狗复位/中断。
- 如果看门狗被允许,不正确/不完整的喂狗时序会产生复位/中断。
- 具有看门狗复位的标志。
- 可编程的 32 位定时器(带有内部预分频器)。

➢ 时钟周期可选，可从($T_{WDCLK}\times256\times4$)到($T_{WDCLK}\times2^{32}\times4$)，取($T_{WDCLK}\times4$)的倍数。
➢ 可在系统控制块中选择内部 RC 振荡器(IRC)、主时钟或看门狗振荡器，来作为看门狗的时钟(WDCLK)源。这样，看门狗定时器在不同功耗条件下，有多种可能计时选择。为增加可靠性，LPC1110 处理器还提供了一个看门狗定时器专用的完整内部时钟源，它不依赖于外部晶振及其相关元件和线路。

WDT 无需外部引脚，其电源由 SYSAHBCLKCTRL 寄存器的第 15 位控制，可参见 4.1 节的表 4-17。WDT 可以选择多种时钟源，但是在复位之后看门狗振荡器是未定义的，因此在使用看门狗振荡器之前必须先对 WDTOSCCTRL 编程。

6.3.2 功能描述

看门狗定时器 WDT 包括一个固定的 4 分频器和 1 个 32 位计数器，时钟通过 4 分频器送给定时器，其结构如图 6-6 所示。每到 4 个时钟，定时器计数值减 1。开始递减的值，最小必须是 0xFF；如果设定小于 0xFF 的值，则默认将 0xFF 装载到计数器。因此，看门狗最小时间是($T_{WDCLK}\times256\times4$)，最大时间是($T_{WDCLK}\times2^{32}\times4$)，取($T_{WDCLK}\times4$)的倍数。

看门狗的方法如下：

① 在 WDTC 寄存器中设定看门狗定时器重装载值。

② 在 WDMOD 寄存器中设定看门狗定时器工作模式。

③ 向 WDFEED 寄存器先写入 0xAA，再写 0x55 启动看门狗。

④ 在计数值下溢之前再次喂狗，以防止看门狗复位/中断。

当看门狗处在复位模式且计数器下溢时，CPU 将被复位，从向量表中读取堆栈指针和程序计数器，过程与外部复位一样。可检测看门狗超时标志(WDTOF)判断看门狗是否已产生复位条件；如果要对 WDTOF 清 0，则必须通过软件操作。

如图 4-1 所示，看门狗定时器模块使用 2 个时钟，PCLK 和 WDCLK。其中，PCLK 来自系统时钟，APB 访问看门狗寄存器时使用。WDCLK 来自 wdt_clk，用于看门狗定时器计数。图 6-6 中的 wdt_clk 可以是内部 RC 振荡器(IRC)、主时钟或看门狗振荡器，可通过 WDT-CLKSEL 寄存器来选择，参见表 4-20。WDCLK 拥有自己的时钟分频器，可通过 WDTCLK-DIV 寄存器来设置，参见表 4-22。另外，WDCLK 时钟可通过 WDTCLKDIV 寄存器来禁止，参见表 4-22。

这两个时钟域有一些同步逻辑，当 WDMON 和 WDTC 寄存器被 APB 操作更新时，WD-CLK 时钟域的新值将在 3 个 WDCLK 周期生效。当看门狗定时器按 WDCLK 进行计数时，同步逻辑会先锁定 WDCLK 上的计数值，然后再让它与 PCLK 同步，以供 CPU 读取 WDTV 寄存器。

如果不使用看门狗振荡器，则可通过 PDRUNCFG 寄存器将其关闭，参见表 4-29。为了节省功耗，可通过 SYSAHBCLKCTRL 寄存器禁止到看门狗寄存器模块的时钟(PCLK)，参见

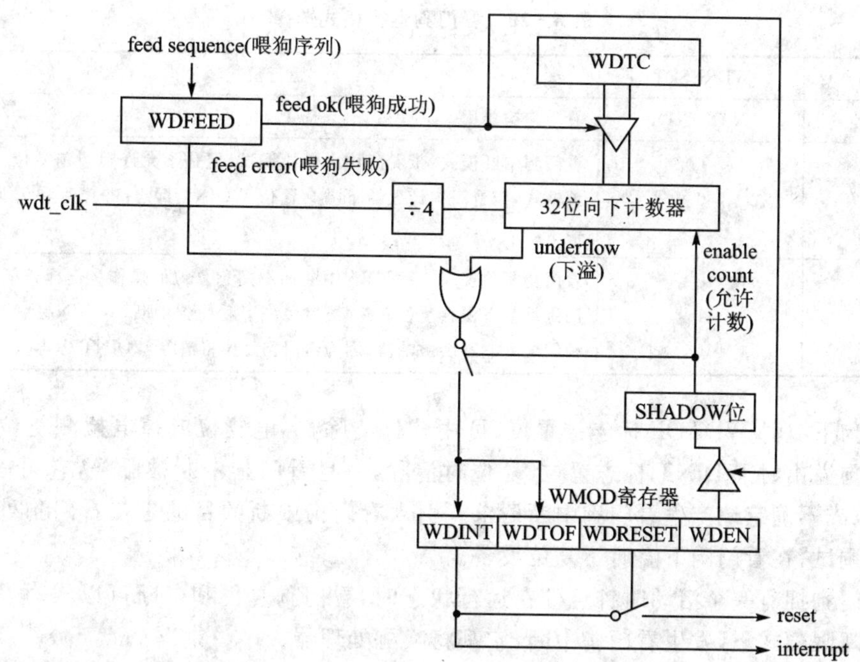

图 6-6 看门狗定时器 WDT 的内部结构

表 4-17。

看门狗 WDT 的工作模式及启动由看门狗模式寄存器 WDMOD 来控制。看门狗相关寄存器组的基地址为 0x40004000，WDMOD 寄存器的偏移地址为 0x00，复位值为 0x00，位域定义如表 6-19 所列。注意，WDMOD 寄存器任何改变生效之前，必须执行一次喂狗操作。

表 6-19 WDT 看门狗模式寄存器 WDMOD

位 域	符 号	描 述
0	WDEN	启动看门狗(只能设置)，为 1 时看门狗定时器运行
1	WDRESET	看门狗复位允许，(只能设置)，为 1 时，如果看门狗下溢将导致芯片复位
2	WDTOF	下溢标志位，看门狗下溢时被置位，用软件清除。仅在 POR 和 BOD 复位后为 0
3	WDINT	看门狗中断标志(只读，不能被软件清除)
[7:4]	—	保留，用户软件不应对这些位写 1，读出值未定义
[31:8]	—	保留

一旦 WDEN、WDRESET 其中一个被置位或都被置位，则它们不能软件清除。这两个标志位在复位或看门狗定时器下溢时清 0。这两个标志位可确定看门狗的运行模式，如表 6-20 所列。

表 6-20　看门狗运行模式选择

WDEN	WDRESET	运行模式
0	X (0 或 1)	看门狗被禁用
1	0	看门狗中断模式:带看门狗中断的调试,但是不允许看门狗复位。选择该模式,当看门狗计数器下溢会置位 WDINT 标志,并产生看门狗中断请求
1	1	看门狗复位模式:带看门狗中断和看门狗复位的操作。选择该模式,看门狗计数下溢会复位芯片,虽然允许了看门狗中断(WDEN = 1),但这种情况下它不会被响应,因为看门狗复位将清除 WDINT 标志

看门狗下溢时 WDTOF 标志被置位,可用软件清除,上电复位或掉电检测复位时也可清除。看门狗溢出时 WDINT 标志置位,复位时清除,一旦看门狗中断被服务,它可以在 NVIC 中被禁止,或不确定地产生看门狗中断请求。引入看门狗中断的目的是在看门狗处于活动状态下允许调试,在看门狗下溢时不复位设备。

当看门狗拥有一个活动时钟且处在运行状态时,看门狗复位和中断可以随时发生。任何时钟源在睡眠模式下,发生看门狗中断,它都将唤醒处理器。

看门狗定时器的超时时间通过看门狗定时器常量寄存器 WDTC 来设置,喂狗操作会将使 WDTC 中的内容装载到看门狗定时器中。改寄存器的偏移地址为 0x004,复位值为 0xFF,也就是复位时最低 8 位为 1,写入小于 0xFF 的数值会默认将 0xFF 装载到 WDTC 中。因此,最小下溢时间是 $T_{WDCLK}\times256\times4$。

喂狗操作是通过对看门狗喂狗寄存器 WDFEED 先写 0xAA 再写 0x55 来实现的。如果通过 WDMOD 寄存器允许了看门狗,则此操作将启动看门狗。置位 WDMOD 中的 WDEN 并不足以启动看门狗。置位 WDEN 之后,必须完成一个有效的喂狗操作,才能产生看门狗复位。在此之前,看门狗将忽略喂狗错误。写入 0xAA 到 WDFEED 之后,必须紧接着写入 0x55;否则,如果看门狗被允许,访问任何看门狗的寄存器操作将立即产生看门狗复位或中断。在喂狗期间错误地访问了看门狗寄存器,则会在第二个 PCLK 时钟产生复位。该寄存器的偏移地址为 0x08,位域定义如表 6-21 所列。注意,喂狗期间必须禁止中断,如果喂狗时产生了中断,则产生中止(abort)条件。

表 6-21　看门狗喂狗寄存器 WDFEED

位　域	符　号	描　述
[7:0]	Feed	喂狗必须顺序写入 0xAA 和 0x55
[31:8]	—	保留

看门狗定时器 WDT 当前的计数值可以通过读取看门狗定时器值寄存器 WDTV 来获得。该寄存器的偏移地址为 0x0C，复位值为 0x0FF。读取 32 位的计数值时，锁定和同步过程需要 6 个 WDCLK 周期加上 6 个 PCLK 周期，因此 CPU 读到值要比实际的要早。

可见，所有 WDT 相关的寄存器如表 6－22 所列，读者编程时可参考。

表 6－22　WDT 相关寄存器列表(基地址为 0x4000 4000)

名　称	符　号	访问方式	偏移地址	复位值
工作模式寄存器	WDMOD	R/W	0x00	0
看门狗定时器常量寄存器	WDTC	R/W	0x040	xFF
看门狗喂狗寄存器	WDFEED	WO	0x08	NA
看门狗定时器值寄存器	WDTV	RO	0x0C	0xFF

6.3.3　应用程序设计

设计任务：利用硬件定时器 CT16B0 定期喂狗，每次喂狗时 LDE 灯 D4 闪烁一次。当按下开发板上的 BOOT 键后喂狗行为中止，处理器进入看门狗复位过程。系统复位之后用 LED 灯 D2～D4 的状态表示处理器是否经历过看门狗复位。

硬件设计：在开发板上 LED 灯 D4、D5、D6 和 D7 分别与处理器的 P2_0、P2_1、P2_2 和 P2_3 端口相连；BOOT 按钮与 P0_1 相连接；如图 6－7 所示。用串口线将开发板的 UART 与 PC 机的串口相连。

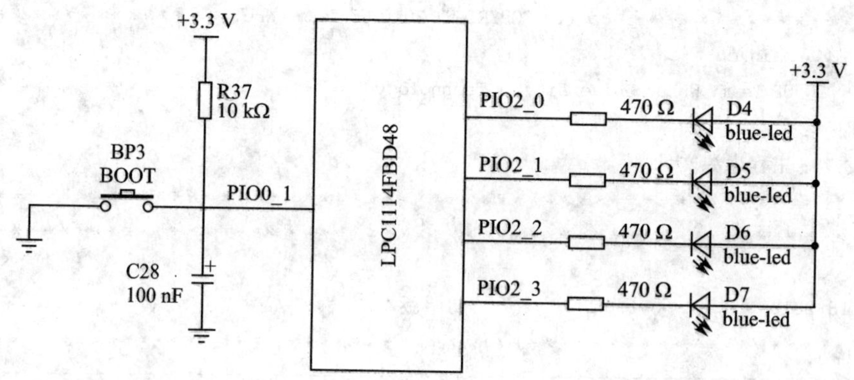

图 6－7　WDT 例程硬件连接图

软件设计：根据设计任务要求，系统启动之后，配置 WDT 的时钟、配置 UART；允许 CT16B0 工作，并允许其中断，每次中断时 timer16_0_counter 自动加 1；将 P2_0、P2_1、P2_2 和 P2_3 设置为输出，P0_1 设置为输入；然后判断处理器是否经历过看门狗复位，如果是看门狗复位则点亮 D4～D7。

之后系统循环查询 timer16_0_counter 值，若其大于 1 且 p0_1_counter 等于 0 则对 feed_counter 加 1，并 timer16_0_counter 清 0；若 feed_counter 等于 0x7F，则喂狗一次，LED 灯 D4 闪烁一次，并对 timer16_0_counter 清 0。

如果 BOOT 键被按下，则触发 PIOINT0_IRQ 中断，在中断服务程序中 p0_1_counter 被加 1，这样系统不能正常喂狗，会很快进入看门狗复位过程。

除了启动代码、CMSIS 文件之外，整个工程包含以下主要的源文件：timer16.c、gpio.c、retarget.c、uart.c、clkconfig.c、wdt.c、main.c。其中：

- timer16.c 中包含对定时器 CT16B0/1 的驱动函数。
- gpio.c 中包含对 gpio 驱动函数，其中，PIOINT0_IRQHandler 函数用于处理 PIO0 端口的中断，这里的功能是 BOOT 键按下之后将 p0_1_counter 加 1。
- clkconfig.c 用于配置系统时钟，这里主要是用于配置 WDT 的时钟。
- uart.c 用于配置 UART 端口，UART 将在 8.1 节中介绍。
- wdt.c 是用于驱动 WDT 的，主要包含初始化函数 WDTInit、喂狗函数 WDTFeed 以及看门狗中断函数 WDT_IRQHandler。
- main.c 中包含的 main 函数为初始化系统，配置 WDT、UART；判断系统是否经历过看门狗；之后循环查询 timer16_0_counter 和 p0_1_counter 值进行喂狗，如不满足条件则进入看门狗复位过程。LEDToggle 函数用于闪烁 LED 灯。

timer16.c、gpio.c、retarget.c、uart.c、clkconfig.c 和 wdt.c 是由 NXP 提供的外设驱动库，读者可以阅读相关手册及源代码，这里不做冗述。main.c 参考程序如下：

```
/********************** (C) COPYRIGHT 2010 UP Team, WHUT **********************
 * 文件名：main.c
 * 作者  ：UP Team, Wuhan University of Technology
 * 日期  ：01/18/2010
 * 描述  ：主程序源文件
*******************************************************************************
*******************************************************************************
 * 历史：
 * 01/18/2010          ：V1.0          初始版本
*******************************************************************************/
/* Includes ------------------------------------------------------------------*/
#include <stdio.h>
#include "LPC11xx.h"
#include "timer16.h"
#include "clkconfig.h"
#include "wdt.h"
#include "gpio.h"
```

```
#include "uart.h"
/* Private typedef -----------------------------------------------*/
/* Private define ------------------------------------------------*/
/* Private macro -------------------------------------------------*/
/* Private variables ---------------------------------------------*/
extern volatile uint32_t timer16_0_counter;
extern volatile uint32_t p0_1_counter;
volatile uint32_t feed_counter = 0;
/* Private function prototypes -----------------------------------*/
/* Private functions ---------------------------------------------*/
/**
  * @函数名:LEDToggle
  * @描述:LED 灯状态切换
  * @参数  端口号:端口 #
  * @参数  位地址:指定第几位
  * @返回值:无
  */
void LEDToggle( uint32_t portNum, uint32_t bitPosi)
{
  /* 反转 GPIOx.y引脚状态,实现 LED 灯亮灭状态切换,x 对应 GPIO 端口,y 对应该端口相应的 GPIO
引脚 */
  switch ( portNum )
  {
    case PORT0:
      if ( ! (LPC_GPIO0->DATA & (0x1<<bitPosi)))
        LPC_GPIO0->DATA |= (0x1<<bitPosi);
      else if ( (LPC_GPIO0->DATA & (0x1<<bitPosi)))
        LPC_GPIO0->DATA &= ~(0x1<<bitPosi);
    break;
     case PORT1:
      if ( ! (LPC_GPIO1->DATA & (0x1<<bitPosi)))
        LPC_GPIO1->DATA |= (0x1<<bitPosi);
      else if ( (LPC_GPIO1->DATA & (0x1<<bitPosi)))
        LPC_GPIO1->DATA &= ~(0x1<<bitPosi);
    break;
    case PORT2:
      if ( ! (LPC_GPIO2->DATA & (0x1<<bitPosi)))
        LPC_GPIO2->DATA |= (0x1<<bitPosi);
      else if ( (LPC_GPIO2->DATA & (0x1<<bitPosi)))
```

```
        LPC_GPIO2->DATA &= ~(0x1<<bitPosi);
    break;
    case PORT3:
      if ( ! (LPC_GPIO3->DATA & (0x1<<bitPosi)))
        LPC_GPIO3->DATA |= (0x1<<bitPosi);
      else if ( (LPC_GPIO3->DATA & (0x1<<bitPosi)))
        LPC_GPIO3->DATA &= ~(0x1<<bitPosi);
    break;
    default:
      break;
  }
  return;
}
/**
  * @函数名:main
  * @描述:主函数
  * @参数:无
  * @返回值:无
  */
int main (void)
{
  SystemInit();
  /* 对应 UART 的 NVIC 配置包含在 UARTIinit()函数中 */
  UARTInit(115200);
  printf("\n\r-- Basic WDT Project V1.0 --\n\r");
  printf("\n\r-- EM-LPC1100 --\n\r");
  printf("\n\r-- Feed watchdog timer to prevent it from timeout test --\n\r");
  /* 配置 WDT 时钟 */
  WDT_CLK_Setup(WDTCLK_SRC_MAIN_CLK);
  /* 初始化 Timer16 */
  init_timer16( 0, TIME_INTERVAL );
  /* 配置 NVIC */
  NVIC_SetPriority(TIMER_16_1_IRQn, 1);
  NVIC_SetPriority(WDT_IRQn, 1);
  NVIC_SetPriority(EINT0_IRQn, 0);
  /* 初始化 BOOT 按钮(port0_1) */
  GPIOInit();
  /* 配置 port0_1 为输入 */
  GPIOSetDir( PORT0, 1, 0 );
```

```
/* port0_1 上升沿触发中断 */
GPIOSetInterrupt( PORT0, 1, 0, 0, 1 );
GPIOIntEnable( PORT0, 1 );
/* 设置 D4...D7 对应的 port 2_0...3 引脚为输出 */
 LPC_GPIO2->DIR |= (0x1<<0)|(0x1<<1)|(0x1<<2)|(0x1<<3);
if (LPC_WDT->MOD & WDTOF)
{
  printf("\n\r WatchDog Reset! \n\r");
  /* 点亮 D4...D7 */
  LPC_GPIO2->DATA &= ~((0x1<<0)|(0x1<<1)|(0x1<<2)|(0x1<<3));
  /* 清除超时标志 */
  LPC_WDT->MOD &= ~WDTOF;
}
/* 初始化 WDT */
WDTInit();
enable_timer16( 0 );
while( 1 )
{
  if ( timer16_0_counter > 0 )
  {
    /* 喂狗 */
    if (p0_1_counter == 0)
    {
      feed_counter++;

      if (feed_counter == 0x7F)
      {
        LEDToggle(2, 0);
        feed_counter = 0;
      }
      WDTFeed();
    }
    timer16_0_counter = 0;
  }
}
}
/********* (C) COPYRIGHT 2010 UP Team, WHUT ***********文件结束**********/
```

运行过程:

① 用串口线将开发板的 UART 与 PC 机的串口相连,注意开发板 UART 接口的机械尺

寸是非标准的，在开套件中带有相应的连接线；

② 打开 PC 机端的串口终端，如 Windows 下的超级终端，选择相应的 COM 口，设置数据位为 8 位，停止位为 1 位，无奇偶校验位，波特率为 11 520；

③ 使用 USB 线连接 PC 机与 EM－LPC1100 开发套件；

④ 打开例程包中 0703_WDT 目录下的工程，编译链接工程并下载到开发板中；

⑤ 按开发板的 Reset 键，系统复位之后，超级终端显示：

```
-- Basic WDT Project V1.0 --
-- EM-LPC1100 --
-- Feed watchdog timer to prevent it from timeout test --
```

同时，可以看到 LED 灯 D4 闪烁不停闪烁，每次闪烁表示喂狗一次；

⑥ 按下开发板 BOOT 键，进入看门狗复位过程，超级终端显示：

```
-- EM-LPC1100 --
-- Feed watchdog timer to prevent it from timeout test --
WatchDog Reset!
```

同时，可以看到 LED 灯 D5、D6 和 D7 被点亮，表面经历过看门狗复位过程。

⑦ 再次按下 Reset 键则进入⑤描述的状态；再次按下 BOOT 键则将会进入⑥描述的状态。

第7章

LPC1110 处理器通信接口

目前 LPC1110 系列处理器带有基本通信接口 UART、I^2C 和 SPI，另外在最新发布的 LPC11C1x 处理器中增加了 CAN 接口，在 LPC11U1x 处理器增加了 USB 接口。本章将以 EM－LPC1100LK 开发套件中的 LPC1100 评估板为对象，分别介绍 UART、I^2C、SPI 通信接口，每个通信接口都会给出相应的应用实例。

7.1　通用异步收发器 UART

LPC1110 系列处理器有一个符合 SC16C550 工业标准的异步串行口(UART)。另外，此 UART 增加了调制解调器(Modem)接口，其中，DSR、DCD 和 RI 信号是只在 LQFP48 和 PLCC44 封装中配置了引脚。

7.1.1　概　述

LPC1110 处理器的 UART 具有以下特性：

- 16 字节收发 FIFO。
- 寄存器位置符合'550 工业标准。
- 接收器 FIFO 触发点可为 1、4、8 和 14 字节。
- 内置波特率发生器。
- UART 允许软件或硬件实现流控制。
- 支持 RS485/EIA－485 的 9 位模式。
- 调制解调器控制。

UART 的引脚如表 7－2 所列，也可参考 4.2 节的表 4－39。

调制解调器输入 DSR、DCD 和 RI 均可在两个不同的引脚上复用。通过使用 IOCON_LOC 寄存器为这些功能选择引脚的位置，然后再通过 IOCON 寄存器选择功能。

DTR 输出也可以配置在 2 个不同的引脚位置上，DTR 的输出值可同时在两个位置分别驱动，DTR 功能在哪个引脚上可以通过 IOCON 寄存器来确定。

表 7-1 UART 的引脚

引 脚	类 型	描 述	引 脚	类 型	描 述
RXD	输入	串行输入,串行接收数据	CTS	输入	清除发送
TXD	输出	串行输出,串行发送数据			
RTS	输出	请求发送,RS485 方向控制引脚	DCD	输入	数据载波检测(仅 LQFP48、PLCC44 封装配置)
DTR	输出	数据终端就绪			
DSR	输入	数据设备就绪(仅 LQFP48、PLCC44 封装配置)	RI	输入	振铃指示(仅 LQFP48、PLCC44 封装配置)

通过 AHBCLKCTRL 寄存器控制 UART 模块的时钟可实现禁止或允许 UART,外设 UART 时钟(由 UART 波特率发生器使用)则通过 UARTCLKDIV 寄存器来控制。

UART_PCLK 时钟信号能通过 UARTCLKDIV 寄存器来禁止,同时,为了降低功耗还可以通过系统 AHB 时钟控制寄存器的第 12 位来关闭 UART 模块。注意,在 UART 时钟被允许之前,必需在相应的 IOCON 寄存器对 UART 引脚进行配置。

7.1.2 功能描述

LPC1110 处理器的 UART 模块内部结构如图 7-1 所示,由 APB 接口提供 CPU 或主机与 UART 之间的通信连接。UART 相关功能寄存器的基地址是 0x4000 8000。

如图 7-1 所示,UART 接收器模块 U0RX 监视串行输入线 RxD0 的有效输入。UART RX 移位寄存器(U0RSR)通过 RXD0 接收有效的字符。当 U0RSR 接收到一个有效字符时,它将该字符传送到 UART RX 缓存寄存器 FIFO 中,等待 CPU 或主机通过主机接口进行访问。

接收 FIFO 队列包含了最早接收到的字符,可通过总线接口读出。LSB(位 0)代表最早接收到的数据位。如果接收到的字符小于 8 位,则未使用的 MSB 填充为 0。UART 接收缓冲寄存器 U0RBR 就是 UART 接收 FIFO 队列最高字节。U0RBR 为只读寄存器,其偏移地址为 0x00,复位值未定义。位定义如表 7-2 所列。如果要访问 U0RBR,则 U0LCR 寄存器的除数锁存访问位(DLAB)必须为 0。

由于 U0LSR 寄存器的 PE、FE 和 BI 位(见表 7-9)与 RBR FIFO 顶端的字节相对应(即下次读 RBR 时,读出的字节),因此,将接收的字节及其状态位成对读出的正确方法是先读 U0LSR、再读 U0RBR。

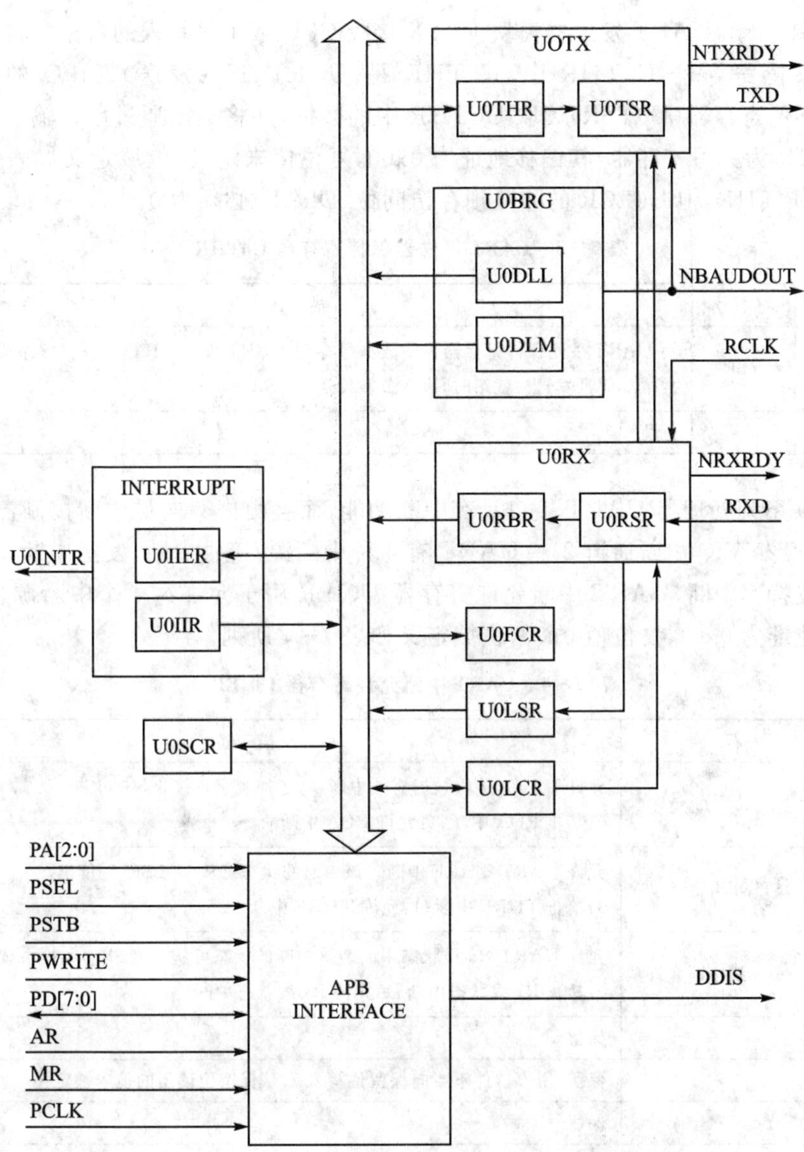

图 7-1 通用异步收发器 UART 的内部结构

表 7-2 UART 接收器缓存寄存器 U0RBR

位 域	符 号	描 述
[7:0]	RBR	UART Rx FIFO 当中最早接收到的字节
[31:8]	—	保留

如图 7-1 所示，UART 发送器模块 U0TX 接收 CPU 或主机写入的数据并将数据缓存到 UART TX 保持寄存器 U0THR 中，U0THR 是 UART TX(发送) FIFO 的最高字节。UART TX 移位寄存器(U0TSR)读取 U0THR 中的数据，并将数据通过串行输出引脚 TXD0 发出。U0THR 为只写寄存器，其偏移地址为 0x00，复位值未定义，位域定义如表 7-3 所列。如果要访问 U0THR，则 U0LCR 的除数锁存访问位(DLAB)必须为 0。

表 7-3　UART 发送器保持寄存器 U0THR

位　域	符　号	描　述
[7:0]	RBR	写 UART 发送保持寄存器将使数据保存到 UART 发送 FIFO 中。当字节到达 FIFO 的最底部且发送器就绪时，该字节被发送
[31:8]	—	保留

LPC1100 系列处理器 UART 接口具有中断功能，而且由嵌套向量中断控制器(NVIC)管理，UART 位于 NVIC 中断通道 21。UART 有 4 种中断源：接收中断、发送中断、接收线状态中断和自动波特率中断，UART 中断允许寄存器 U0IER 用于允许这 4 个中断源。U0IER 寄存器的偏移地址为 0x04，复位值 0x00，位域定义如表 7-4 所列。

表 7-4　UART 中断允许寄存器 U0IER

位　域	符　号	描　述
0	RBR 中断允许	允许 UART 接收数据有效中断，它还控制字符接收超时中断。 0:禁止 RDA 中断;1:允许 RDA 中断
1	THRE 中断允许	允许 UART THRE 中断。该中断的状态可从 U0LSR[5]读出。 0:禁止 THRE 中断;1:允许 THRE 中断
2	RX 线中断允许	允许 UART Rx 线状态中断。该中断的状态可从 U0LSR[4:1]中读出。 0:禁止 Rx 线状态中断;1:允许 Rx 线状态中断
3	—	保留
[6:4]	—	保留，用户软件不要向保留位写入 1，从保留位读出的值未被定义
7	—	保留
8	ABEOIntEn	允许自动波特率结束中断。 0:禁止自动波特率结束中断;1:允许自动波特率结束中断
9	ABTOIntEn	允许自动波特率超时中断 0:禁止自动波特率超时中断;1:允许自动波特率超时中断
[31:10]	—	保留，用户软件不要向保留位写入 1，从保留位读出的值未被定义

当 UART 中断发生之后，可以通过读 UART 中断标志寄存器 U0IIR 来获取挂起中断的中断源和优先级。U0IIR 寄存器是只读寄存器，其偏移地址为 0x08，复位值为 0x01，位域定义如表 7-5 所列。在访问 U0IIR 过程中，中断被冻结。注意，如果在访问 U0IIR 时产生了中断，则该中断被记录，下次 U0IIR 访问可读出。

表 7-5　UART 中断标识寄存器 U0IIR

位 域	符 号	描 述
0	IntStatus	中断状态。U0IIR[0]为低有效。挂起的中断可通过 U1IIR[3：1]来确定 0：至少有 1 个中断被挂起；1：没有挂起的中断
[3：1]	IntId	中断标识。U0IER[3：1]指示对应于 UART Rx FIFO 的中断 011：1－接收线状态(RLS) 010：2a－接收数据可用(RDA) 110：2b－字符超时指示(CTI) 001：3－THRE 中断 000：4－Modem 中断 未列出的 U0IER[3：1]的其他组合都为保留值(100、101、111)
[5：4]	—	保留，用户软件不要向保留位写入 1，从保留位读出的值未被定义
[7：6]	FIFO Enable	这些位等效于 U0FCR[0]
8	ABEOInt	自动波特率结束中断。如果自动波特率成功完成且中断被允许，则 ABEOInt 为 1
9	ABTOInt	自动波特率超时中断。如果波特率未超时且中断被允许，则 ABTOInt 为 1
[31：10]	—	保留，用户软件不要向保留位写入 1，从保留位读出的值未被定义

位 U0IIR[9：8]通过自动波特率功能设置、指示超时或自动波特率结束。设置自动波特率控制寄存器的 Clear 位，将清除自动波特率中断条件。

如果 U0IIR 寄存器的 IntStatus 位为 1 且没有中断挂起，则 IntId 位会是 0。如果 IntStatus 是 0，且有一个非自动波特率中断被挂起，在这种情况下 IntId 位标识中断类型，其处理过程如表 7-6 所列。通过 U0IIR[3：0]的状态，中断处理程序可以确定中断产生的原因和如何清除激活的中断。为了清除中断优先级，在退出中断服务程序之前必须读 U0IIR。注意，在表 7-5 中，未列出的 U0IIR[3：0]组合值均保留。

表 7-6　UART 中断处理

U0IIR[3：0]	优先级	中断类型	中断源	中断复位
0001	—	无	无	—

续表 7-6

U0IIR[3:0]	优先级	中断类型	中断源	中断复位
0110	最高	RX 线 状态/错误	OE 或 PE 或 FE 或 BI	读 U0LSR
0100	第 2	RX 数据有效	Rx 数据有效或 FIFO 达到触发等级(U0FCR0=1)	读 U0RBR 或 UART FIFO 达到触发等级
1100	第 2	字符超时指示	Rx FIFO 包含至少 1 个字符且在一段时间内无字符输入或移出，该时间的长短取决于 FIFO 中的字符数以及设置的触发等级值(在 3.5～4.5 字符的时间之间) 实际时间为：[(字长度)×7－2]×8＋[(触发值－字符数)×8＋1] RCLK	读 U0RBR
0010	第 3	THRE	THRE	读 U0IIR(如果是中断源)或 THR 写操作

在表 7-5 中，最高优先级的中断是 UART 接收线状态中断(RLS 中断)(U0IIR[3:1]＝011)。任何时候，只要 UART Rx 输入产生 4 个错误条件(溢出错误(OE)、奇偶错误(PE)、帧错误(FE)和间隔中断(BI))中的任意一个，则该中断标志将被置位。产生该中断的 UART Rx 错误条件可通过查看 U0LSR[4:1]得到。当读取 U0LSR 时清除该中断。

UART 接收数据可用中断(RDA 中断，U0IIR[3:1]＝010)与 CTI 中断(U0IIR[3:1]＝110)共用第 2 优先级。当 UART Rx FIFO 到达 U0FCR[7:6]所定义的触发点时，RDA 被激活。当 UART Rx FIFO 的深度低于触发点时，RDA 复位。当 RDA 中断激活时，CPU 可读出由触发点所定义的数据块。

UART 字符超时，则中断(CTI 中断，U0IIR[3:1]＝110)也为第 2 优先级中断。当 UART Rx FIFO 包含至少 1 个字符并且在接收 3.5～4.5 字符的时间内没有发生 UART Rx FIFO 动作时，该中断置位。UART Rx FIFO 的任何动作(读或写 UART RSR)都将清除该中断。在接收到的信息不是触发等级值的倍数时，CTI 中断将会清空 UART RBR。例如，如果一个外设想要发送一个 105 个字符的信息，触发等级值为 10 个字符；那么 CPU 将接收 10 个 RDA 中断，完成 100 个字符的传输；之后 CPU 将收到 1～5 个 CTI 中断(取决于服务程序)，完成剩下 5 个字符的传输。

UART 发送中断(THRE 中断，U0IIR[3:1] ＝ 001)是第 3 优先级中断。当 UART THR FIFO 为空，且满足特定的初始化条件时，该中断激活。这些初始化条件将使 UART THR FIFO 被数据填充，以免在系统启动时产生许多 THRE 中断。在上一次 THRE＝1 事件之后，若 U0THR 中没有至少 2 个或 2 个以上字符时，当 THRE＝1 时，在延时一个字符减一个停止位的时间后发送 THRE 中断。如果在发送 FIFO 中有过 2 个字节或以上的数据，但是现在发送 FIFO 为空时，则立即触发发送中断。当 U0THR 写操作或 U0IIR 读操作发生，且 THRE 为最高优先级中断时，THRE 中断复位。

UART Rx 和 UART Tx 的 FIFO 的操作由 UART FIFO 控制寄存器 U0FCR 寄存器控制，该寄存器只写，其偏移地址为 0x08，复位值为 0x00，位域定义如表 7-7 所列。

表 7-7 UART FIFO 控制寄存器 U0FCR

位 域	符 号	描 述
0	FIFO 允许	0：UART FIFO 被禁止。在应用中必须不能被使用； 1：高电允许对 UART Rx 和 Tx FIFO 以及 U0FCR[7：1]的访问。该位必须设置以实现正确的 UART 操作。该位的任何变化都将使 UART FIFO 自动清空
1	RX FIFO 复位	0：对两个 UART FIFO 都无影响 1：写 1 到 U0FCR[1]，则清 0 UART Rx FIFO 中的所有字节并复位指针逻辑，该位自动清 0
2	TX FIFO 复位	0：对两个 UART FIFO 都无影响 1：写 1 到 U0FCR[2]，则清 0 UART Tx FIFO 中的所有字节并复位指针逻辑，该位自动清 0
[5：3]	—	保留，用户软件不要向保留位写入 1 从保留位读出的值未被定义
[7：6]	Rx 触发等级	此两位决定在激活中断前，接收器 UART FIFO 必须写入多少个字符 00：触发点 0(1 个字符或 0x01)；01：触发点 1(4 个字符或 0x04) 10：触发点 2(8 个字符或 0x08)；01：触发点 3(14 个字符或 0x0E)
[31：8]	—	保留

UART 的数据格式由 UART 线控制寄存器 U0LCR 设置，该寄存器的偏移地址为 0x0C，复位值为 0x00，位域定义如表 7-8 所列。

表 7-8 UART 线控制寄存器 U0LCR

位 域	符 号	描 述
[1：0]	字长选择	00：5 位字符长度；01：6 位字符长度 10：7 位字符长度；11：8 位字符长度
2	停止位选择	0：1 个停止位 1：2 个停止位(如果 U0LCR[1：0]=00 则为 1.5 个)
3	校验位允许	0：禁止奇偶产生和校验 1：允许奇偶产生和校验
[5：4]	校验位选择	00：奇校验；01：偶校验 10：校验位强制为“1”；11：校验位强制为“0”

续表 7-8

位　域	符　号	描　述
6	间隔控制	0:禁止间隔发送。 1:允许间隔发送。当 U0LCR[6]为高电平有效时,输出引脚 UART TxD 强制为逻辑 0
7	除数锁存访问	0:禁止访问除数锁存 1:允许访问除数锁存
[31:8]	—	保留

UART Tx 和 Rx 模块的状态信息可以通过读取 UART 线状态寄存器 U0LSR 来获取,该寄存器只读寄存器,其偏移地址为 0x014,复位值为 0x060,位域定义如表 7-9 所列。

表 7-9　UART 线状态寄存器 U0LSR

位　域	符　号	描　述
0	接收器数据准备好(RDR)	当 U0RBR 包含未读取的字符时,U0LSR[0]置位;当 UART RBR FIFO 为空时,U0LSR[0]清 0。 0:U0RBR 为空;1:U0RBR 包含有效数据
1	溢出错误(OE)	溢出错误条件在溢出错误发生后立即设置。读 U0LSR 操作将清 0 U0LSR[1]。当 UART RSR 已经有新的字符组合,而 UART RBR FIFO 已满时,U0LSR[1]置位。此时 UART RBR FIFO 不会被覆盖,UART RSR 中的字符将丢失 0:溢出错误状态未被激活;1:溢出错误状态被激活
2	校验错误(PE)	当接收字符的校验位为错误状态时产生一个奇偶错误。读 U0LSR 操作将清 0 U0LSR[2]位。奇偶错误检测时间取决于 U0FCR[0]。注意,奇偶错误与 UART RBR FIFO 中顶部的字符相关 0:奇偶错误状态未被激活;1:奇偶错误状态被激活
3	帧错误(FE)	当接收字符的停止位为 0 时,产生帧错误。读 U0LSR 操作将清 0 U0LSR[3]。帧错误检测时间取决于 U0FCR0。当检测到一个帧错误时,Rx 将试图与数据重新同步,并假设错误的停止位实际是一个超前的起始位。但是,即使没有出现帧错误,它也不能假设下一个接收到的字节是正确的。注意,帧错误与 UART RBR FIFO 中顶部的字符相关 0:帧错误状态未被激活;1:帧错误状态被激活

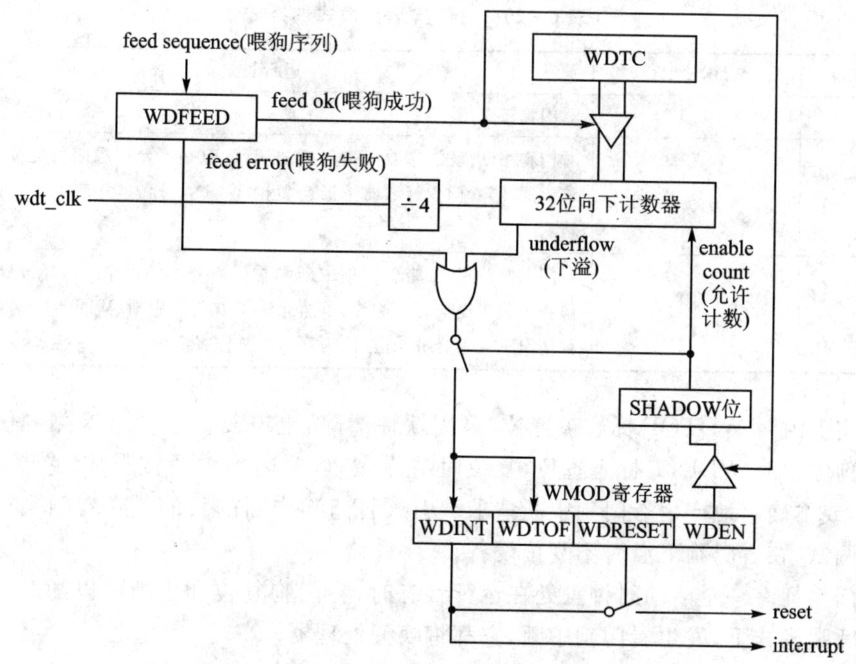

图 6-6 看门狗定时器 WDT 的内部结构

表 4-17。

看门狗 WDT 的工作模式及启动由看门狗模式寄存器 WDMOD 来控制。看门狗相关寄存器组的基地址为 0x40004000，WDMOD 寄存器的偏移地址为 0x00，复位值为 0x00，位域定义如表 6-19 所列。注意，WDMOD 寄存器任何改变生效之前，必须执行一次喂狗操作。

表 6-19 WDT 看门狗模式寄存器 WDMOD

位 域	符 号	描 述
0	WDEN	启动看门狗(只能设置)，为 1 时看门狗定时器运行
1	WDRESET	看门狗复位允许，(只能设置)，为 1 时，如果看门狗下溢将导致芯片复位
2	WDTOF	下溢标志位，看门狗下溢时被置位，用软件清除。仅在 POR 和 BOD 复位后为 0
3	WDINT	看门狗中断标志(只读，不能被软件清除)
[7:4]	—	保留，用户软件不应对这些位写 1，读出值未定义
[31:8]	—	保留

一旦 WDEN、WDRESET 其中一个被置位或都被置位，则它们不能软件清除。这两个标志位在复位或看门狗定时器下溢时清 0。这两个标志位可确定看门狗的运行模式，如表 6-20 所列。

表 6-20　看门狗运行模式选择

WDEN	WDRESET	运行模式
0	X (0 或 1)	看门狗被禁用
1	0	看门狗中断模式:带看门狗中断的调试,但是不允许看门狗复位。选择该模式,当看门狗计数器下溢会置位 WDINT 标志,并产生看门狗中断请求
1	1	看门狗复位模式:带看门狗中断和看门狗复位的操作。选择该模式,看门狗计数下溢会复位芯片,虽然允许了看门狗中断(WDEN = 1),但这种情况下它不会被响应,因为看门狗复位将清除 WDINT 标志

看门狗下溢时 WDTOF 标志被置位,可用软件清除,上电复位或掉电检测复位时也可清除。看门狗溢出时 WDINT 标志置位,复位时清除,一旦看门狗中断被服务,它可以在 NVIC 中被禁止,或不确定地产生看门狗中断请求。引入看门狗中断的目的是在看门狗处于活动状态下允许调试,在看门狗下溢时不复位设备。

当看门狗拥有一个活动时钟且处在运行状态时,看门狗复位和中断可以随时发生。任何时钟源在睡眠模式下,发生看门狗中断,它都将唤醒处理器。

看门狗定时器的超时时间通过看门狗定时器常量寄存器 WDTC 来设置,喂狗操作会将使 WDTC 中的内容装载到看门狗定时器中。改寄存器的偏移地址为 0x004,复位值为 0xFF,也就是复位时最低 8 位为 1,写入小于 0xFF 的数值会默认将 0xFF 装载到 WDTC 中。因此,最小下溢时间是 $T_{WDCLK}\times256\times4$。

喂狗操作是通过对看门狗喂狗寄存器 WDFEED 先写 0xAA 再写 0x55 来实现的。如果通过 WDMOD 寄存器允许了看门狗,则此操作将启动看门狗。置位 WDMOD 中的 WDEN 并不足以启动看门狗。置位 WDEN 之后,必须完成一个有效的喂狗操作,才能产生看门狗复位。在此之前,看门狗将忽略喂狗错误。写入 0xAA 到 WDFEED 之后,必须紧接着写入 0x55;否则,如果看门狗被允许,访问任何看门狗的寄存器操作将立即产生看门狗复位或中断。在喂狗期间错误地访问了看门狗寄存器,则会在第二个 PCLK 时钟产生复位。该寄存器的偏移地址为 0x08,位域定义如表 6-21 所列。注意,喂狗期间必须禁止中断,如果喂狗时产生了中断,则产生中止(abort)条件。

表 6-21　看门狗喂狗寄存器 WDFEED

位　域	符　号	描　述
[7:0]	Feed	喂狗必须顺序写入 0xAA 和 0x55
[31:8]	—	保留

看门狗定时器 WDT 当前的计数值可以通过读取看门狗定时器值寄存器 WDTV 来获得。该寄存器的偏移地址为 0x0C,复位值为 0x0FF。读取 32 位的计数值时,锁定和同步过程需要 6 个 WDCLK 周期加上 6 个 PCLK 周期,因此 CPU 读到值要比实际的要早。

可见,所有 WDT 相关的寄存器如表 6-22 所列,读者编程时可参考。

表 6-22 WDT 相关寄存器列表(基地址为 0x4000 4000)

名 称	符 号	访问方式	偏移地址	复位值
工作模式寄存器	WDMOD	R/W	0x00	0
看门狗定时器常量寄存器	WDTC	R/W	0x040	xFF
看门狗喂狗寄存器	WDFEED	WO	0x08	NA
看门狗定时器值寄存器	WDTV	RO	0x0C	0xFF

6.3.3 应用程序设计

设计任务:利用硬件定时器 CT16B0 定期喂狗,每次喂狗时 LDE 灯 D4 闪烁一次。当按下开发板上的 BOOT 键后喂狗行为中止,处理器进入看门狗复位过程。系统复位之后用 LED 灯 D2～D4 的状态表示处理器是否经历过看门狗复位。

硬件设计:在开发板上 LED 灯 D4、D5、D6 和 D7 分别与处理器的 P2_0、P2_1、P2_2 和 P2_3 端口相连;BOOT 按钮与 P0_1 相连接;如图 6-7 所示。用串口线将开发板的 UART 与 PC 机的串口相连。

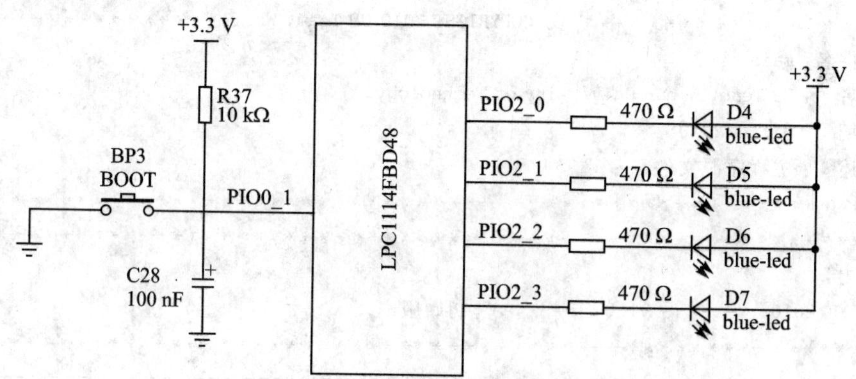

图 6-7 WDT 例程硬件连接图

软件设计:根据设计任务要求,系统启动之后,配置 WDT 的时钟、配置 UART;允许 CT16B0 工作,并允许其中断,每次中断时 timer16_0_counter 自动加 1;将 P2_0、P2_1、P2_2 和 P2_3 设置为输出,P0_1 设置为输入;然后判断处理器是否经历过看门狗复位,如果是看门狗复位则点亮 D4～D7。

之后系统循环查询 timer16_0_counter 值，若其大于 1 且 p0_1_counter 等于 0 则对 feed_counter 加 1，并 timer16_0_counter 清 0；若 feed_counter 等于 0x7F，则喂狗一次，LED 灯 D4 闪烁一次，并对 timer16_0_counter 清 0。

如果 BOOT 键被按下，则触发 PIOINT0_IRQ 中断，在中断服务程序中 p0_1_counter 被加 1，这样系统不能正常喂狗，会很快进入看门狗复位过程。

除了启动代码、CMSIS 文件之外，整个工程包含以下主要的源文件：timer16.c、gpio.c、retarget.c、uart.c、clkconfig.c、wdt.c、main.c。其中：

- timer16.c 中包含对定时器 CT16B0/1 的驱动函数。
- gpio.c 中包含对 gpio 驱动函数，其中，PIOINT0_IRQHandler 函数用于处理 PIO0 端口的中断，这里的功能是 BOOT 键按下之后将 p0_1_counter 加 1。
- clkconfig.c 用于配置系统时钟，这里主要是用于配置 WDT 的时钟。
- uart.c 用于配置 UART 端口，UART 将在 8.1 节中介绍。
- wdt.c 是用于驱动 WDT 的，主要包含初始化函数 WDTInit、喂狗函数 WDTFeed 以及看门狗中断函数 WDT_IRQHandler。
- main.c 中包含的 main 函数为初始化系统，配置 WDT、UART；判断系统是否经历过看门狗；之后循环查询 timer16_0_counter 和 p0_1_counter 值进行喂狗，如不满足条件则进入看门狗复位过程。LEDToggle 函数用于闪烁 LED 灯。

timer16.c、gpio.c、retarget.c、uart.c、clkconfig.c 和 wdt.c 是由 NXP 提供的外设驱动库，读者可以阅读相关手册及源代码，这里不做冗述。main.c 参考程序如下：

```
/*********************(C) COPYRIGHT 2010 UP Team, WHUT *********************
 * 文件名：main.c
 * 作者   : UP Team, Wuhan University of Technology
 * 日期   : 01/18/2010
 * 描述   : 主程序源文件
*************************************************************************
*************************************************************************
 * 历史：
 * 01/18/2010          : V1.0             初始版本
************************************************************************/
/* Includes ------------------------------------------------------------*/
#include <stdio.h>
#include "LPC11xx.h"
#include "timer16.h"
#include "clkconfig.h"
#include "wdt.h"
#include "gpio.h"
```

```
#include "uart.h"
/* Private typedef -----------------------------------------------------------*/
/* Private define ------------------------------------------------------------*/
/* Private macro -------------------------------------------------------------*/
/* Private variables ---------------------------------------------------------*/
extern volatile uint32_t timer16_0_counter;
extern volatile uint32_t p0_1_counter;
volatile uint32_t feed_counter = 0;
/* Private function prototypes -----------------------------------------------*/
/* Private functions ---------------------------------------------------------*/
/**
  * @函数名:LEDToggle
  * @描述:LED 灯状态切换
  * @参数   端口号:端口 #
  * @参数   位地址:指定第几位
  * @返回值:无
  */
void LEDToggle( uint32_t portNum, uint32_t bitPosi)
{
  /* 反转 GPIOx.y 引脚状态,实现 LED 灯亮灭状态切换,x 对应 GPIO 端口,y 对应该端口相应的 GPIO
引脚 */
  switch ( portNum )
  {
    case PORT0:
      if ( ! (LPC_GPIO0->DATA & (0x1<<bitPosi)))
        LPC_GPIO0->DATA |= (0x1<<bitPosi);
      else if ( (LPC_GPIO0->DATA & (0x1<<bitPosi)))
        LPC_GPIO0->DATA &= ~(0x1<<bitPosi);
    break;
    case PORT1:
      if ( ! (LPC_GPIO1->DATA & (0x1<<bitPosi)))
        LPC_GPIO1->DATA |= (0x1<<bitPosi);
      else if ( (LPC_GPIO1->DATA & (0x1<<bitPosi)))
        LPC_GPIO1->DATA &= ~(0x1<<bitPosi);
    break;
    case PORT2:
      if ( ! (LPC_GPIO2->DATA & (0x1<<bitPosi)))
        LPC_GPIO2->DATA |= (0x1<<bitPosi);
      else if ( (LPC_GPIO2->DATA & (0x1<<bitPosi)))
```

```
        LPC_GPIO2->DATA &= ~(0x1<<bitPosi);
    break;
    case PORT3:
      if ( ! (LPC_GPIO3->DATA & (0x1<<bitPosi)))
        LPC_GPIO3->DATA |= (0x1<<bitPosi);
      else if ( (LPC_GPIO3->DATA & (0x1<<bitPosi)))
        LPC_GPIO3->DATA &= ~(0x1<<bitPosi);
    break;
    default:
      break;
  }
  return;
}
/**
 * @函数名:main
 * @描述:主函数
 * @参数:无
 * @返回值:无
 */
int main (void)
{
  SystemInit();
  /* 对应 UART 的 NVIC 配置包含在 UARTIinit()函数中 */
  UARTInit(115200);
  printf("\n\r-- Basic WDT Project V1.0 --\n\r");
  printf("\n\r-- EM-LPC1100 --\n\r");
  printf("\n\r-- Feed watchdog timer to prevent it from timeout test --\n\r");
  /* 配置 WDT 时钟 */
  WDT_CLK_Setup(WDTCLK_SRC_MAIN_CLK);
  /* 初始化 Timer16 */
  init_timer16( 0, TIME_INTERVAL );
  /* 配置 NVIC */
  NVIC_SetPriority(TIMER_16_1_IRQn, 1);
  NVIC_SetPriority(WDT_IRQn, 1);
  NVIC_SetPriority(EINT0_IRQn, 0);
  /* 初始化 BOOT 按钮(port0_1) */
  GPIOInit();
  /* 配置 port0_1 为输入 */
  GPIOSetDir( PORT0, 1, 0 );
```

```
  /* port0_1 上升沿触发中断 */
  GPIOSetInterrupt( PORT0, 1, 0, 0, 1 );
  GPIOIntEnable( PORT0, 1 );
  /* 设置 D4...D7 对应的 port 2_0...3 引脚为输出 */
   LPC_GPIO2->DIR |= (0x1<<0)|(0x1<<1)|(0x1<<2)|(0x1<<3);
  if (LPC_WDT->MOD & WDTOF)
  {
    printf("\n\r WatchDog Reset! \n\r");
    /* 点亮 D4...D7 */
    LPC_GPIO2->DATA &= ~((0x1<<0)|(0x1<<1)|(0x1<<2)|(0x1<<3));
    /* 清除超时标志 */
    LPC_WDT->MOD &= ~WDTOF;
  }
  /* 初始化 WDT */
  WDTInit();
  enable_timer16( 0 );
  while( 1 )
  {
    if ( timer16_0_counter > 0 )
    {
      /* 喂狗 */
      if (p0_1_counter == 0)
      {
        feed_counter++;

        if (feed_counter == 0x7F)
        {
          LEDToggle(2, 0);
          feed_counter = 0;
        }
        WDTFeed();
      }
      timer16_0_counter = 0;
    }
  }
}
/********** (C) COPYRIGHT 2010 UP Team, WHUT ***********文件结束**********/
```

运行过程：

① 用串口线将开发板的 UART 与 PC 机的串口相连，注意开发板 UART 接口的机械尺

寸是非标准的，在开套件中带有相应的连接线；

② 打开 PC 机端的串口终端，如 Windows 下的超级终端，选择相应的 COM 口，设置数据位为 8 位，停止位为 1 位，无奇偶校验位，波特率为 11 520；

③ 使用 USB 线连接 PC 机与 EM－LPC1100 开发套件；

④ 打开例程包中 0703_WDT 目录下的工程，编译链接工程并下载到开发板中；

⑤ 按开发板的 Reset 键，系统复位之后，超级终端显示：

```
- - Basic WDT Project V1.0 - -
- - EM - LPC1100 - -
- - Feed watchdog timer to prevent it from timeout test - -
```

同时，可以看到 LED 灯 D4 闪烁不停闪烁，每次闪烁表示喂狗一次；

⑥ 按下开发板 BOOT 键，进入看门狗复位过程，超级终端显示：

```
- - EM - LPC1100 - -
- - Feed watchdog timer to prevent it from timeout test - -
WatchDog Reset!
```

同时，可以看到 LED 灯 D5、D6 和 D7 被点亮，表面经历过看门狗复位过程。

⑦ 再次按下 Reset 键则进入⑤描述的状态；再次按下 BOOT 键则将会进入⑥描述的状态。

第7章

LPC1110 处理器通信接口

目前 LPC1110 系列处理器带有基本通信接口 UART、I²C 和 SPI，另外在最新发布的 LPC11C1x 处理器中增加了 CAN 接口，在 LPC11U1x 处理器增加了 USB 接口。本章将以 EM－LPC1100LK 开发套件中的 LPC1100 评估板为对象，分别介绍 UART、I²C、SPI 通信接口，每个通信接口都会给出相应的应用实例。

7.1 通用异步收发器 UART

LPC1110 系列处理器有一个符合 SC16C550 工业标准的异步串行口（UART）。另外，此 UART 增加了调制解调器（Modem）接口，其中，DSR、DCD 和 RI 信号是只在 LQFP48 和 PLCC44 封装中配置了引脚。

7.1.1 概 述

LPC1110 处理器的 UART 具有以下特性：

- 16 字节收发 FIFO。
- 寄存器位置符合'550 工业标准。
- 接收器 FIFO 触发点可为 1、4、8 和 14 字节。
- 内置波特率发生器。
- UART 允许软件或硬件实现流控制。
- 支持 RS485/EIA－485 的 9 位模式。
- 调制解调器控制。

UART 的引脚如表 7－2 所列，也可参考 4.2 节的表 4－39。

调制解调器输入 DSR、DCD 和 RI 均可在两个不同的引脚上复用。通过使用 IOCON_LOC 寄存器为这些功能选择引脚的位置，然后再通过 IOCON 寄存器选择功能。

DTR 输出也可以配置在 2 个不同的引脚位置上，DTR 的输出值可同时在两个位置分别驱动，DTR 功能在哪个引脚上可以通过 IOCON 寄存器来确定。

表 7-1 UART 的引脚

引 脚	类 型	描 述	引 脚	类 型	描 述
RXD	输入	串行输入,串行接收数据	CTS	输入	清除发送
TXD	输出	串行输出,串行发送数据			
RTS	输出	请求发送,RS485 方向控制引脚	DCD	输入	数据载波检测(仅 LQFP48、PLCC44 封装配置)
DTR	输出	数据终端就绪			
DSR	输入	数据设备就绪(仅 LQFP48、PLCC44 封装配置)	RI	输入	振铃指示(仅 LQFP48、PLCC44 封装配置)

通过 AHBCLKCTRL 寄存器控制 UART 模块的时钟可实现禁止或允许 UART,外设 UART 时钟(由 UART 波特率发生器使用)则通过 UARTCLKDIV 寄存器来控制。

UART_PCLK 时钟信号能通过 UARTCLKDIV 寄存器来禁止,同时,为了降低功耗还可以通过系统 AHB 时钟控制寄存器的第 12 位来关闭 UART 模块。注意,在 UART 时钟被允许之前,必需在相应的 IOCON 寄存器对 UART 引脚进行配置。

7.1.2 功能描述

LPC1110 处理器的 UART 模块内部结构如图 7-1 所示,由 APB 接口提供 CPU 或主机与 UART 之间的通信连接。UART 相关功能寄存器的基地址是 0x4000 8000。

如图 7-1 所示,UART 接收器模块 U0RX 监视串行输入线 RxD0 的有效输入。UART RX 移位寄存器(U0RSR)通过 RXD0 接收有效的字符。当 U0RSR 接收到一个有效字符时,它将该字符传送到 UART RX 缓存寄存器 FIFO 中,等待 CPU 或主机通过主机接口进行访问。

接收 FIFO 队列包含了最早接收到的字符,可通过总线接口读出。LSB(位 0)代表最早接收到的数据位。如果接收到的字符小于 8 位,则未使用的 MSB 填充为 0。UART 接收缓冲寄存器 U0RBR 就是 UART 接收 FIFO 队列最高字节。U0RBR 为只读寄存器,其偏移地址为 0x00,复位值未定义。位定义如表 7-2 所列。如果要访问 U0RBR,则 U0LCR 寄存器的除数锁存访问位(DLAB)必须为 0。

由于 U0LSR 寄存器的 PE、FE 和 BI 位(见表 7-9)与 RBR FIFO 顶端的字节相对应(即下次读 RBR 时,读出的字节),因此,将接收的字节及其状态位成对读出的正确方法是先读 U0LSR、再读 U0RBR。

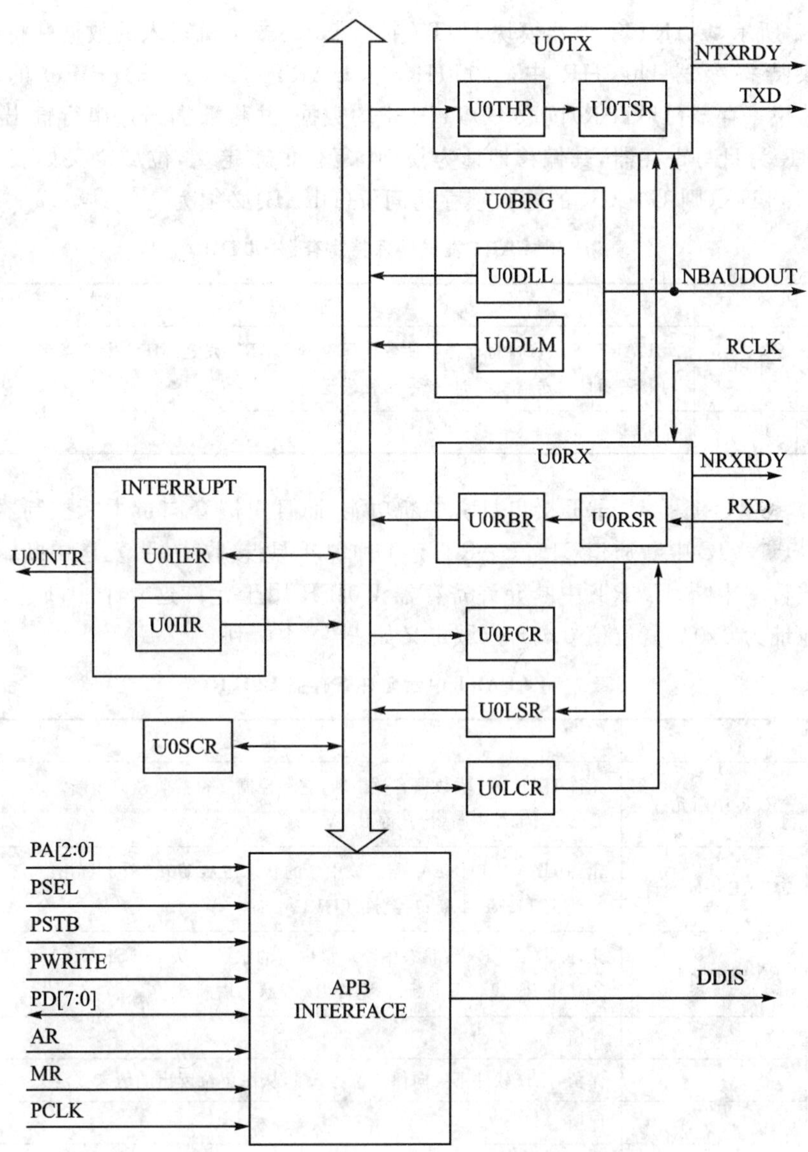

图 7-1 通用异步收发器 UART 的内部结构

表 7-2 UART 接收器缓存寄存器 U0RBR

位 域	符 号	描 述
[7：0]	RBR	UART Rx FIFO 当中最早接收到的字节
[31：8]	—	保留

如图 7-1 所示，UART 发送器模块 U0TX 接收 CPU 或主机写入的数据并将数据缓存到 UART TX 保持寄存器 U0THR 中，U0THR 是 UART TX(发送) FIFO 的最高字节。UART TX 移位寄存器(U0TSR)读取 U0THR 中的数据，并将数据通过串行输出引脚 TXD0 发出。U0THR 为只写寄存器，其偏移地址为 0x00，复位值未定义，位域定义如表 7-3 所列。如果要访问 U0THR，则 U0LCR 的除数锁存访问位(DLAB)必须为 0。

表 7-3　UART 发送器保持寄存器 U0THR

位　域	符　号	描　述
[7 : 0]	RBR	写 UART 发送保持寄存器将使数据保存到 UART 发送 FIFO 中。当字节到达 FIFO 的最底部且发送器就绪时，该字节被发送
[31 : 8]	—	保留

LPC1100 系列处理器 UART 接口具有中断功能，而且由嵌套向量中断控制器(NVIC)管理，UART 位于 NVIC 中断通道 21。UART 有 4 种中断源：接收中断、发送中断、接收线状态中断和自动波特率中断，UART 中断允许寄存器 U0IER 用于允许这 4 个中断源。U0IER 寄存器的偏移地址为 0x04，复位值 0x00，位域定义如表 7-4 所列。

表 7-4　UART 中断允许寄存器 U0IER

位　域	符　号	描　述
0	RBR 中断允许	允许 UART 接收数据有效中断，它还控制字符接收超时中断。 0：禁止 RDA 中断；1：允许 RDA 中断
1	THRE 中断允许	允许 UART THRE 中断。该中断的状态可从 U0LSR[5]读出。 0：禁止 THRE 中断；1：允许 THRE 中断
2	RX 线中断允许	允许 UART Rx 线状态中断。该中断的状态可从 U0LSR[4 : 1]中读出。 0：禁止 Rx 线状态中断；1：允许 Rx 线状态中断
3	—	保留
[6 : 4]	—	保留，用户软件不要向保留位写入 1，从保留位读出的值未被定义
7	—	保留
8	ABEOIntEn	允许自动波特率结束中断。 0：禁止自动波特率结束中断；1：允许自动波特率结束中断
9	ABTOIntEn	允许自动波特率超时中断 0：禁止自动波特率超时中断；1：允许自动波特率超时中断
[31 : 10]	—	保留，用户软件不要向保留位写入 1，从保留位读出的值未被定义

当 UART 中断发生之后，可以通过读 UART 中断标志寄存器 U0IIR 来获取挂起中断的中断源和优先级。U0IIR 寄存器是只读寄存器，其偏移地址为 0x08，复位值为 0x01，位域定义如表 7-5 所列。在访问 U0IIR 过程中，中断被冻结。注意，如果在访问 U0IIR 时产生了中断，则该中断被记录，下次 U0IIR 访问可读出。

表 7-5　UART 中断标识寄存器 U0IIR

位 域	符 号	描 述
0	IntStatus	中断状态。U0IIR[0]为低有效。挂起的中断可通过 U1IIR[3：1]来确定 0：至少有 1 个中断被挂起；1：没有挂起的中断
[3：1]	IntId	中断标识。U0IER[3：1]指示对应于 UART Rx FIFO 的中断 011：1－接收线状态(RLS) 010：2a－接收数据可用(RDA) 110：2b－字符超时指示(CTI) 001：3－THRE 中断 000：4－Modem 中断 未列出的 U0IER[3：1]的其他组合都为保留值(100、101、111)
[5：4]	—	保留，用户软件不要向保留位写入 1，从保留位读出的值未被定义
[7：6]	FIFO Enable	这些位等效于 U0FCR[0]
8	ABEOInt	自动波特率结束中断。如果自动波特率成功完成且中断被允许，则 ABEOInt 为 1
9	ABTOInt	自动波特率超时中断。如果波特率未超时且中断被允许，则 ABTOInt 为 1
[31：10]	—	保留，用户软件不要向保留位写入 1，从保留位读出的值未被定义

位 U0IIR[9：8]通过自动波特率功能设置、指示超时或自动波特率结束。设置自动波特率控制寄存器的 Clear 位，将清除自动波特率中断条件。

如果 U0IIR 寄存器的 IntStatus 位为 1 且没有中断挂起，则 IntId 位会是 0。如果 IntStatus 是 0，且有一个非自动波特率中断被挂起，在这种情况下 IntId 位标识中断类型，其处理过程如表 7-6 所列。通过 U0IIR[3：0]的状态，中断处理程序可以确定中断产生的原因和如何清除激活的中断。为了清除中断优先级，在退出中断服务程序之前必须读 U0IIR。注意，在表 7-5 中，未列出的 U0IIR[3：0]组合值均保留。

表 7-6　UART 中断处理

U0IIR[3：0]	优先级	中断类型	中断源	中断复位
0001	—	无	无	—

续表 7-6

U0IIR[3:0]	优先级	中断类型	中断源	中断复位
0110	最高	RX 线 状态/错误	OE 或 PE 或 FE 或 BI	读 U0LSR
0100	第 2	RX 数据有效	Rx 数据有效或 FIFO 达到触发等级(U0FCR0=1)	读 U0RBR 或 UART FIFO 达到触发等级
1100	第 2	字符超时指示	Rx FIFO 包含至少 1 个字符且在一段时间内无字符输入或移出,该时间的长短取决于 FIFO 中的字符数以及设置的触发等级值(在 3.5～4.5 字符的时间之间) 实际时间为:[(字长度)×7－2]×8＋[(触发值－字符数)×8＋1] RCLK	读 U0RBR
0010	第 3	THRE	THRE	读 U0IIR(如果是中断源)或 THR 写操作

在表 7-5 中,最高优先级的中断是 UART 接收线状态中断(RLS 中断)(U0IIR[3:1]=011)。任何时候,只要 UART Rx 输入产生 4 个错误条件(溢出错误(OE)、奇偶错误(PE)、帧错误(FE)和间隔中断(BI))中的任意一个,则该中断标志将被置位。产生该中断的 UART Rx 错误条件可通过查看 U0LSR[4:1]得到。当读取 U0LSR 时清除该中断。

UART 接收数据可用中断(RDA 中断,U0IIR[3:1]=010)与 CTI 中断(U0IIR[3:1]=110)共用第 2 优先级。当 UART Rx FIFO 到达 U0FCR[7:6]所定义的触发点时,RDA 被激活。当 UART Rx FIFO 的深度低于触发点时,RDA 复位。当 RDA 中断激活时,CPU 可读出由触发点所定义的数据块。

UART 字符超时,则中断(CTI 中断,U0IIR[3:1]=110)也为第 2 优先级中断。当 UART Rx FIFO 包含至少 1 个字符并且在接收 3.5～4.5 字符的时间内没有发生 UART Rx FIFO 动作时,该中断置位。UART Rx FIFO 的任何动作(读或写 UART RSR)都将清除该中断。在接收到的信息不是触发等级值的倍数时,CTI 中断将会清空 UART RBR。例如,如果一个外设想要发送一个 105 个字符的信息,触发等级值为 10 个字符;那么 CPU 将接收 10 个 RDA 中断,完成 100 个字符的传输;之后 CPU 将收到 1～5 个 CTI 中断(取决于服务程序),完成剩下 5 个字符的传输。

UART 发送中断(THRE 中断,U0IIR[3:1] = 001)是第 3 优先级中断。当 UART THR FIFO 为空,且满足特定的初始化条件时,该中断激活。这些初始化条件将使 UART THR FIFO 被数据填充,以免在系统启动时产生许多 THRE 中断。在上一次 THRE=1 事件之后,若 U0THR 中没有至少 2 个或 2 个以上字符时,当 THRE=1 时,在延时一个字符减一个停止位的时间后发送 THRE 中断。如果在发送 FIFO 中有过 2 个字节或以上的数据,但是现在发送 FIFO 为空时，则立即触发发送中断。当 U0THR 写操作或 U0IIR 读操作发生，且 THRE 为最高优先级中断时，THRE 中断复位。

UART Rx 和 UART Tx 的 FIFO 的操作由 UART FIFO 控制寄存器 U0FCR 寄存器控制，该寄存器只写，其偏移地址为 0x08，复位值为 0x00，位域定义如表 7-7 所列。

表 7-7 UART FIFO 控制寄存器 U0FCR

位 域	符 号	描 述
0	FIFO 允许	0:UART FIFO 被禁止。在应用中必须不能被使用； 1:高电允许对 UART Rx 和 Tx FIFO 以及 U0FCR[7:1]的访问。该位必须设置以实现正确的 UART 操作。该位的任何变化都将使 UART FIFO 自动清空
1	RX FIFO 复位	0:对两个 UART FIFO 都无影响 1:写 1 到 U0FCR[1]，则清 0 UART Rx FIFO 中的所有字节并复位指针逻辑，该位自动清 0
2	TX FIFO 复位	0:对两个 UART FIFO 都无影响 1:写 1 到 U0FCR[2]，则清 0 UART Tx FIFO 中的所有字节并复位指针逻辑，该位自动清 0
[5:3]	—	保留，用户软件不要向保留位写入 1 从保留位读出的值未被定义
[7:6]	Rx 触发等级	此两位决定在激活中断前，接收器 UART FIFO 必须写入多少个字符 00:触发点 0(1 个字符或 0x01)；01:触发点 1(4 个字符或 0x04) 10:触发点 2(8 个字符或 0x08)；01:触发点 3(14 个字符或 0x0E)
[31:8]	—	保留

UART 的数据格式由 UART 线控制寄存器 U0LCR 设置，该寄存器的偏移地址为 0x0C，复位值为 0x00，位域定义如表 7-8 所列。

表 7-8 UART 线控制寄存器 U0LCR

位 域	符 号	描 述
[1:0]	字长选择	00:5 位字符长度；01:6 位字符长度 10:7 位字符长度；11:8 位字符长度
2	停止位选择	0:1 个停止位 1:2 个停止位(如果 U0LCR[1:0]=00 则为 1.5 个)
3	校验位允许	0:禁止奇偶产生和校验 1:允许奇偶产生和校验
[5:4]	校验位选择	00:奇校验；01:偶校验 10:校验位强制为“1”；11:校验位强制为“0”

续表 7-8

位　域	符　号	描　述
6	间隔控制	0:禁止间隔发送。 1:允许间隔发送。当 U0LCR[6]为高电平有效时,输出引脚 UART TxD 强制为逻辑 0
7	除数锁存访问	0:禁止访问除数锁存 1:允许访问除数锁存
[31:8]	—	保留

UART Tx 和 Rx 模块的状态信息可以通过读取 UART 线状态寄存器 U0LSR 来获取,该寄存器只读寄存器,其偏移地址为 0x014,复位值为 0x060,位域定义如表 7-9 所列。

表 7-9　UART 线状态寄存器 U0LSR

位　域	符　号	描　述
0	接收器数据准备好(RDR)	当 U0RBR 包含未读取的字符时,U0LSR[0]置位;当 UART RBR FIFO 为空时,U0LSR[0]清 0。 0:U0RBR 为空;1:U0RBR 包含有效数据
1	溢出错误(OE)	溢出错误条件在溢出错误发生后立即设置。读 U0LSR 操作将清 0 U0LSR[1]。当 UART RSR 已经有新的字符组合,而 UART RBR FIFO 已满时,U0LSR[1]置位。此时 UART RBR FIFO 不会被覆盖,UART RSR 中的字符将丢失 0:溢出错误状态未被激活;1:溢出错误状态被激活
2	校验错误(PE)	当接收字符的校验位为错误状态时产生一个奇偶错误。读 U0LSR 操作将清 0 U0LSR[2]位。奇偶错误检测时间取决于 U0FCR[0]。注意,奇偶错误与 UART RBR FIFO 中顶部的字符相关 0:奇偶错误状态未被激活;1:奇偶错误状态被激活
3	帧错误(FE)	当接收字符的停止位为 0 时,产生帧错误。读 U0LSR 操作将清 0 U0LSR[3]。帧错误检测时间取决于 U0FCR0。当检测到一个帧错误时,Rx 将试图与数据重新同步,并假设错误的停止位实际是一个超前的起始位。但是,即使没有出现帧错误,它也不能假设下一个接收到的字节是正确的。注意,帧错误与 UART RBR FIFO 中顶部的字符相关 0:帧错误状态未被激活;1:帧错误状态被激活

续表 7-9

位 域	符 号	描 述
4	间隔中断	在发送整个字符(起始位、数据位、校验位和停止位)过程中 RxD1 如果都保持逻辑 0,则产生间隔中断。当检测到间隔条件时,接收器立即进入空闲状态直到 RxD1 变为全 1 状态。读 U0LSR 操作将清 0 该状态位。间隔检测的时间取决于 U0FCR[0] 注意,间隔中断与 UART RBR FIFO 中顶部的字符相关 0:间隔中断未被激活;1:间隔中断被激活
5	发送器保持寄存器空 (THRE)	当检测到 UART THR 空时,THRE 置位,U0THR 写操作将清 0 该位。 0:U0THR 包含有效数据;1:U0THRE 为空
6	发送器空 (TEMT)	当 U0THR 和 U0TSR 为空时,THRE 置位;U0THR 或 U0TSR 包含有效数据将清 0 该位 0:U0THR 和/或 U0TSR 包含有效数据;1:U0THR 和 U0TSR 为空
7	Rx FIFO 错误 (RXFE)	当一个带有 Rx 错误(如帧错误、奇偶错误或间隔中断)的字符装入 U0RBR 时,U0LSR[7]被置位。当读取 U0LSR 寄存器并且 UART FIFO 中不再有错误时,U0LSR[7]被清 0。 0:U0RBR 中没有 UART Rx 错误,或 U0FCR[0]=0 1:UART RBR 包含至少一个 UART Rx 错误 0
[31:8]	—	保留

如图 7-1 所示,UART 模块中有一个 UART 暂存寄存器 U0SCR,用户可以对该寄存器自由读或写。该寄存器的偏移地址为 0x01C,复位值为 0x00,位域定义如表 7-10 所列。在 UART 操作时,U0SCR 无效;且中断接口不向主机提供 USCR 所发生的读或写操作的指示。

表 7-10 UART 暂存寄存器 U0SCR

位 域	符 号	描 述
[7:0]	Pad	一个可读可写的字节
[31:8]	—	保留

UART 模块的波特率可以通过 UART 除数锁存 LSB 寄存器 U0DLL、MSB 寄存器 U0DLM 和 UART 分数分频寄存器 U0FDR 来设置,下面将分别介绍。

UART 除数锁存是 UART 波特率发生器的一部分,并且保持使用的值,与分数分频器一起对 UART_PCLK 时钟分频来产生波特率时钟,波特率时钟是波特率的 16 倍。U0DLL 和 U0DLM 寄存器一起构成一个 16 位除数,其中,U0DLL 包含除数的低 8 位,U0DLM 包含除数的高 8 位；值 0x0000 看作是 0x0001，因为除数不允许为 0。当访问 UART 除数锁存寄存器时，U0LCR 中的除数锁存访问位（DLAB）必须为 1。U0DLL 的偏移地址为 0x00，复位值为 0x01，位域定义如表 7－11 所列；U0DLM 的偏移地址为 0x04，复位值为 0x00，位域定义如表 7－12 所列。

表 7－11　UART 除数锁存 LSB 寄存器 U0DLL（当 DLAB＝1）

位	符　号	描　述
[7：0]	DLMSB	UART 除数锁存 LSB 寄存器与 U0DLM 寄存器一起决定 UART 的波特率
[31：8]	—	保留

表 7－12　UART 除数锁存 MSB 寄存器 U0DLM（当 DLAB＝1）

位	符　号	描　述
[7：0]	DLLSB	UART 除数锁存 MSB 寄存器与 U0DLL 寄存器一起决定 UART 的波特率
[31：8]	—	保留

在不使用分数分频器的情况下（是默认情况），目标波特率为：BaudRate＝Fpclk/（U0DLM：U0DLL），其中（U0DLM：U0DLL）是由 U0DLL 和 U0DLM 一起构成的 16 位除数。

UART 分数分频寄存器（U0FDR）控制用于产生波特率的时钟预分频器，并可被用户读/写。该预分频器根据指定的分数，使用 APB 时钟来产生一个输出时钟。注意，如果分数分频被激活（DIVADDVAL＞0）且 DLM＝0，则 DLL 寄存器的值必须大于或等于 3。该寄存器偏移地址为 0x028，复位值为 0x10，位域定义如表 7－13 所列。

表 7－13　UART 分数分频寄存器 U0FDR

位	符　号	描　述
[3：0]	DIVADDVAL	用于波特率生成的预分频除数值。如果该字段为 0，则分数波特率发生器将不会影响 UART 波特率
[7：4]	MULVAL	波特率预分频乘数值。不管分数波特率发生器是否使用，该字段必须大于或等于 1 以使 UART 正常操作
[31：8]	—	保留，用户软件不要向保留位写入 1 从保留位读出的值未被定义

该寄存器控制用于波特率生成的时钟预分频器。该寄存器的复位值保持为 UART 分数功能被禁止时的值，以确保在软件和硬件上与无此特性的 UART 完全兼容。当使用分数分频寄存器时，可用下式计算 UART 波特率：

$$\mathrm{UART_{baudrate}} = \frac{\mathrm{PCLK}}{16 \times (256 \times \mathrm{U0DLM} + \mathrm{U0DLL}) \times \left(1 + \frac{\mathrm{DivAddVal}}{\mathrm{MulVal}}\right)}$$

其中，UART_PCLK 为外围时钟，U0DLM 和 U0DLL 为标准 UART 波特率除数寄存器，DIVADDVAL 和 MULVAL 为 UART 分数波特率发生器特定参数。

MULVAL 和 DIVADDVAL 的值应遵循以下的条件：

- 1≤MULVAL≤15；
- 0≤DIVADDVAL≤14；
- DIVADDVAL< MULVAL。

正在发送/接收数据时，不应修改 U0FDR 的值；否则，数据可能丢失或被破坏。如果 U0FDR 寄存器值不遵循这两个要求，那么分数分频输出是未定义的。如果 DIVADDVAL 为 0，那么分数分频禁止且时钟将不会被分频。

无论是否使用分数分频器，UART 都可以工作。在现实的应用程序中，可能有若干种分数分频器设置可实现要求的波特率。图 7－2 描述了一种设置 DLM、DLL、MULVAL 和 DIVADDVAL 值的方法，和要求的值相比，按表 7－14 设置参数所得到的波特率相对误差小于 1.1%。

表 7－14　分数分频器设置查询表

FR	DivAddVal/MulVal	FR	DivAddVal/MulVal	FR	DivAddVal/MulVal	FR	DivAddVal/MulVal
1.000	0/1	1.250	1/4	1.500	1/2	1.750	3/4
1.067	1/15	1.267	4/15	1.533	8/15	1.769	10/13
1.071	1/14	1.273	3/11	1.538	7/13	1.778	7/9
1.077	1/13	1.286	2/7	1.545	6/11	1.786	11/14
1.083	1/12	1.300	3/10	1.556	5/9	1.800	4/5
1.091	1/11	1.308	4/13	1.571	4/7	1.818	9/11
1.100	1/10	1.333	1/3	1.583	7/12	1.833	5/6
1.111	1/9	1.357	5/14	1.600	3/5	1.846	11/13
1.125	1/8	1.364	4/11	1.615	8/13	1.857	6/7
1.133	2/15	1.375	3/8	1.625	5/8	1.867	13/15
1.143	1/7	1.385	5/13	1.636	7/11	1.875	7/8
1.154	2/13	1.400	2/5	1.643	9/14	1.889	8/9
1.167	1/6	1.417	5/12	1.667	2/3	1.900	9/10
1.182	2/11	1.429	3/7	1.692	9/13	1.909	10/11
1.200	1/5	1.444	4/9	1.700	7/10	1.917	11/12
1.214	3/14	1.455	5/11	1.714	5/7	1.923	12/13
1.222	2/9	1.462	6/13	1.727	8/11	1.929	13/14
1.231	3/13	1.467	7/15	1.733	11/15	1.933	14/15

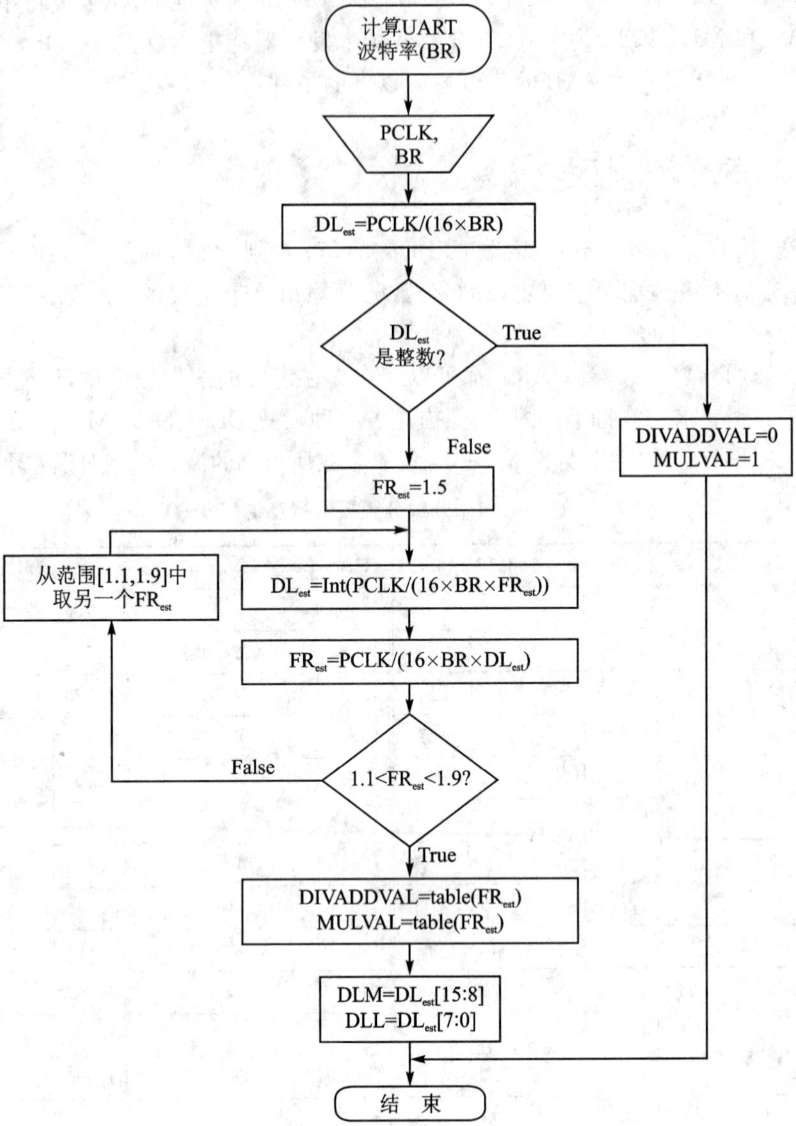

计算UART波特率(BR)

PCLK, BR

DL_{est}=PCLK/(16×BR)

DL_{est}是整数?

True

DIVADDVAL=0
MULVAL=1

False

FR_{est}=1.5

从范围[1.1,1.9]中取另一个FR_{est}

DL_{est}=Int(PCLK/(16×BR×FR_{est}))

FR_{est}=PCLK/(16×BR×DL_{est})

False

1.1<FR_{est}<1.9?

True

DIVADDVAL=table(FR_{est})
MULVAL=table(FR_{est})

DLM=DL_{est}[15:8]
DLL=DL_{est}[7:0]

结　束

图 7-2　设置 UART 分频器的算法

下面给出 2 个设置分数分频器的例子。

[例 1]　UART_PCLK＝14.745 6 MHz，波特率＝9 600。根据提供的算法 DL_{est}＝PCLK/(16×BR)＝14.745 6/(16×9 600)＝96，这个 DL_{est} 是一个整数，DIVADDVAL＝0，MULVAL＝1，DLM＝0，且 DLL＝96。

[例 2]　UART_PCLK＝12 MHz，波特率＝115 200。根据提供的算法 DL_{est}＝PCLK/

(16×BR)=12 MHz/(16×115 200) =6.51。这个 DL_{est} 不是一个整数,下一步要估计 FR 的参数。

使用初始估计 FR_{est}=1.5,新的 DL_{est}=4 计算出来,同时 FR_{est} 计算出来为 FR_{est}=1.628。因为 FR_{est}=1.628 是在 1.1~1.9 之间,DIVADDVAL 和 MULVAL 的值可以查表获取。在表 8-13 中,最接近 FR_{est}=1.628 的值是 FR=1.625,它相当于 DIVADDVAL=5 和 MULVAL=8。根据这些发现,建议 UART 的设置如下:DLM=0、DLL=4、DIVADDVAL=5 和 MULVAL=8。根据前述的有分数分频器的波特率计算公式可得,UART 的波特率应该是 115 384。这个波特率和原始指定的 115 200 相对误差为 0.16%。

另外,UART 模块还具有自动波特率功能,可用于测量基于 AT 协议(Hayes 命令)的输入波特率。如果允许,那么自动波特率特性将测量接收数据流的位时间,并设置除数锁存寄存器 U0DLM 和 U0DLL。为生成波特率,而对输入时钟/数据率进行测量的过程由 UART 自动波特率控制寄存器 U0ACR 进行控制。该寄存器的偏移地址为 0x020,复位值为 0x00,位域定义如表 7-15 所列。

表 7-15 自动波特率控制寄存器 U0ACR

位 域	符 号	描 述
0	Start	自动波特率结束后该位自动清 0 0:自动波特率停止(自动波特率未运行) 1:自动波特率启动(自动波特率正在运行)。自动波特率运行位。该位在自动波特率结束后自动清 0
1	Mode	自动波特率模式选择位 0:模式 0;1:模式 1
2	AutoRestart	0:不重新启动;1:如果超时则重新启动(计数器在下一个 UART Rx 下降沿重新启动)。
[7:3]	—	保留,用户软件不要向保留位写 1,从保留位读出的值未被定义
8	ABEOIntClr	自动波特率中断结束清 0 位(仅可写访问) 0:写 0 无效;1:写 1 将在 U1IIR 中清除相应的中断
9	ABTOIntClr	自动波特率超时中断清 0 位(仅可写访问)。 0:写 0 无效;1:写 1 将在 U0IIR 中清除相应的中断
[31:10]	—	保留,用户软件不要向保留位写 1,从保留位读出的值未被定义

如表 7-15 所列,通过设置 U0ACR 起始位来启动自动波特率;通过清 0 U0ACR 起始位来停止自动波特率。一旦自动波特率结束,起始位将清 0,并且读该位将返回自动波特率的状态(等待/完成)。

通过 U0ACR 模式位来选择两种自动波特率测量模式。在模式 0 中,波特率在 UART

Rx 引脚的两个连续下降沿上测量(起始位的下降沿和最低位的下降沿);在模式 1 中,波特率在 UART Rx 引脚的下降沿和后续的上升沿之间测量(起始位的长度)。这两种模式的测量过程可参见图 7－3 和图 7－4。

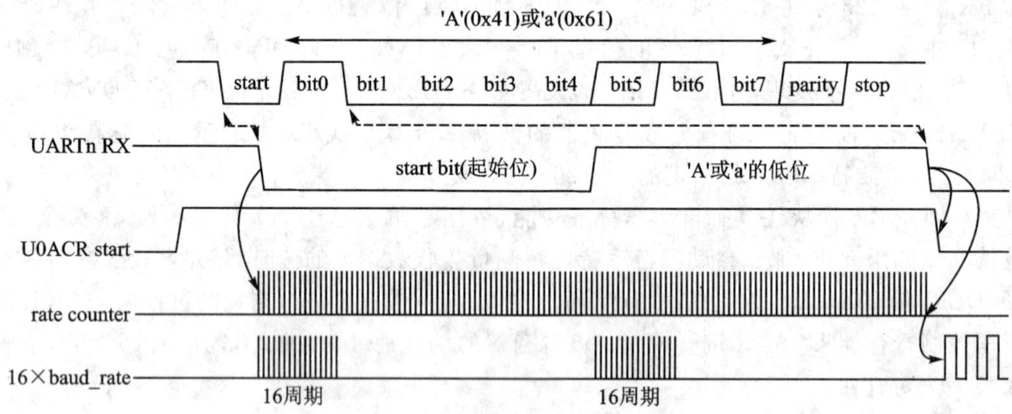

图 7－3　自动波特率模式 0 波形

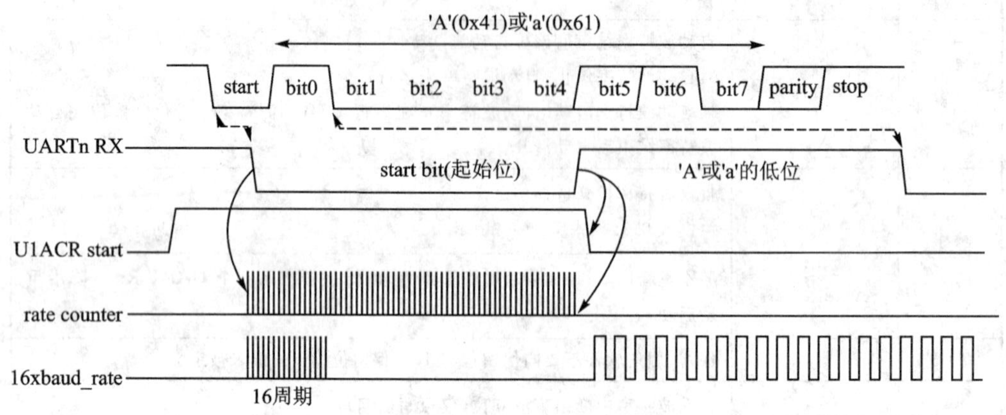

图 7－4　自动波特率模式 1 波形

如果出现超时(速率测量计数器溢出),则 U0ACR AutoRestart 位可用于自动重新启动速率测量。如果该位置位,则速率测量将在 UART Rx 引脚的下一个下降沿重新启动。

自动波特率功能可产生两种中断:

- 如果中断允许,则设置 U0IIR ABTOInt 中断(U0IER ABToIntEn 被置位,且自动波特率测量计数器溢出)。
- 如果中断允许,则设置 U0IIR ABEOInt 中断(U0IER ABEoIntEn 被置位,且自动波特率成功完成)。

通过设置 U0ACR 相应的 ABTOIntClr 和 ABEOIntClr 位来清除自动波特率中断。

在自动波特率期间，分数波特率发生器被禁止(DIVADDVAL=0)。也就是说，使用自动波特率时，任何写 U0DLM 和 U0DLL 寄存器的操作都应在写 U0ACR 寄存器之前完成。UART0 支持的波特率最小和最大值由 UART_PCLK、数据位的个数、停止位和校验位决定，如下式所列：

$$rate_{min} = \frac{2 \times PCLK}{16 \times 2^{15}} \leqslant UART_{baudrate} \leqslant \frac{PCLK}{16 \times (2 + 数据位 + 奇偶位 + 停止位)} = rate_{max}$$

当软件正在期望"AT"命令时，用期望的字符格式配置 UART 并设置 U0ACR 起始位。这里可以不用关心除数锁存器 U0DLL 和 U0DLM 的初始值。由于"A"或"a"的 ASCII 编码是"A"=0x41 或"a"=0x61，因此，UART Rx 引脚可通过检测起始位以及所期望字符的 LSB 是两个下降沿来确定 AT 命令。当 U0ACR 起始位置位时，自动波特率协议将执行以下过程：

① 在 U0ACR 起始位置位时，速率测量计数器及 UART U0RSR 复位。U0RSR 波特率切换为最高的速率。

② UART Rx 引脚下降沿触发起始位的开始。速率测量计数器将开始对 PCLK 计数。

③ 在起始位的接收过程中，RSR 的波特率输入端将根据 UART 输入时钟频率产生 16 个脉冲，保证起始位存储在 U0RSR 中。

④ 在接收起始位(和模式 0 的字符 LSB)的过程中，速率计数器将按照预分频的 UART 输入时钟(UART_PCLK)增加。

⑤ 如果 Mode=0，那么速率计数器将在 UART Rx 引脚的下一个下降沿停止。如果 Mode=1，那么速率计数器将在 UART Rx 引脚的下一个上升沿停止。

⑥ 速率计数器装入到 U0DLM/U0DLL，且波特率自动切换为正常操作模式。设置完 U0DLM/U0DLL 后，如果允许，则 U0IIR ABEOInt(自动波特率结束中断)被置位。U0RSR 将继续接收"A/a"字符剩下的位。

LPC1100 处理器的 UART 模块支持标准 modem 接口信号，其中，modem 输出信号由 UART Modem 控制寄存器 U0MCR 控制，此外还可以允许 modem 回环模式。该寄存器的偏移地址为 0x010，复位值为 0x00，位域定义如表 7-16 所列。

表 7-16 UART Modem 控制寄存器 U0MCR

位 域	符 号	描 述
0	DTR 控制	modem 输出引脚 DTR 的源，该位在回环模式激活时读出为 0
1	RTS 控制	modem 输出引脚 RTS 的源，该位在回环模式激活时读出为 0
[3:2]	—	保留，用户软件不要向保留位写入 1，从保留位读出的值未被定义

续表 7-16

位 域	符 号	描 述
4	回环模式选择	modem 回环模式提供了一个执行回环测试的诊断机制。发送器输出的串行数据在内部与接收器的串行输入端相连接。输入脚 RxD 对回环模式无影响,输出脚 TxD 总保持为标记状态。4 个 modem 输入(CTS、DSR、RI 和 DCD)与外部断开。从外部来看,modem 的输出端(RTS、DTR)无效。在内部,4 个 modem 输出连接到 4 个 modem 输入。这样连接的结果是 U0MSR 的高 4 位由 U0MCR 的低 4 位驱动,而不是在正常模式下由 4 个 modem 输入驱动。这样在回环模式下,就可通过写 U0MCR 的低 4 位来允许 modem 状态中断的产生 0:禁止 modem 回环模式;1:允许 modem 回环模式
5	—	保留,用户软件不要向保留位写入 1,从保留位读出的值未被定义
6	RTSen	0:禁止自动 RTS 流控制 1:允许自动 RTS 流控制
7	CTSen	0:禁止自动 CTS 流控制 1:允许自动 CTS 流控制
[31:8]	—	保留,用户软件不要向保留位写入 1,从保留位读出的值未被定义

如果自动 RTS 模式被允许,那么 UART 的接收器 FIFO 硬件控制 UART 的 RTS 输出。如果自动 CTS 模式被允许,若 CTS 输入信号有效,那么 UART 的 U0TSR 硬件将只启动发送。下面将分别介绍自动 RTS 模式和自动 CTS 模式。

(1) 自动 RTS

通过设置 U0MCR 寄存器(表 7-16)的 CTSen 位来允许自动 RTS 功能。自动 RTS 数据流控制在 U0RBR 模块中产生,并与已编程的接收 FIFO 触发等级相链接。如果自动 RTS 被允许,则数据流按以下方式控制:

当接收 FIFO 的字节数到达设置的触发等级时,RTS 无效(变为高)。发送 UART 可在达到触发等级后发送一个额外的字节(假设发送的 UART 有另一个字节要发送),因为它可能不知道 RTS 的无效直至它开始发送额外的字节之后。一旦接收 FIFO 到达原来的触发等级,RTS 就自动重新有效(变低)。RTS 的重新有效将指示正处在发送的 UART 继续发送数据。

如果自动 RTS 模式被禁止,那么 RTSen 位控制 UART 的 RTS 输出。如果自动 RTS 模式被允许,那么硬件控制 RTS 输出,且 RTS 的实际值将在 UART 的 RTSen 位中被复制。只要自动 RTS 被允许,则对于软件 RTSen 位的值只可读。

例如:假设 UART 工作于 type550 模式,在 U0FCR 中设置触发等级为 0x2,那么若自动 RTS 被允许,一旦接收 FIFO 包含 8 字节,UART 将使 RTS 输出无效。一旦接收 FIFO 到达原来的触发等级:4 个字节,那么 RTS 输出就重新有效。自动 RTS 功能的时序如图 7-5 所示。

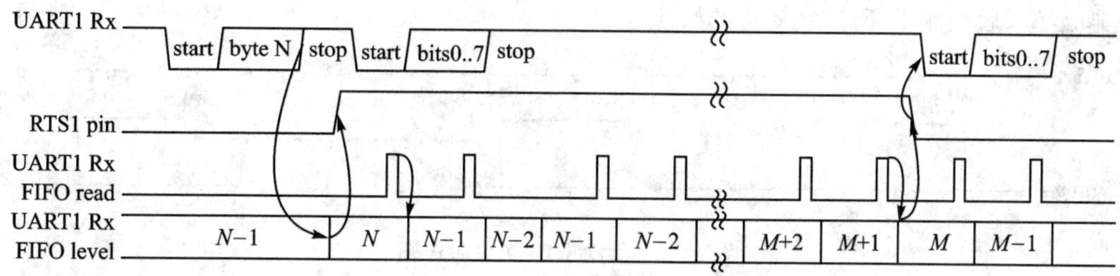

图 7-5 自动 RTS 功能时序图

(2) 自动 CTS

通过设置 U0MCR 寄存器(表 7-16)的 CTSen 位来允许自动 CTS 功能。如果自动 CTS 被允许,则 U0TSR 模块中的发送器电路在发送下一个数据字节之前检查 CTS 输入。当 CTS 有效(低电平)时,发送器发送下一个字节。为了停止发送器发送后面的字节,CTS 必须在当前发送最后一个停止位的中间之前被释放。在自动 CTS 模式中,CTS 信号的变化不会触发 modem 状态中断,除非 CTS 中断允许位置位,但 U0MSR 中的 Delta CTS 位将被置位。表 7-17 列出产生 modem 状态中断的条件。

表 7-17 modem 状态中断产生

允许 modem 状态中断 (U0IER[3])	CTSen (U0MCR[7])	CTS 中断允许 (U0IER[7])	Delta CTS (U0MSR[0])	Delta DCD 或后沿 RI 或 Delta DSR(U0MSR[3]或 U0MSR[2] 或 U0MSR[1])	modem 状态中断
0	x	x	x	x	否
1	0	x	0	0	否
1	0	x	1	x	是
1	0	x	x	1	是
1	1	0	x	0	否
1	1	0	x	1	是
1	1	1	0	0	否
1	1	1	1	x	是
1	1	1	x	1	是

自动 CTS 功能减少了主机系统的中断。当流控制允许时,CTS 状态变化不触发主机中断,因为设备自动控制其自身的发送器。没有自动 CTS,则将导致发送器发送任何出现在 TX FIFO 中的数据,以及接收器溢出错误。

图 7-6 为自动 CTS 功能的时序。字符发送时,CTS 信号有效。一旦待处理的传输结束,传输就停止。只要 CTS 无效(高电平),UART 就继续发送 1 位。一旦 CTS 无效,传输恢复并

发送起始位，后面跟着下一个字符的数据位。

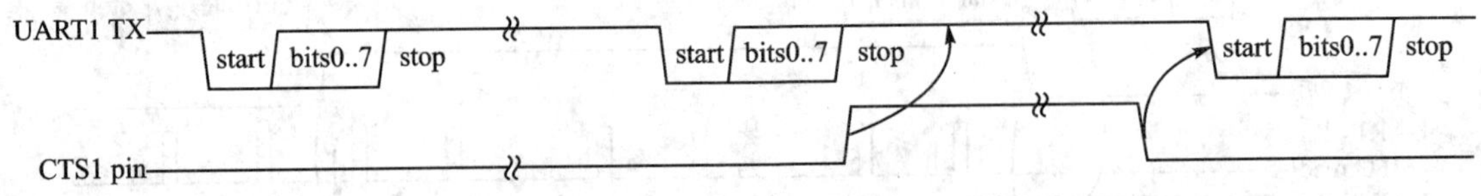

图 7-6　自动 CTS 功能时序图

UART 模块的标准 modem 接口输入信号，可以通过读取 UART Modem 状态寄存器 U0MSR 获得。该寄存器是一个只读寄存器，偏移地址为 0x018，复位值为 0x00，位域定义如表 7-18 所列。U0MSR[3：0]在读取 U0MSR 时被清 0。需要注意的是，modem 信号对 UART 的操作没有直接影响。该寄存器用于帮助 Modem 信号的软件实现。

表 7-18　UART Modem 状态寄存器 U0MSR

位　域	符　号	描　述
0	Delta CTS	当输入 CTS 状态发生变化时，该位置位。读 U0MSR 时清 0 该位。 0：没有检测到 modem 输入 CTS 上的状态变化。 1：检测到 modem 输入 CTS 上的状态变化
1	Delta DSR	当输入 DSR 状态发生变化时，该位被置位。读 U0MSR 时清 0 该位。 0：没有检测到 modem 输入 DSR 上的状态变化。 1：检测到 modem 输入 DSR 上的状态变化
2	Trailing Edge RI	当输入 RI 发生低到高的跳变时，该位置位。读取 U0MSR 时清 0。 0：没有检测到 modem 输入 RI 上的状态变化。 1：检测到 modem 输入 RI 上低到高的跳变
3	Delta DCD	当输入 DCD 的状态发生变化时，该位置位。读取 U1MSR 时清 0。 0：没有检测到 modem 输入 DCD 上的状态变化。 1：检测到 modem 输入 DCD 上低到高的跳变
4	CTS	清除发送状态。输入信号 CTS 的补。在回环模式下，该位连接到 U0MCR[1]
5	DSR	数据设备就绪状态。输入信号 DSR 的补。在回环模式下，该位连接到 U0MCR[0]
6	RI	响铃指示状态。输入信号 RI 的补。在回环模式下，该位连接到 U0MCR[2]
7	DCD	数据载波检测状态。输入信号 DCD 的补。在回环模式下，该位连接到 U0MCR[3]
[31：8]	—	保留，用户软件不要向保留位写入 1，从保留位读出的值未被定义

LPC1100 的 UART 模块除配备了完整的硬件流控制（如前所述的自动 CTS 和自动 RTS 机制）之外，还可以通过 UART 发送允许寄存器 U0TER 来实现软件流控制。

U0TER 寄存器的偏移地址为 0x30，复位值为 0x80，位域定义如表 7-19 所列。当 TxEn＝1

时,如果 UART 发送器有效,则持续发送数据。当 TxEn 变成 0,则停止 UART 发送。

表 7-19 UART 发送允许寄存器 U0TER

位 域	符 号	描 述
[6:0]	—	保留,用户软件不要向该位写入 1。从保留位读出的值未被定义
7	TXEN	该位为 1(复位值)时,如果以前的数据都被发送,则写入 THR 的数据被输出到 TxD 引脚。如果一个字符正在发送时该位被清 0,则结束这个字符的发送,后面的字符也不再发送,直到该位重新置位。换言之,该位为 0 则终止 THR 或 Tx FIFO 到发送移位寄存器的字符传输。当检测到硬件握手 Tx 允许信号 CTS 出错或利用软件握手接收到一个 XOFF 字符(DC3)时,则软件清 0 该位。当检测到正确的 Tx 允许信号或接收到 XON 字符(DC1)时,软件又能将该位重新置位
[31:8]	—	保留,用户软件不要向保留位写入 1,从保留位读出的值未被定义

LPC1100 的 UART 模块支持 RS485/EIA-485 模式,使之可适用很多工业领域的通信。UART 模块的 UART RS485/EIA-485 模式的配置,由 UART RS485 控制寄存器 U0RS485CTRL 控制。该寄存器的偏移地址为 0x4C,复位值为 0x00,位域定义如表 7-20 所列。

表 7-20 UART RS485 寄存器 U0RS485CTRL

位 域	符 号	描 述
0	NIMMEN	0:RS485/EIA-485 普通多点模式(NMM)被禁止 1:RS485/EIA-485 普通多点模式(NMM)允许。在该模式下,当接收到的字节是地址时,将会导致 UART 设置校验错误并产生一个中断
1	RXDIS	0:接收器被允许 1:接收器被禁止
2	AADEN	0:自动地址检测(AAD)被禁止 1:自动地址检测(AAD)被允许
3	SEL	0:如果方向控制被允许(位 DCTRL = 1),引脚 RTS 被用于方向控制 1:如果方向控制被允许(位 DCTRL = 1),引脚 DTR 被用于方向控制
4	DCTRL	0:禁止自动方向控制 1:允许自动方向控制
5	OINV	该位使在引脚 RTS (或 DTR)上的方向控制极性反转 0:当发送器已将数据发送出去时,方向控制引脚会被置为逻辑‘0’。当数据的最后一位也被发送出去之后它会被置为逻辑‘1’ 1:当发送器已将数据发送出去时,方向控制引脚会被置为逻辑‘1’。当数据的最后一位也被发送出去之后它会被置为逻辑‘0’

续表 7-20

位 域	符 号	描 述
[31:6]	—	保留,用户软件不要向保留位写入 1,从保留位读出的值未被定义

RS485 是支持多对多通信方式,因此 RS485 通信设备需要配置地址。U0ADRMATCH 寄存器用于配置 RS485/EIA-485 模式的地址匹配值。该寄存器的偏移地址为 0x50,复位值为 0x00,位域定义如表 7-21 所列。

用户可通过对 8 位 RS485DLY 寄存器编程来设置:最后一个停止位离开 TXFIFO 到 RTS(或 DTR)有效之间的延时。这段延时是在波特率时钟周期之内的。延时可编程设置为 0～255 个位时间。UART 的 RS485 延时值寄存器 U0RS485DLY 偏移地址为 0x54,复位值为 0x00,位域定义如表 7-22 所列。

表 7-21 UART RS485 地址匹配寄存器 U0ADRMATCH

位 域	符 号	描 述
[7:0]	ADRMATCH	地址匹配值
[31:8]	—	保留

表 7-22 UART RS485 延迟值寄存器 U0RS485DLY

位 域	符 号	描 述
[7:0]	DLY	包含方向控制(RTS 或 DTR)延迟值。该寄存器与一个 8 位计数
[31:8]	—	保留,用户软件不要向保留位写入 1,从保留位读出的值未被定义

RS485/EIA-485 的特性允许将 UART 配置成可寻址的从设备。可寻址的从设备是众多受控于主设备的从设备之一。每个 UART 从设备接收器都能够分配到一个不同的地址。从设备可以通过编程设置为人工或自动的方式拒绝不是它们自己地址的数据。UART 主设备发送器通过检查校验位(第九位)是否设置'1',来识别地址字符;对于数据字符,校验位是 0。下面将介绍如何让 UART 模块工作在 RS485/EIA-485 模式下。

(1) RS485/EIA-485 普通多点模式(NMM)

通过将 RS485CTRL 位设置为 0 来允许该模式。在该模式下,当一个接收的字符被检测为地址时,则 UART 设置校验错误并产生一个中断。

如果接收器被禁止(RS485CTRL 第 1 位='1'),则任何接收到的数据字节都会被忽略且不会存到 RXFIFO 中。当一个地址字节被检测到了(parity 位='1'),则它会被放置在 RXFIFO 中同时生成一个 Rx 数据准备中断。处理器可以读地址字节,决定是否允许接收器去接收后续数据。

当接收器被允许时(RS485CTRL 第 1 位='0'),所有接收到的数据都会被接收并存储到 RXFIFO 中,无论它们是数据或地址。当一个地址字符被接收时,则产生一个校验错误中断,由处理器决定是否禁止接收器。

(2) RS485/EIA-485 自动地址检测(AAD)模式

当 RS485CTRL 寄存器位 0(9 位模式允许)和 2(AAD 模式允许)都被设置时,UART 处在自动地址检测模式。在该模式,接收器将会把它接收到的任何地址字节(parity ='1')和 RS485ADRMATCH 寄存器中的 8 位值(可编程设置)进行比较。

若接收器被禁止(RS485CTRL 第 1 位='1'),如果接收到字节是数据字节或是与 RS485ADRMATCH 值不匹配的地址字节,则都会被丢弃。

若检测到一个匹配的地址字符,它会带着校验位一起被压入 RXFIFO 中,同时接收器会自动被允许(RS485CTRL 位 1 会被硬件清除)。接收器也会生成一个 Rx 数据准备中断。

当接收器被允许(RS485CTRL 第 1 位='0')时,所有接收的字节都会被接收并存储到 RXFIFO,直到收到一个与 RS485ADRMATCH 值不匹配的地址字节。当这个情况发生的时候,接收器会自动被硬件禁止(RS485CTRL 位 1 会被设置),不匹配的地址字符将不会被存储在 RXFIFO 中。

(3) RS485/EIA-485 自动方向控制

RS485/EIA-485 模式允许发送器自动控制 DIR 引脚的状态,它可以作为方向控制的输出信号。通过设置 RS485CTRL 第 4 位='1'允许这个特性。

如果允许方向控制,RS485CTRL 第 3 位为"0"时会使用 RTS 引脚,RS485CTRL 的第 3 位为"1"时则使用 DTR 引脚。

当允许自动方向控制的时候,在 CPU 写数据进入 TXFIFO 时候,被选择的引脚会有效(驱动为低)。当数据最后一位被发送出去之后,引脚变为无效(驱动为高)。见 RS485CTRL 寄存器的第 4 和第 5 位。

除了回环模式之外,RS485CTRL 的第 4 位优于所有其他控制方向引脚的机制。

(4) RS485/EIA-485 驱动器延时

驱动器延时是指最后一个停止位离开 TXFIFO 到 RTS 信号失效这一段时间。该段延时可在 8 位 RS485DLY 寄存器中进行编程设置。延时是在波特率时钟周期中的一部分,其值可以设置为 0～255 个位时间。

(5) RS485/EIA-485 输出反转

引脚 RTS(或 DTR)方向控制信号的极性可以通过对寄存器 U0RS485CTRL 第 5 位编程来反转。该位被设置,则当发送器中有数据正在等待被发送时,方向控制引脚驱动为逻辑 1。当数据的最后一位已发送出去时,方向控制引脚会设置为逻辑 0。

综上,所有 UART 相关的寄存器如表 7-23 所列,读者编程时可参考。

表 7-23 UART 相关寄存器列表(基地址为 0x4000 8000)

名 称	符 号	访问方式	偏移地址	复位值	注 释
UART 接收缓冲寄存器	U0RBR	RO	0x000	NA	当 DLAB=0
UART 发送器保持寄存器	U0THR	WO	0x000	NA	当 DLAB=0
UART 除数锁存 LSB 寄存器	U0DLL	R/W	0x000	0x01	当 DLAB=1
UART 除数锁存 MSB 寄存器	U0DLM	R/W	0x004	0x00	当 DLAB=1
UART 中断允许寄存器	U0IER	R/W	0x004	0x00	当 DLAB=0
UART 中断标志寄存器	U0IIR	RO	0x008	0x00	
UART FIFO 控制寄存器	U0FCR	WO	0x008	0x00	
UART 线控制寄存器	U0LCR	R/W	0x00C	0x00	
UART Modem 控制寄存器	U0MCR	R/W	0x010	0x00	
UART 线状态寄存器 U0LSR	U0LSR	RO	0x014	0x60	
UART Modem 状态寄存器	U0MSR	RO	0x018	0x00	
UART 暂存寄存器	U0SCR	R/W	0x01C	0x00	
UART 自动波特率控制寄存器	U0ACR	R/W	0x020	0x00	
UART 分数分频寄存器	U0FDR	R/W	0x028	0x10	
UART 发送允许寄存器	U0TER	R/W	0x030	0x80	
UART RS485 控制寄存器	U0RS485CTRL	R/W	0x04C	0x00	
UART RS485 地址匹配寄存器	U0ADRMATCH	R/W	0x050	0x00	
UART RS485 延迟值寄存器	U0RS485DLY	R/W	0x054	0x00	

7.1.3 应用程序设计

设计任务：设置 LPC1114 处理器的 UART 模块：波特率为 115 200、字长为 8 位、无校验位；允许 UART 接收数据中断。当接收到外部传送来的数据之后，将接收到的数据原样发送出去。

硬件设计：在开发板上，LPC1114 处理器的 CTS、RTS、RXD、TXD（PIO0_7、PIO1_5、PIO1_6、PIO1_7）引脚通过一个 RS232 转换器 SP3232EEY 引出到连接器 J5，如图 7-7 所示。因此，只需用开发套件中所带串口线将 PC 的串口与 J5 相连即可。

软件设计：根据设计任务要求，初始化系统并设置 UART 参数为：波特率 11 520、8 位数据位、1 位停止位、无校验位、无流控制；允许 UART 接收数据中断。然后输出一段提示字符串。循环判断 UART 是否收到数据，如果收到则仍通过 UART 将数据原样发送出去。除了启动代码、CMSIS 文件之外，整个工程包含两个主要的源文件：uart. c、main. c。其中：

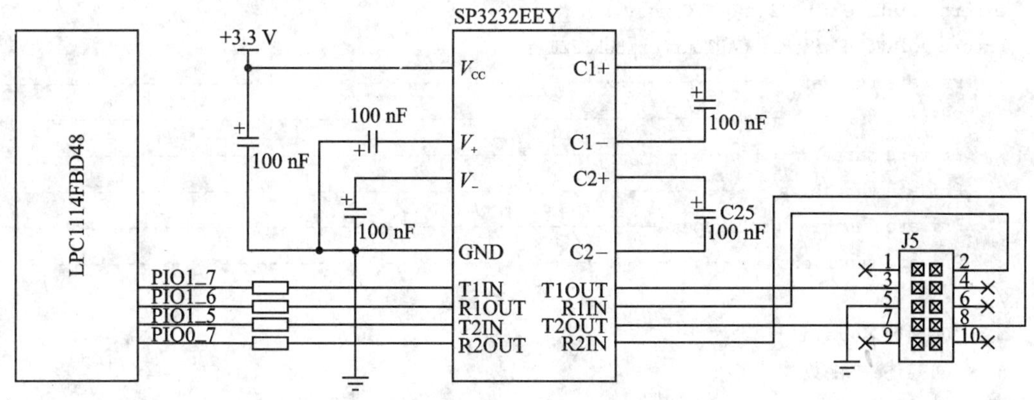

图 7-7 UART 例程硬件连接图

- uart.c 包含 UART 端口的驱动函数,包含 UART 初始化函数 UARTInit、调制解调器初始化函数 ModemInit、UART 发送函数 UARTSend、UART 中断处理函数 UART_IRQHandler。在 UART_IRQHandler 中,如果收到数据则将所收到数据的长度赋值给 UARTCount,并将收到的数据存放入 UARTBuffer 中;否则,对 UARTCount 赋值 0。
- main.c 包含 main 函数、初始化系统和 UART;循环检测 UARTCount,如果不为 0,则禁止 UART 接收数据中断,将 UARTBuffer 中的内容通过 UART 发送出去,发送完之后则将 UARTCount 清 0,并允许 UART 接收数据中断。

uart.c 是由 NXP 提供的 CMSIS 外设驱动库,读者可以阅读相关手册及源代码,这里不做冗述。main.c 参考程序如下:

```
/********************** (C) COPYRIGHT 2010 UP Team,WHUT **********************
 * 文件名:main.c
 * 作者  :UP Team,Wuhan University of Technology
 * 日期  :01/18/2010
 * 描述  :主程序源文件
******************************************************************************
******************************************************************************
 *历史:
 * 01/18/2010        :V1.0           初始版本
******************************************************************************
/* Includes ------------------------------------------------------------------*/
#include <stdio.h>
#include "LPC11xx.h"
#include "uart.h"
```

```
extern volatile uint32_t UARTCount;
extern volatile uint8_t UARTBuffer[BUFSIZE];
/* Private typedef -----------------------------------------------------------*/
/* Private define ------------------------------------------------------------*/
/* Private macro -------------------------------------------------------------*/
/* Private variables ---------------------------------------------------------*/
/* Private function prototypes -----------------------------------------------*/
/* Private functions ---------------------------------------------------------*/
/**
  * @函数名:main
  * @描述:主函数
  * @参数:无
  * @返回值:无
  */
int main (void) {
  SystemInit();
  /* NVIC 在 UARTInit 文件中初始化. */
  UARTInit(115200);
  printf("\n\r-- Basic UART Project V1.0 --\n\r");
  printf("\n\r-- EM-LPC1100 --\n\r");
  printf("\n\r-- Please input any key on the keyboard --\n\r");
#if MODEM_TEST
  ModemInit();
#endif
  while (1)
  {     /* 死循环 */
    if ( UARTCount != 0 )
    {
      /* 禁止 RBR */
      LPC_UART->IER = IER_THRE | IER_RLS;
      UARTSend( (uint8_t *)UARTBuffer,UARTCount );
      UARTCount = 0;
      /* 重新允许 RBR */
      LPC_UART->IER = IER_THRE | IER_RLS | IER_RBR;
    }
  }
}
/********** (C) COPYRIGHT 2010 UP Team,WHUT ***********文件结束**********/
```

运行过程：

① 用串口线将开发板的 UART 接口 J5 与 PC 机的串口相连，注意开发板的 UART 接口 J5 的机械尺寸是非标准的，在开套件中带有相应的连接线；

② 打开 PC 机端的串口终端，比如 Windows 下的超级终端，选择相应的 COM 口，设置数据位为 8 位，停止位 1 位，无奇偶校验位，波特率 11 520；

③ 使用 USB 线连接 PC 机与 EM - LPC1100 开发套件；

④ 打开例程包中 0801_UART 目录下的工程，编译链接工程并下载到开发板中；

⑤ 按开发板的 Reset 按键，可以看到在 PC 机的串口终端显示如下内容：

```
- - Basic UART Project V1.0 - -
- - EM - LPC1100 - -
- - Please input any key on the keyboard - -
```

⑥ 在 PC 键盘上输入字符，则 PC 机的串口终端上会显示相应字符。

7.2 I^2C 总线接口

7.2.1 概 述

LPC1110 系列处理器都有 I^2C 总线接口，可用于与外部 I^2C 器件连接，比如存储器、LCD、音频器件等。其特性如下：

- 标准的 I^2C 兼容总线接口可以配置为主模式、从模式或主/从模式。
- 当总线上无串行数据时，多个主设备同时传输则会进行仲裁。
- 允许对时钟编程，以调整 I^2C 的传输速率。
- 数据在主设备和从设备之间的传输是双向的。
- 串行时钟同步使得不同位速率的设备可通过一个串行总线进行通信。
- 串行时钟同步作为握手机制来挂起和恢复串行传输。
- 支持增强型快速模式(Fast - mode Plus，FMP)。
- 从设备可多达 4 个不同的地址。
- 监测模式允许观察 I^2C 总线上所有的通信，忽视从机地址。
- I^2C 总线可用于测试和诊断。
- 在 I^2C 总线上包含一个带两个引脚的标准 I^2C 兼容总线接口。

I^2C 接口的引脚如表 7 - 24 所列，也可参考 4.2 节的表 4 - 39。

表 7-24　I²C 接口的引脚

引　脚	类　型	描　述
PIO0_5/SDA	输入/输出	I²C 串行数据
PIO0_4/SCL	输入/输出	I²C 串行时钟

I²C 总线引脚必须通过 IOCON_PIO0_4 寄存器和 IOCON_PIO0_5 寄存器来将其配置为标准模式、快速模式或增强型快速模式。在这些模式中，I²C 总线引脚是开漏输出，完全兼容 I²C 总线规范。

I²C 总线接口的时钟（PCLK_I2C）是由系统时钟提供（见图 4-1）。这个时钟可以通过 AHBCLKCTRL 寄存器的第 5 位来禁止，以节省功耗，参见表 4-17。

典型的 LPC1110 处理器 I²C 总线配置如图 7-8 所示。根据方向位的状态（读/写），在 I²C 总线上可能有两种类型的数据传输。

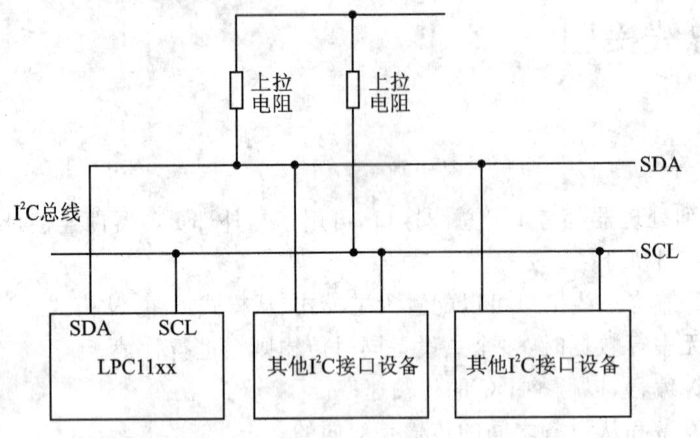

图 7-8　典型的 LPC1110 处理器 I²C 总线配置

➢ 数据传输从一个主设备的发送器到一个从设备的接收器。主设备发送的第一个字节是从设备的地址。紧接着的是大量的数据字节。从设备在每个字节接收完成后返回一个应答位。

➢ 数据传输从一个从设备的发送器到一个主设备的接收器。由主设备发送的第一个字节（从设备的地址），然后返回一个应答位，紧接着的数据字节由从设备传输到主设备。除了最后一个字节之外，主设备在其他每个字节接收完成之后返回一个应答位。在最后一个字节接收完成后，返回一个“非应答”。主设备产生的所有的串行时钟脉冲与起始（START）和停止（STOP）条件。一次传输由 STOP 条件或重复 START 条件来结束。由于重复 START 条件将开始下一个串行传输，故 I²C 总线不会被释放。

I²C 接口是面向字节的，有 4 个工作模式：主发送模式、主接收模式、从发送模式和从接收模式。LPC1110 处理器的 I^2C 接口符合完全 I^2C 规范,可以将 ARM Cortex - M0 处理器断电而不干扰同一个 I^2C 总线上的其他设备。

LPC1110 处理器的 I^2C 接口除了支持标准模式和快速模式之外,还支持增强型快速模式(Fast - mode Plus)。增强型快速模式支持 1 Mb/s 的传输速率,用于与恩智浦半导体现在提供的 I^2C 总线设备进行通信。为了使用增强型快速模式,必须在 I/O CONFIG 寄存器块中正确配置 I^2C 引脚。

7.2.2 功能描述

LPC1110 处理器 I^2C 接口模块的内部结构如图 7 - 9 所示,各模块的基本功能如下:

1）输入滤波器(Input filter)和输出段(output stage)

输入信号与内部时钟同步,少于 3 时钟周期的毛刺将被过滤掉。为了符合 I^2C 规范,I^2C 的输出设计为一个特殊的引脚。

2）从地址寄存器,I2C0ADDR0～I2C0ADDR3

这些寄存器可装载 7 位从地址(最高 7 位),在 I^2C 模块被编程配置为从发送或从接收模式时,会对这些地址做出响应。最低位(GC)用来允许广播地址 (0x00)被识别。允许多个从地址时,如果已收到自身从地址,可以从 I2C0DAT 寄存器中读出实际接收到的地址。

3）地址屏蔽寄存器,I2C0MASK0～I2C0MASK3

4 个屏蔽寄存器每个包含 7 个有效位 (7∶1)。在 I2C0ADDRn 寄存器中被屏蔽的位将不会参与决定地址的匹配。

4）比较器

比较器会将收到的 7 位从设备地址与自身的从设备地址(I2C0ADRn 中最高 7 位)比较。它也会将首先收到的 8 位与广播地址 (0x00)进行比较。一旦发现相等的情况,就会设置一个合适的状态码并产生一个中断请求。

5）移位寄存器,I2C0DAT

这个 8 位寄存器包含了一个字节的串行数据,该数据是将要发送的或是刚接收的。I2C0DAT 的数据总是从右移到左,第一个被发出的位是最高位(第 7 位),在一个字节已经接收完成后,最先接收到的数据放在 I2C0DAT 的最高位。数据移出的同时,总线上的数据被移入。I2C0DAT 总是保存总线上最后一个字节的数据。因此,在仲裁丢失的情况下,主发送器会将 I2C0DAT 中正确的数据传输到从接收器中。

6）仲裁和同步逻辑

在主控发送模式下,仲裁逻辑检查每个传输逻辑 1,也就是实际在 I^2C 总线出现的逻辑 1。如果总线上的另一个设备否决了逻辑 1,把 SDA 拉低,则仲裁丢失,而且 I^2C 模块立即从主发送变为从接收。I^2C 模块将继续输出时钟脉冲(在 SCL 上)直到当前的串行字节传输完成。

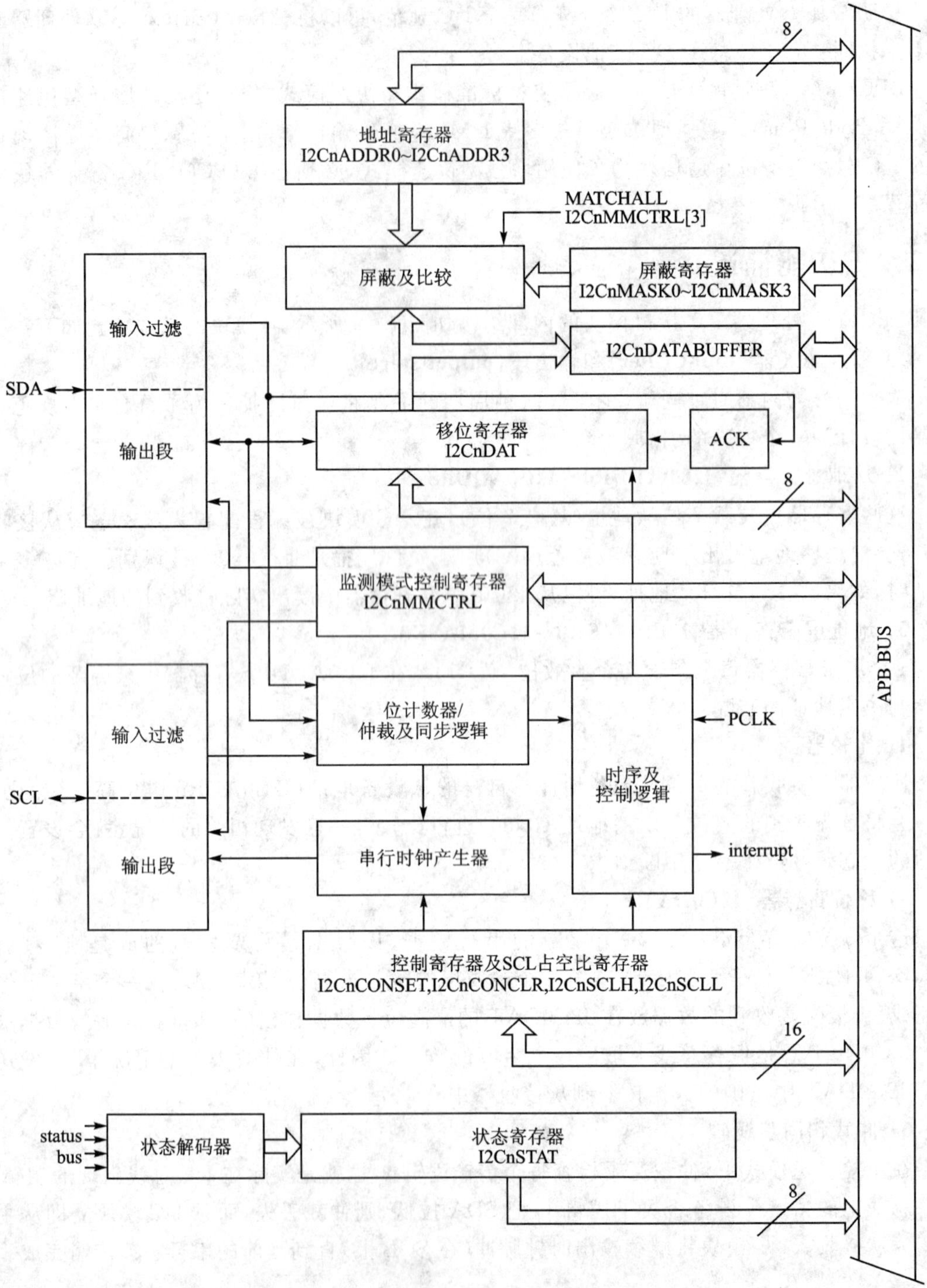

图 7-9　I^2C 接口模块内部结构图

7）串行时钟发生器

当 I²C 模块在主发送或主接收模式时，这种可编程时钟脉冲发生器提供 SCL 时钟脉冲。当 I²C 模块在从模式时，则被关闭。通过 I²C 时钟控制寄存器，可设置 I²C 输出时钟频率和占空比，详见 I2C0SCLL 和 I2C0SCLH 寄存器（表 7－33、表 7－34）描述。输出时钟脉冲按编程设置产生占空比，除非该总线与其他 SCL 时钟源同步。

8）定时与控制

定时和控制逻辑产生用于串行字节处理的定时和控制信号。该逻辑模块为 I2C0DAT 提供移位脉冲，允许比较器，产生和检测 START 和 STOP 条件，接收和发送应答位，控制主从模式，包含了中断请求逻辑，还监测 I²C 总线状态。

9）控制寄存器，I2C0CONSET 和 I2C0CONCLR

详见表 7－25 和表 7－26 的描述。

10）状态解码器和状态寄存器

状态解码器获取所有内部状态位，并将它们压缩成了一个 5 位的代码。每个 I²C 总线状态都有唯一的代码；5 位的编码可用于生成各种服务程序快速处理的向量地址。每个服务程序处理一个特定总线状态。如果 I²C 使用了所有的 4 种模式，共有 26 种可能的总线状态。在串行中断标志被硬件设置时，5 位的状态代码锁存到状态寄存器的最高 5 位中，并保持稳定直到中断标志被软件清除。这个状态寄存器的最低 3 位始终为零。如果状态码用作服务程序的向量地址，则程序被 8 个地址位置代替。对大多数服务程序来说，8 个字节的代码是足够的。

关于 I²C 总线的基本规范，这里不做介绍，读者如果不了解 I²C 标准则可查阅 NXP 公司 I²C 相关技术手册和文档。这里先介绍 I²C 接口相关寄存器的，然后再介绍 I²C 接口的操作模式。

1. 相关功能寄存器

I²C 相关功能寄存器的基地址为 0x4000 0000。

I²C 控制设置寄存器 I2C0CONSET 用于控制 I²C 接口的运作，它对图 7－9 中的 CONTROL Register 进行控制。写入 1 到该寄存器的某位，则导致 I²C 的 CONTROL Register 相应位被设置。I2C0CONSET 寄存器的偏移地址为 0x00，复位值为 0x00，位域定义如表 7－25 所列。

表 7－25 I²C 控制设置寄存器 I2C0CONSET

位 域	符 号	描 述
[1：0]	—	保留，用户软件不要对保留位写‘1’。从保留位读取的值没有定义
2	AA	生效应答标志位
3	SI	I²C 中断标志位

续表 7-25

位域	符号	描述
4	STO	STOP 标志位
5	STA	START 标志位
6	I2EN	I²C 接口允许位
[31:7]	—	保留,从保留位读取的值没有定义

表 7-25 中,各位域的含义如下:

I2EN:I²C 接口允许。当 I2EN 为 1 时,I²C 接口被允许。当 I2EN 为 0 时,I²C 接口被禁止。当 I2EN 为 0 时,SDA 和 SCL 的输入信号被忽略,I²C 处在"不可寻址"的从设备状态,且 STO 位被强制为 0。

写 1 到 I²C 控制清 0 寄存器 I2CONCLR 的 I2ENC 位能清除 I2EN 位。

I2EN 不应用来暂时释放 I²C 总线,因为当 I2EN 被复位时 I²C 总线的状态会丢失,应当使用 AA 标志位来。

STA:START 标志位。设置这个位导致 I²C 接口进入主设备模式,并传输一个 START 条件,如果 I²C 接口已经是主模式则传送一个重复 START 条件。

当 STA 为 1 且 I²C 接口还不是主模式时,它将进入从模式。然后检查总线,如果总线空闲则产生一个 START 条件;如果总线忙,则等待 STOP 条件(它将使总线空闲)并在内部时钟发生器延时半个时钟周期后产生一个 START 条件。如果 I²C 已经是主模式且数据已经发出或接收到,则发送一个重复 START 条件。可以在任何时候设置 STA,包括当 I²C 接口处在一个可寻址的从模式。

写"1"到 I2CONCLR 寄存器的 STAC 位能清除 STA 位。当 STA 为 0 时,将不会产生 START 条件或重复 START 条件。

在 STA 和 STO 都被设置时,如果接口在主模式,则在 I²C 总线上传输一个 STOP 条件,然后再传输一个 START 条件;如果 I²C 接口在从模式,则会产生一个内部 STOP 条件但不会在总线上传输。

STO:STOP 标志位。设置这个位将导致 I²C 接口在主模式时传输一个 STOP 条件,在从模式时则从错误条件中恢复。在主模式下,当 STO 为 1 时,在 I²C 总线上传输一个 STOP 条件。当总线检测到 STOP 条件时 STO 将被自动清除。

在从模式时,设置 STO 位可以从错误条件中恢复。在这种情况下,将没有 STOP 条件传输到总线。硬件行为就像总线接收到了一个 STOP 条件一样,接口将转到"不可寻址"从接收模式。STO 标志位被硬件自动清除。

SI:I²C 中断标志位。在 I²C 状态变化时该位被设置。但是在进入 F8 状态时不会设置 SI 位,因为在那种情况下中断服务例程没有什么事情可做。

当 SI 被设置时，SCL 线上串行时钟的低电平时间被延长，串行传输暂停。当 SCL 为高电平时，它不影响 SI 标志位。SI 必须由软件通过写 1 到 I2CONCLR 寄存器的 SIC 位来复位。

AA：生效应答标志位。设置为 1 时，在 SCL 线上的应答时钟脉冲期间，如果有下面的情况下之一，将会返回一个应答信号（SDA 的低电平）：

- 从地址寄存器的地址已经收到。
- 当 I2ADR 中的广播位(GC 位)被设置时，接收到广播地址。
- 在 I²C 为主接收模式时，接收到一个数据字节。
- 在 I²C 为可寻址的从接收模式时，接收到一个数据字节。

通过对 I2CONCLR 寄存器的 AAC 位写 1 可以清除 AA 位。当 AA 为 0 时，如果有下面的情况下之一，将会返回一个非应答信号(SDA 的高电平)：

- 在 I²C 为主接收模式时，接收到一个数据字节。
- 在 I²C 为可寻址的从接收模式时，接收到一个数据字节。

与 I2C0CONSET 寄存器相对应的是 I²C 控制清 0 寄存器 I2CONCLR，该寄存器用于将 I²C 接口模块中的 CONTRL Register 相应位清 0。写入 1 到这个寄存器的某位，将导致 I²C CONTRL Register 相应的位被清除；写一个 0 则没有影响。该寄存器为只写寄存器，其偏移地址为 0x018，位域定义如表 7-26 所列，其作用在 I2C0CONSET 介绍中已做描述。

表 7-26 I²C 控制清 0 寄存器 I2C0CONCLR

位 域	符 号	描 述
[1:0]	—	保留，用户软件不要对保留位写‘1’。从保留位读取的值没有定义
2	AAC	生效应答清 0 位
3	SIC	I²C 中断清 0 位
4	—	保留，用户软件不要对保留位写‘1’。从保留位读取的值没有定义
5	STAC	START 清 0 位
6	I2ENC	I²C 接口禁止位
7	—	保留，用户软件不要对保留位写‘1’。从保留位读取的值没有定义
[31:8]	—	保留。从保留位读取的值未定义

I²C 接口的状态可以通过读取 I²C 状态寄存器 I2C0STAT 来获取，该寄存器只读，偏移地址为 0x04，复位值为 0xF8，位域定义如表 7-27 所列。

表 7-27 I²C 状态寄存器 I2C0STAT

位 域	符 号	描 述
[2:0]	—	这些位没有用到，且始终为 0

续表 7-27

位　域	符　号	描　述
[7：3]	Status	这些位给出了 I²C 接口的实际状态信息
[31：8]	—	保留。从保留位读出的值未定义

I2C0STAT 寄存器的最低 3 个有效位总是为 0，该状态寄存器的内容表示一个状态码，一共有 26 种可能的状态码。当状态码为 0xF8 时，没有任何相关有用信息且不会对 SI 位置位。所有其他 25 个状态码与标准的 I²C 状态相符。当进入这些状态中的任何一个时，将对 I2C0CONSET 的 SI 位置位。如需状态码的完整列表，请参阅表 7-37、7-39、7-40 和 7-41。

I²C 接口要发送的数据和刚接收的数据放在 I²C 数据寄存器 I2C0DAT 中。当 I2C0CONSET 的 SI 位为 1 时，且该寄存器不处于移位过程时，CPU 将读取和写入这个寄存器。只要 SI 位为 1，I2DAT 寄存器中的数据就会保持稳定。I2C0DAT 寄存器中的数据总是从右移到左：传送时，MSB（第 7 位）是被传送的第 1 位；接收时，收到数据的第 1 位位于 I2C0DAT 的 MSB 位。该寄存器的偏移地址为 0x08，复位值为 0x00，位域定义为 7-28 所列。

当 I²C 接口处于从模式时，需要用 I²C 从地址寄存器 I2C0ADDR 设置其从地址。LPC1110 的 I²C 接口可以设置 4 个不同的从地址，因此也有 4 个从地址寄存器 I2C0ADDR[0,1,2,3]。这 4 个寄存器的偏移地址分别为 0x0C、0x20、0x24 和 0x28，复位值为 0x00，位域定义如表 7-29 所列。这些寄存器仅用于 I²C 接口被设置为从模式时，为主模式时无效。其中，LSB 位是广播位，当该位为 1 时，广播地址（0x00）被识别。这些从地址寄存器中，任何包含位 00x 的寄存器将被禁止，且不会与总线上的任何地址匹配。在复位时，4 个从地址寄存器都将被清 0 到这个禁用状态。

表 7-28　I²C 数据寄存器 I2C0DAT

位　域	符　号	描　述
[7：0]	Data	这个寄存器保存要发出的数据或者已接收的数据
[31：8]	—	保留。从保留位读出的值未定义

表 7-29　I²C 从地址寄存器 I2C0ADDR[0,1,2,3]

位　域	符　号	描　述
0	GC	广播允许位
[7：1]	Address	从模式时 I²C 的设备地址
[31：8]	—	保留。从保留位读出的值未定义

I²C 接口模块有一种监测模式，监督模式允许 I²C 模块在其并不真正参与 I²C 总线通信的情况下，仍能检测 I²C 总线上的通信。I²C 监测模式控制寄存器 I2C0MMCTRL 用于控制监测模式，该寄存器的偏移地址为 0x1C，复位值为 0x00，位域定义如表 7-30 所列。

表 7-30　I^2C 监测模式控制寄存器 I2C0MMCTRL

位 域	符 号	描 述
0	MM_ENA	允许监测描述。 0:禁用监测模式 1:I^2C 模块将进入监测模式。在该模式中 SDA 的输出将被强制为高电平。这将阻止 I^2C 模块输出任何种类的数据(包括 ACK)到 I^2C 数据总线上
1	ENA_SCL	SCL 输出允许。 0:当该位被清为 0 时,在模块为监测模式时 SCL 的输出将被强制为高电平。正如上面描述的,阻止模块对 I^2C 时钟线的任何控制 1:当此位被设置时,I^2C 模块对时钟线可行使与正常工作时相同的控制。这意味着,作为一个从外设,I^2C 模块可以“扩展”时钟线(保持低电平),直到它有时间响应一个 I^2C 中断
3	MATH_ALL	选择中断寄存器匹配。 0:当此位被清 0 时,只有当一个地址与上述描述的 4 个地址寄存器之一匹配时,才会产生一个中断。也就是说,只要识别出的地址是相关的,模块将作为一个正常的从模式响应 1:当该位被置为“1”并且 I^2C 处于监测模式时,接收到任何地址都会产生一个中断。这将使模块可监测总线上的所有通信
[31:4]	—	保留。从保留位读取的值未定义

注意,当 MM_ENA 为 0(即不是监测模式)时,ENA_SCL 和 MATCH_ALL 位是无效的。下面介绍 I^2C 接口的监测模式的工作原理。

(1) 监测模式中的中断

在监测模式时,模块所有的中断将正常产生。这意味着检测到一个地址匹配(MATCH_ALL 为 1 时接收到任何地址都会中断,否则就是接收到与 4 个地址寄存器其中任一个相匹配的地址)时将会产生第一个中断。

在一个地址匹配检测之后,中断将会在从设备写传输的每个数据字节接收之后产生,或在从设备读传输的每个字节发送成功之后产生。在第二种情况下,数据寄存器实际包含了在总线上被其他从设备传输的数据,这些从设备都被主设备寻址过。

跟着所有这些中断,处理器可以读取数据寄存器,看看总线上实际传输了什么,实现对 I^2C 总线的监测。

(2) 监测模式下的仲裁丢失

在监测模式下,I^2C 将不能响应总线上主机发出的信息请求或发出的一个 ACK,而总线上的一些其他的从设备将会响应。这将极有可能导致仲裁状态丢失。

因此,软件应该注意到:模块在监测模式下不会被检测到的任何仲裁状态丢失做出响应。此外,可以在模块中硬件实现,阻止一些或所有的仲裁状态(如果这些状态阻止了一个期望发

生的中断或产生一个不想要的中断)丢失。然而,是否添加这种硬件实现仍有待确定。

在监测模式下,如果 ENA_SCL 位为 0,I^2C 模块将没有扩展时钟(停止总线)的能力,这意味着处理器必须在一个有限的时间之内去读取总线上收到的数据内容。如果处理器和平常一样读取 I2C0DAT 移位寄存器,那么在接收数据被新的数据覆盖之前,它只能有一个位的时间来响应中断。

为了让处理器有更多的响应时间,LPC1110 的 I^2C 接口有一个 8 位只读寄存器 I2C0DATA_BUFFER。在每次从总线上接收 9 位数据(8 位加 ACK 或 NACK)后,将 I2C0DAT 的前 8 位内容传送到 I2C0DATA_BUFFER 寄存器中。这意味着处理器在数据被覆盖之前,将有 9 位传输时间响应中断并读取数据。与平时一样,处理器将仍然有能力直接读取 I2C0DAT,且 I2C0DAT 的行为不会有任何方式改变。

虽然 I2C0DATA_BUFFER 寄存器主要在监测模式和 ENA_SCL 位= '0'时使用,但是它可在任何运行模式下的任何时间都可以被读取。该寄存器的偏移地址为 0x2C,复位值为 0x00,位域定义如表 7-31 所列。

表 7-31　I^2C 数据缓冲寄存器 I2C0DATA_BUFFER

位　域	符　号	描　述
[7:0]	Data	该寄存器保存 I2DAT 移位寄存器前 8 位(8 MSBs)的值
[7:1]	—	保留。从保留位读取的值未定义

如图 7-9 所示,在 I^2C 接口模块中有 4 个屏蔽寄存器 I2C0MASK[0,1,2,3],每个包含 7 个有效位 (7:1),其偏移地址分别为 0x30、0x34、0x38 和 0x3C,复位值为 0x00,位域定义如表 7-32所列。若这些寄存器中任何一位设置为‘1’时,当接收到的地址和 I2C0ADDRn 寄存器相比较时,都将导致接收到地址的相应位和那个屏蔽寄存器自动比较。换句话说,I2C0ADDRn 寄存器中被屏蔽的位将不参与决定地址的匹配。

在复位时,所有的屏蔽寄存器都清 0。屏蔽寄存器在比较广播地址(“0000000”)时没有用。屏蔽寄存器的位[31:8]和位[0]没有使用,且不能写入,读这些位总是返回 0。

当地址匹配中断发生时,处理器将读取数据寄存器 I2C0DAT,以确定实际上是哪个地址导致了地址匹配。

表 7-32　I^2C 屏蔽寄存器 I2C0MASK[0,1,2,3]

位　域	符　号	描　述
0	—	保留,用户软件不要对保留位写‘1’。读取这些位总是返回‘0’
[7:1]	MASK	屏蔽位
[31:8]	—	保留。从保留位读取的值未定义

I^2C 总线规范中，SCL 提供串行时钟。SCL 时钟高低电平所占的时钟周期数以及占空比，可由 I^2C SCL 高低电平及占空比寄存器 I2C0SCLH、I2C0SCLL 来设置。其中，I2C0SCLH 定义了 SCL 高电平持续时间的 I2C_PCLK 周期数，I2C0SCLL 定义了 SCL 低电平持续时间的 I2C_PCLK 周期数。这两个寄存器的偏移地址分别为 0x10、0x014，复位值均为 x04，位域定义如表 7-33、7-34 所列。

表 7-33 I^2C SCL HIGH 屏蔽寄存器 I2C0SCLH

位域	符号	描述
[15:0]	SCLH	SCL 低电平时间计数值
[31:16]	—	保留。从保留位读出的值未定义

表 7-34 I^2C SCL LOW 屏蔽寄存器 I2C0SCLL

位域	符号	描述
[15:0]	SCLL	SCL 低电平时间计数值
[31:16]	—	保留。从保留位读出的值未定义

在使用 I^2C 接口之前，必须先通过软件设置寄存器 I2C0SCLH 和 I2C0SCLL 的值来选择适当的数据速率和占空比。SCL 的频率由下式决定（I2C_PCLK 是外围设备 I^2C 的时钟频率）：SCL＝I2C_PCLK/(I2C0SCLH 和 I2C0SCLL)。

I2C0SCLL 和 I2C0SCLH 的值必须确保数据的传输速率在适合的 I^2C 数据速率范围内，每个寄存器的值必须大于或等于 4。表 7-35 给了一些基于 I2C_PCLK 频率和 I2C0SCLL 和 I2C0SCLH 的值来确定 I^2C 总线速率的例子。

表 7-35 I^2C 总线速率的设置

I^2C mode	I^2C bit frequency	I2C_PCLK/MHz							
		6	8	10	12	16	20	30	40	50
		I2SCLH ＋ I2SCLL								
标准模式	100 kHz	60	80	100	120	160	200	300	400	500
快速模式	400 kHz	15	20	25	30	40	50	75	100	125
增强型快速模式	1 MHz	—	8	10	12	16	20	30	40	50

在 I^2C 总线规范定义中，在快速模式和增强型快速模式时 SCL 低电平时间和高电平时间就可不同。因此，I2C0SCLL 和 I2C0SCLH 没有必要是相同的，可以通过软件设置这两个寄存器的值来设置不同的 SCL 占空比。

综上，所有 UART 相关的寄存器如表 7-36 所列，读者编程时可参考。

表 7-36 I^2C 相关寄存器列表(基地址为 0x4000 0000)

名称	符号	访问方式	偏移地址	复位值
I^2C 控制设置寄存器	I2C0CONSET	R/W	0x00	0x00

续表 7－36

名　称	符　号	访问方式	偏移地址	复位值
I^2C 状态寄存器	I2C0STAT	RO	0x04	0xF8
I^2C 数据寄存器	I2C0DAT	R/W	0x08	0x00
I^2C 从地址寄存器 0	I2C0ADR0	R/W	0x0C	0x00
SCH 占空比寄存器高半字	I2C0SCLH	R/W	0x010	0x04
SCH 占空比寄存器低半字	I2C0SCLL	R/W	0x014	0x04
I^2C 控制清零寄存器	I2C0CONCLR	WO	0x018	NA
监测模式控制寄存器	I2C0MMCTRL	R/W	0x01C	0x00
I^2C 从地址寄存器 1	I2C0ADR1	R/W	0x020	0x00
I^2C 从地址寄存器 2	I2C0ADR2	R/W	0x024	0x00
I^2C 从地址寄存器 3	I2C0ADR3	R/W	0x028	0x00
数据缓冲寄存器	I2C0DATA_BUFFER	RO	0x02C	0x00
从地址屏蔽寄存器 0	I2C0MASK0	R/W	0x030	0x00
从地址屏蔽寄存器 1	I2C0MASK1	R/W	0x034	0x00
从地址屏蔽寄存器 2	I2C0MASK2	R/W	0x038	0x00
从地址屏蔽寄存器 3	I2C0MASK3	R/W	0x03C	0x00

2. I^2C 操作模式

在一个给定的应用程序中，I^2C 模块可作为一个主设备、一个从设备或两者兼有。在从模式时，I^2C 硬件将监听总线，是否有 4 个从设备地址之一和广播地址，如果找到其中的任何一个就会发出中断请求。如果处理器希望成为总线主机，则在进入主模式之前必须等待直到总线空闲，这样可以保证一个可能正在进行的从操作不会被中断。如果在主模式时总线仲裁丢失，则 I^2C 模块会立即切换到从模式，并可以在同一个串行传输中检测到其从设备地址。I^2C 有 4 种操作模式：主发送、主接收、从接收和从发送，下面将介绍各种操作模式及相关状态和处理。

(1) 主发送器模式

在这种模式下，数据从主设备传输到从设备。在可以进入主发送模式之前，必须初始化 I2C0CONSET 寄存器如下：I2EN 必须设置为 1，以允许 I^2C 功能；STA、STO 和 SI 位必须为 0，其中 STA 位必须在写从地址之后清除，SI 位可以通过写‘1’到 I2C0CONCLR 寄存器的 SIC 位来清除；如果 AA 位为 0，当其他设备是总线主机时，I^2C 接口将不识别任何地址，所以它不能进入从模式。

传送的第一个字节包含接收设备的从地址(7 位)和数据方向位。在此模式下，数据方向位(读/写)应该是 0,这意味着写入。传送的第一个字节包含接收设备的从地址和数据写入位。每次传输 8 位数据,在每个字节传输完成后会接收到一个应答位。START 条件和 STOP 条件的输出表明一个串行传输的开始和结束。

当软件置位 STA 位时,I^2C 接口将进入主发送模式。总线一旦空闲,I^2C 逻辑将发送 START 条件;START 条件发送后,SI 位将被置 1;I2C0STAT 寄存器中的状态码是 0x08,这个状态码将会作为一个状态服务程序的向量;状态服务程序将会加载从设备地址和写 I2C0DAT 寄存器,并清除 SI 位。SI 位可以通过写 1 到 I2C0CONCLR 寄存器的 SIC 位清除。

当从地址和读/写位已经发送并且也收到了应答位,SI 位将会再次被置 1,对于主模式现在可能的状态码是 0x18、0x20 或 0x38,而对于从模式允许(通过设置 AA 为 1)时则可能是 0x68、0x78 或 0xB0。这些状态码中的每一个状态都会有一个相应的动作,具体动作如表 7-37 所列。

重复 START 条件之后(状态 0x10),I^2C 模块将通过加载 SLA+R 到 I2C0DAT 以转换到主接收模式。

表 7-37 主发送器模式各状态码对应动作

状态码 (I2C0CSTAT)	I^2C 和硬件总线状态	应用软件响应 To/From I2C0DAT	To I2CON				I^2C 硬件的下一个动作
			STA	STO	SI	AA	
0x08	已发送 START 条件	加载 SLA+W;清除 STA	X	0	0	X	将传输 SLA + W;将会接收到 ACK 位
0x10	已发重复 START 条件	加载 SLA+W	X	0	0	X	同上
		加载 SLA+R;清除 STA	X	0	0	X	将传输 SLA + W;I^2C 模块转换到 MST/REC 模式
0x18	已传输 SLA+W;已收到了 ACK	加载数据字节	0	0	0	X	将传输数据字节;将接收到 ACK 位
		无 I2C0DAT 动作	1	0	0	X	传输重复 START 条件
		无 I2C0DAT 动作	0	1	0	X	传输 STOP 条件;STO 标志将复位
		无 I2C0DAT 动作	1	1	0	X	将传输 STOP 条件之后传输一个 START 条件;STO 标志将被复位
0x20	已传输 SLA+W;已收到了 ACK	加载数据字节	0	0	0	X	将传输数据字节;将会接收到 ACK 位
		无 I2C0DAT 动作	1	0	0	x	传输重复 START 条件
		无 I2C0DAT 动作	0	1	0	x	将传输 STOP 条件;STO 标志将复位
		无 I2C0DAT 动作	1	1	0	x	将传输 STOP 条件,之后再传输一个 START 条件;STO 标志将被复位

续表 7-37

状态码 (I2C0CSTAT)	I^2C 和硬件总线状态	应用软件响应 To/From I2C0DAT	To I2CON				I^2C 硬件的下一个动作
			STA	STO	SI	AA	
0x28	I2C0DAT 中的数据字节已传输,已收到 ACK	加载数据字节	0	0	0	x	将传输数据字节;将会接收到 ACK 位
		无 I2C0DAT 动作	1	0	0	x	传输重复 START 条件
		无 I2C0DAT 动作	0	1	0	x	将传输 STOP 条件;STO 标志将复位
		无 I2C0DAT 动作	1	1	0	x	将传输 STOP 条件,之后再传输一个 START 条件;STO 标志将被复位
0x30	I2C0DAT 中的数据字节已传输,已收到 NOT ACK	加载数据字节	0	0	0	x	将传输数据字节;将会接收到 ACK
		无 I2C0DAT 动作	1	0	0	x	传输重复 START 条件
		无 I2C0DAT 动作	0	1	0	x	将传输 STOP 条件;STO 标志将复位
		无 I2C0DAT 动作	1	1	0	x	将传输 STOP 条件之后传输一个 START 条件;STO 标志将被复位
0x38	在数据字节或 SLA+R/W 传输阶段,仲裁丢失了	无 I2C0DAT 动作	0	0	0	x	将释放 I^2C 总线,将进入不可寻址从模式
		无 I2C0DAT 动作	1	0	0	x	当总线空闲时,将发生 START 条件

主发送器模式的数据格式和状态转移如图 7-10 所示,其中,缩写符号含义如表 7-38 所列。

表 7-38 I^2C 操作图中的缩写

缩 写	说 明	缩 写	说 明
S	START 条件	A	应答位(SDA 上低电平)
SLA	7 位地址	$\overline{A}$(非)	非应答位(SDA 上高电平)
R	读位(SDA 上高电平)	Data	8 位数据字节
W	写位(SDA 上低电平)	P	STOP 条件

在图 7-10 中,圆圈用于指示当串行中断标志被设置。圆圈中的数字为保存在 I2C0STAT 寄存器中的状态代码。在这些点上,服务程序必须执行以继续或完成串行传输。这些服务例程并不紧急,因为直至串行中断标志由软件清除之前,串行传输是被挂起的。当进入一个串行中断程序时,I2C0STAT 中的状态代码用于跳转到相应的服务程序中。对于每一个状态代码,所需软件动作和下一个串行传输的详情见表 7-37、7-39、7-40 和 7-41。

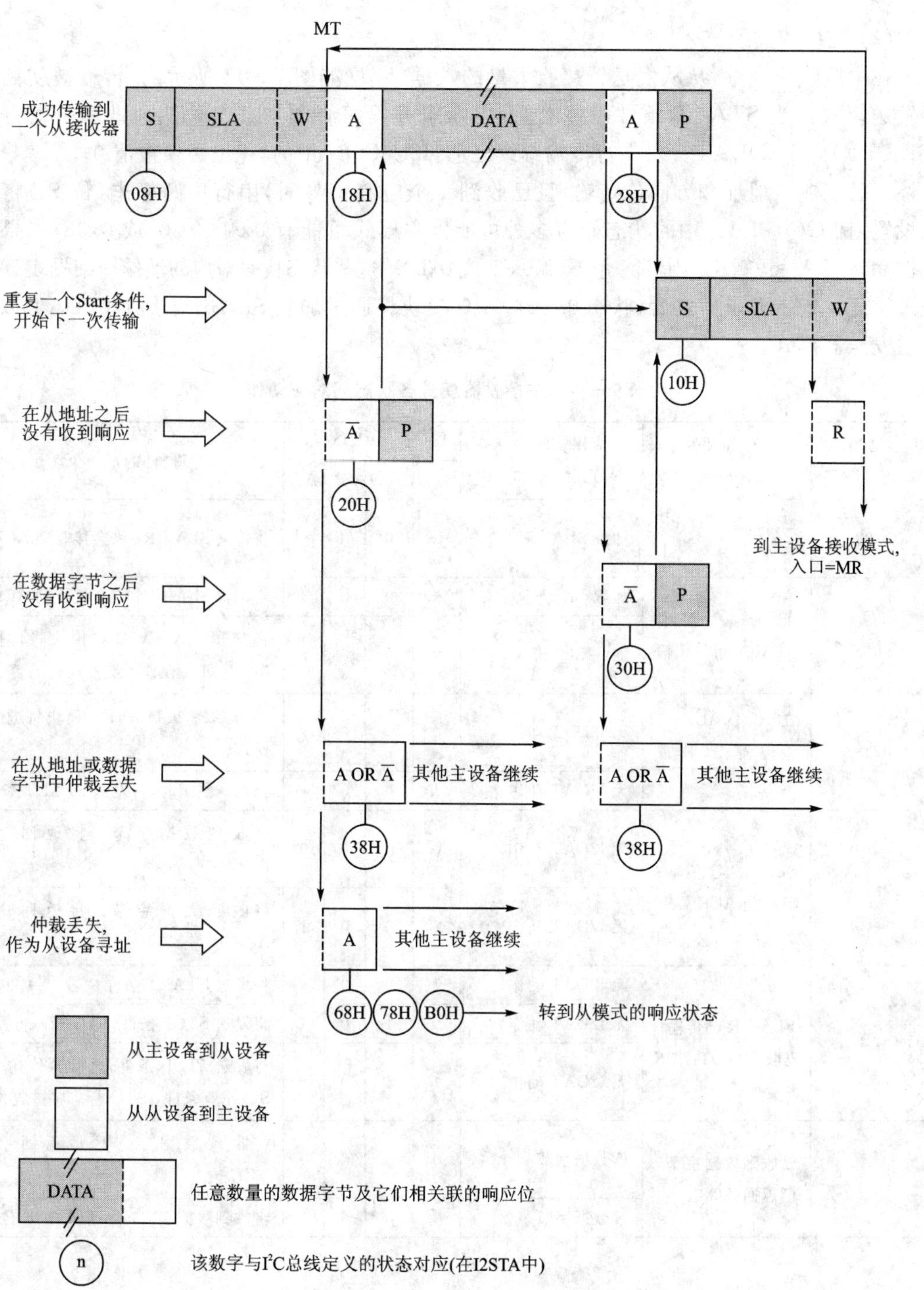

图 7-10　主传输器模式的格式和状态转移

(2) 主接收器模式

在主接收模式中，从从发送器接收大量的数据字节（如图 7－11 所示）。传输被初始化为主发送模式。当 START 条件已传输时，中断服务程序必须加载 7 位从地址和数据方向位（SLA＋R）到 I2C0DAT。在串行传输继续之前，I2C0CON 中的 SI 位必须被清 0。

当已完成从地址和方向位传输，且已收到一个应答信号时，串行中断标志（位 SI）将被再次设置，且 I2C0STAT 中的状态码有多种可能。主模式可能有 0x40、0x20 或 0x38；如果从模式被允许（AA＝逻辑 1），则可能有 0x68、0x78 或 0xB0。这些状态代码对应的动作详细见表 7－39。经过重复 START 条件之后（状态 0x10）。I^2C 模块将通过加载 SLA＋W 到 I2C0DAT 以转换到主发送器模式。

表 7－39 主接收器模式各状态码对应动作

状态码 (I2C0CSTAT)	I^2C 和硬件总线状态	应用软件响应 To/From I2C0DAT	To I2CON				I^2C 硬件的下一个动作
			STA	STO	SI	AA	
0x08	已发送 START 条件	加载 SLA＋R	x	0	0	x	将传输 SLA＋R；将会接收到 ACK 位
0x10	已完成一个重复 START 条件传输	加载 SLA＋R	x	0	0	x	将传输 SLA＋R；将会接收到 ACK 位
		加载 SLA＋W	x	0	0	x	将发送 SLA＋W，I^2C 模块将切换到 MST/TRX 模式
0x38	在 NOT ACK 位传输阶段，仲裁丢失	无 I2DAT 动作	0	0	0	x	I^2C 总线将被释放，I^2C 模块将进入从模式
		无 I2DAT 动作	1	0	0	x	当总线空闲时，将发送 START 条件
0x40	SLA＋R 已传输；已收到 ACK	无 I2DAT 动作	0	0	0	0	将收到数据字节；将返回 NOT ACK 位
		无 I2DAT 动作	0	0	0	1	将收到数据字节；将返回 NOT ACK 位
0x48	SLA＋R 已传输；已收到 NOT ACK	无 I2DAT 动作	1	0	0	x	将发送 START 条件
		无 I2DAT 动作	0	1	0	x	将发送 STOP 条件，STO 标志将复位
		无 I2DAT 动作	1	1	0	x	将发送 STOP 条件，之后再传输一个 START 条件；STO 标志将被复位
0x50	已收到数据字节；已返回 ACK	读数据字节	0	0	0	0	将收到数据字节；将返回 NOT ACK 位
		读数据字节	0	0	0	1	将收到数据字节；将返回 ACK 位

续表 7-39

状态码 (I2C0CSTAT)	I^2C 和硬件总线状态	应用软件响应 To/From I2C0DAT	To I2CON				I^2C 硬件的下一个动作
			STA	STO	SI	AA	
0x58	已收到数据字节；已返回 NOT ACK	读数据字节	1	0	0	x	将发送重复 START 条件
		读数据字节	0	1	0	x	将发生 STOP 条件；STO 标志将被复位
		读数据字节	1	1	0	x	将发送 STOP 条件，之后再传输一个 START 条件；STO 标志将被复位

主接收器模式的数据格式和状态转移如图 7-11 所示，其中，缩写符号含义如表 7-38 所列。

(3) 从接收器模式

在从接收模式下，从主发送器接收数据字节。为了初始化从接收模式，I2C0ADR 必须设置从地址，且 I2C0CONSET 必须如下加载：I2EN 必须设置为 1 以允许 I^2C 模块；AA 位必须设置为 1 以使 I^2C 块能够应答自身的从地址或广播地址；STA、STO 和 SI 都必须复位。

当 I2C0ADR 和 I2C0CONSET 已设置好之后，I^2C 模块将等待，直到它收到与其从地址相同的地址，并且如果 I^2C 模块要工作在从接收模式下，则随后的数据方向位必须是 0(W)。在已收到自身从机地址和 W 位后，串行中断标志(SI)被设置且可以从 I2C0STAT 读取有效状态代码。每个状态代码都对应合适的动作，具体动作详见表 7-40。如果 I^2C 模块在主模式时仲裁丢失，也可以进入从接收模式（见表 7-40 中状态码 0x68 和 0x78）。

如果在传输过程中 AA 位被复位，I^2C 模块在接收到下一个数据字节之后，将返回一个非应答(逻辑 1)到 SDA 线上。当 AA 复位时，I^2C 块将不会响应自己的从地址或广播地址。然而，I^2C 总线仍然被监测，并可在任何时间设置 AA 恢复地址识别。这意味着，AA 位可用于暂将 I^2C 模块与 I^2C 总线隔离。

从接收器模式的数据格式和状态转移如图 7-12 所示，其中，缩写符号含义如表 7-38 所列。

(4) 从发送器模式

在从发送模式时，数据字节被传送到主接收器(如图 7-13 所示)。数据传输的初始化方法与从接收模式一样。当 I2C0ADR 和 I2C0SETCON 已设置完成之后，I^2C 模块将等待，直到它收到与其自身从地址相同的地址；且如果 I^2C 模块要工作在从发送模式下，则随后的数据方向位必须是“1”(R)。在其从机地址和 R 位已被收到之后，串行中断标志(SI)被设置，而且可从 I2C0STAT 读取有效的状态代码。此状态代码是状态服务程序的向量，每一个状态代码对应合适的动作，具体动作详见表 7-41。如果 I^2C 模块在主模式时仲裁丢失，也可进入从发送模式（见表 7-41 中状态码 0xB0）。

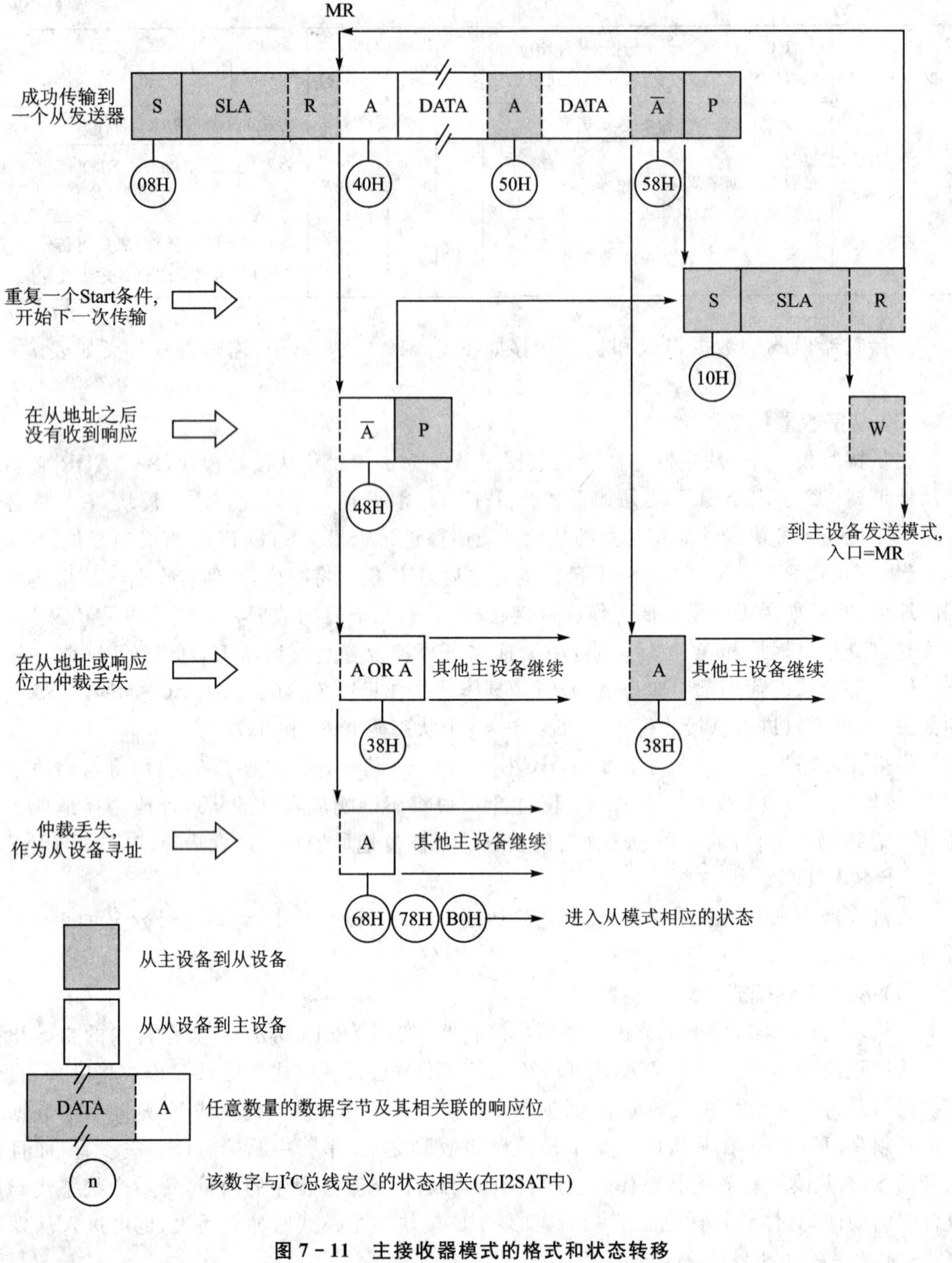

MR

成功传输到一个从发送器：S | SLA | R | A | DATA | A | DATA | $\overline{A}$ | P

08H　40H　50H　58H

重复一个Start条件，开始下一次传输：S | SLA | R

10H

W

到主设备发送模式，入口=MR

在从地址之后没有收到响应：$\overline{A}$ | P

48H

在从地址或响应位中仲裁丢失：A OR $\overline{A}$ 其他主设备继续　38H；A 其他主设备继续　38H

仲裁丢失，作为从设备寻址：A 其他主设备继续

68H　78H　B0H　进入从模式相应的状态

从主设备到从设备

从从设备到主设备

DATA | A　任意数量的数据字节及其相关联的响应位

n　该数字与I^2C总线定义的状态相关(在I2SAT中)

图 7-11　主接收器模式的格式和状态转移

表 7-40　从接收器模式各状态码对应动作

状态码 (I2C0CSTAT)	I^2C 和硬件总线状态	应用软件响应 To/From I2C0DAT	To I2CON				I^2C 硬件的下一个动作
			STA	STO	SI	AA	
0x60	已经收到自身 SLA + W；已返回 ACK	无 I2DAT 动作或	X	0	0	0	将接收数据字节，且将返回 NOT ACK
		无 I2DAT 动作	x	0	0	1	将接收数据字节，且将返回 ACK
0x68	作为主控器，在 SLA+R/W 传输阶段，仲裁丢失；已收到自身 SLA +W，返回 ACK	无 I2DAT 动作或	X	0	0	0	将接收数据字节，且将返回 NOT ACK
		无 I2DAT 动作	x	0	0	1	将接收数据字节，且将返回 ACK
0x70	已收到广播地址（0x00）已返回 ACK	无 I2DAT 动作或	X	0	0	0	将接收数据字节，且将返回 NOT ACK
		无 I2DAT 动作	x	0	0	1	将接收数据字节，且将返回 ACK
0x78	作为主控器，在 SLA+R/W 传输阶段，仲裁丢失；已收到广播地址，返回 ACK	无 I2DAT 动作或	X	0	0	0	将接收数据字节，且将返回 NOT ACK
		无 I2DAT 动作	x	0	0	1	将接收数据字节，且将返回 ACK
0x80	之前用自身 SLV 地址寻址；已收到 DATA；已返回 ACK	读数据字节	X	0	0	0	将接收数据字节，且将返回 NOT ACK
		读数据字节	x	0	0	1	将接收数据字节，且将返回 ACK
0x88	之前用自身 SLA 地址寻址；已收到 DATA；已返回 NOT ACK	读数据字节	0	0	0	0	转换到不可寻址 SLV 模式；不能识别自身 SLA 地址或广播地址
		读数据字节	0	0	0	1	转换到不可寻址 SLV 模式；将识别自身 SLA 地址，如果 I2C0ADR[0] = 1 则识别广播地址
		读数据字节	1	0	0	0	转换到不可寻址 SLV 模式；不能识别自身 SLA 地址或广播地址。当总线空闲时，将发送一个 START 条件
		读数据字节	1	0	0	1	转换到不可寻址 SLV 模式；将识别自身 SLA 地址，如果 I2C0ADR[0] = 1 则识别广播地址。当总线空闲时，将发送一个 START 条件

续表 7-40

状态码 (I2C0CSTAT)	I²C 和硬件总线状态	应用软件响应 To/From I2C0DAT	To I2CON STA	STO	SI	AA	I²C 硬件的下一个动作
0x90	之前用广播地址寻址；已收到 DATA；已返回 ACK	读数据字节或	x	0	0	0	将接收数据字节，且将返回 ACK
		读数据字节	x	0	0	1	将接收数据字节，且将返回 NOT ACK
0x98	之前用广播地址寻址；已收到 DATA；已返回 NOT ACK	读数据字节或	0	0	0	0	转换到不可寻址 SLV 模式；不能识别自身地址或广播地址
		读数据字节或	0	0	0	1	转换到不可寻址 SLV 模式；将识别自身 SLA 地址，如果 I2ADR[0] = 1 则识别广播地址
		读数据字节或	1	0	0	0	转换到不可寻址 SLV 模式；不能识别自身 SLA 地址。当总线空闲时，将发送一个 START 条件
		读数据字节	1	0	0	1	转换到不可寻址 SLV 模式；将识别自身 SLA 地址，如果 I2ADR[0] = 1 则识别广播地址。当总线空闲时，将发送一个 START 条件
0xA0	当作为 SLV/REC 或 SLV/TRX 寻址时，已收到 STOP 条件或重复 START 条件	无 STDAT 动作或	0	0	0	0	转换到不可寻址 SLV 模式；不能识别自身 SLA 地址或广播地址
		无 STDAT 动作或	0	0	0	1	转换到不可寻址 SLV 模式；将识别自身 SLA 地址，如果 I2C0ADR[0] = 1 则识别广播地址
		无 STDAT 动作或	1	0	0	0	转换到不可寻址 SLV 模式；不能识别自身 SLA 地址。当总线空闲时，将发送一个 START 条件
		无 STDAT 动作	1	0	0	1	转换到不可寻址 SLV 模式；将识别自身 SLA 地址，如果 I2C0ADR[0] = 1 则识别广播地址。当总线空闲时，将发送一个 START 条件

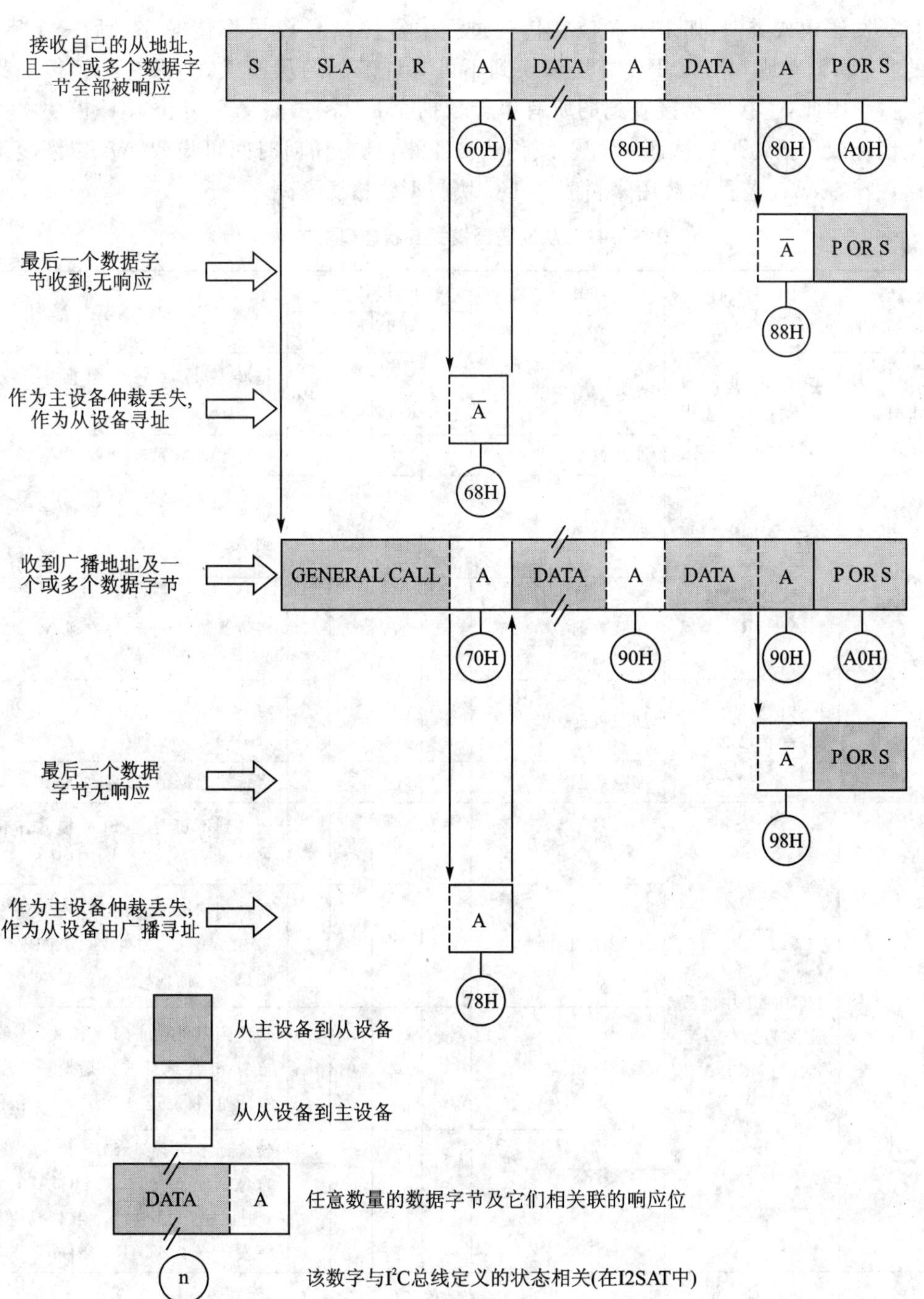

图 7－12　从接收器模式的格式和状态转移

与从发送模式类似，如果 AA 位在传输过程中复位，I^{2}C 模块将传输完最后一个字节，并进入的状态 0xC0 或 0xC8。I^{2}C 模块切换到不可寻址匹配的从模式，如果它继续传输将忽略主接收器。因此，主接收器接收到的所有串行数据全是 1。虽然 AA 复位，I^{2}C 模块将不响应自身从地址或广播地址。然而，I^{2}C 总线仍然被监测，且在任何时间可设置 AA 以恢复地址识别。这意味着，AA 位可以被用来暂时将 I^{2}C 块与 I^{2}C 总线隔离。

表 7-41　从发送器模式各状态码对应动作

状态码 (I2C0CSTAT)	I^{2}C 和硬件总线状态	应用软件响应 To/From I2C0DAT	To I2CON				I^{2}C 硬件的下一个动作
			STA	STO	SI	AA	
0xA8	已经收到自身 SLA + R；已返回 ACK	加载数据字节	x	0	0	0	将传输最后一个数据字节；将收到 ACK
		加载数据字节	x	0	0	1	将传输数据字节；将收到 ACK
0xB0	作为主控设备，在 SLA+R/W 传输阶段，仲裁丢失；已接收到自身 SLA + R，已返回 ACK	加载数据字节	x	0	0	0	将传输最后一个数据字节；将收到 ACK
		加载数据字节	x	0	0	1	将传输数据字节；将收到 ACK
0xB8	I2C0DAT 中的数据字节已发送；已接收到 ACK	加载数据字节	x	0	0	0	将传输最后一个数据字节；将收到 ACK
		加载数据字节	x	0	0	1	将传输数据字节；将收到 ACK
0xC0	I2C0DAT 中的数据字节已发送；已接收到 NOT ACK	无 I2DAT 动作	0	0	0	0	转换到不可寻址 SLV 模式；不能识别自身 SLA 地址或广播地址
		无 I2DAT 动作	0	0	0	1	转换到不可寻址 SLV 模式；将识别自身 SLA 地址，如果 I2C0ADR[0] = 1 则识别广播地址
		无 I2DAT 动作	1	0	0	0	转换到不可寻址 SLV 模式；不能识别自身 SLA 地址或广播地址。当总线空闲时，将发送一个 START 条件
		无 I2DAT 动作	1	0	0	1	转换到不可寻址 SLV 模式；将识别自身 SLA 地址，如果 I2C0ADR[0] = 1 则识别广播地址。当总线空闲时，将发送一个 START 条件

续表 7 - 41

状态码 (I2C0CSTAT)	I^2C 和硬件总线状态	应用软件响应 To/From I2C0DAT	To I2CON				I^2C 硬件的下一个动作
			STA	STO	SI	AA	
0xC8	I2C0DAT 中的数据字节已发送(AA = 0)；已接收到 ACK	无 I2DAT 动作	0	0	0	0	转换到不可寻址 SLV 模式；不能识别自身 SLA 地址或广播地址
		无 I2DAT 动作	0	0	0	1	转换到不可寻址 SLV 模式；将识别自身 SLA 地址，如果 I2ADR[0] = 1 则识别广播地址
		无 I2DAT 动作	1	0	0	0	转换到不可寻址 SLV 模式；不能识别自身 SLA 地址或广播地址。当总线空闲时，将发送一个 START 条件
		无 I2DAT 动作	1	0	0	1	转换到不可寻址 SLV 模式；将识别自身 SLA 地址，如果 I2C0ADR[0] = 1 则识别广播地址。当总线空闲时，将发送一个 START 条件

从接收器模式的数据格式和状态转移如图 7 - 13 所示，其中缩写符号含义如表 7 - 38 所列。

(5) 杂项状态

还有两个 I2C0STAT 代码没有包含在表 7 - 37、7 - 39、7 - 40 和 7 - 41，不符合 I^2C 硬件定义的状态。

1) I2C0STAT = 0xF8

此状态代码表示没有相关信息可用，因为串行中断标志位 SI 没有设置。当 I^2C 模块不参与串行传输时，这种情况出现在其他状态之间。

2) I2C0STAT = 0x00

此状态代码表示在 I^2C 串行传送期间发生了总线错误。START 或 STOP 条件出现在帧格式中的非法位置时，就会产生一个总线错误。此状态代码表示在 I^2C 串行传送期间发生了总线错误。START 或 STOP 条件出现在帧格式中的非法位置时，就会产生一个总线错误。非常位置可以是在串行传输中的地址字节、数据字节或应答位中。当外部干扰信号干扰内部的 I^2C 模块信号时，也可能出现总线错误。当总线错误时，SI 被设置。要恢复总线错误，必须置 STO 标志位为 1 且 SI 位必须被清除。这将导致 I^2C 块进入“不可寻址”的从模式(一个定义的状态)，并清除 STO 标志位(不影响 I2CON 其他位)。SDA 和 SCL 线被释放(没有传输 STOP 条件)。

(6) 一些特殊情况

I^2C 硬件能处理在串行传输中可能的发生以下列一些特殊情况：

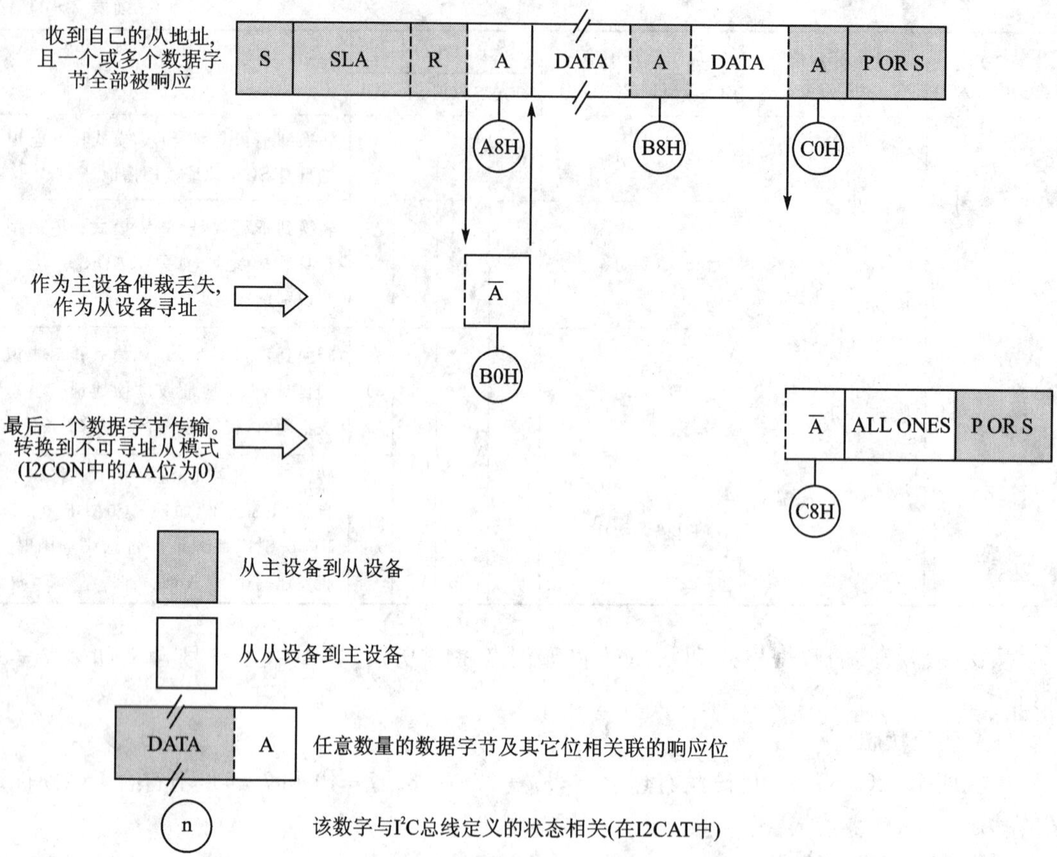

图 7-13　从发送器模式的格式和状态转移

1) 同时有来自两个主设备的重复 START 条件

在主发送或主接收模式下,可能生成一个重复 START 条件。如果另一个主设备同时生成一个重复 START 件,则将会发生一个特殊的情况。发生这种情况之前,任何一方都没有丢失仲裁,因为它们传输的是相同的数据。

在 I²C 硬件本身产生重复 START 条件之前,如果在 I²C 总线上检测到一个重复 START 条件,则释放总线且不产生中断请求。如果另一个主设备通过产生 STOP 条件释放了总线,I²C 模块将传输正常的 START 条件(状态 0x08),并重新开始进行串行数据传输。

2) 仲裁丢失之后的数据传输

在主发送模式和主接收模式下,仲裁可能丢失。当 I2C0STAT 是以下状态时,仲裁可能丢失:0x38、0x68、0x78 和 0xB0(见表 7-37 和表 7-39)。

如果 I2CON 中的 STA 标志被这些状态的服务程序设置,那么如果总线再次空闲,在没有

CPU 的干预下，将传输一个 START 条件（状态 0x08），并重新开始一个全部串行传送。

3）强制访问 I²C 总线

在一些应用中，可能存在一个不受控制的来源导致总线挂断。在这种情况下，问题可能是由干扰、总线上暂时的中断或在 SDA 和 SCL 之间临时性的短期电流造成的。

如果不受控制源产生了一个多余的 START 条件或屏蔽了 STOP 条件，那么 I²C 总线将一直保持忙碌状态。如果 STA 的标志被设置，且没有在合理的时间内访问总线，那么可能强制访问 I²C 总线。在 STA 状态标志仍被设置的情况下设置 STO，就会出现强制访问，没有 STOP 条件被传送。此时，I²C 硬件的行为就像收到 STOP 条件一样，将可以发送一个 START 条件。STO 标志将由硬件清除，如图 7－14 所示。

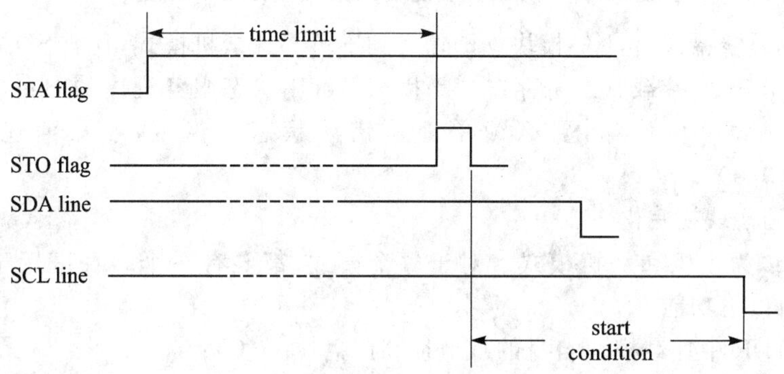

图 7－14　强制访问一个正忙的 I²C 总线

4）I²C 总线被 SCL 或 SDA 线上的低电平阻塞

总线上的任何设备将 SDA 和 SCL 线上的电平拉低，就会发生一个 I²C 总线挂断。如果 SCL 线被总线上的设备阻塞（拉低），那么将不可能进行后续的串行传输，并且这个问题必须由拉低 SCL 线的设备解决。

通常情况下，SDA 线在以下情况可能会被阻塞：总线上的其他设备没有和当前的总线主控设备同步、任何错误的时钟或将噪声脉冲作为时钟。在这种情况下，问题可以通过在 SCL 线上传输一个额外时钟脉冲来解决，如图 7－15 所示。I²C 接口中没有一个专门的超时计时器来检测总线受阻，但这可以通过使用系统中另一个计时器来实现。当检测到 SDA 阻塞时，软件可以强制在 SCL 线上产生时钟（最多可达 9 个时钟周期），直到 SDA 被有问题的设备释放。在这一点上，从设备仍可能不同步，因此应产生一个 START 条件以保证所有的 I²C 外设是同步的。

5）总线错误

当 START 或 STOP 条件出现在帧格式中非法位置时，就会产生一个总线错误。串行传输中，非法位置有：地址字节、数据字节或应答位。

只有在 I²C 模块作为主设备或从设备并参与串行传输出现总线错误时，I²C 硬件才会做

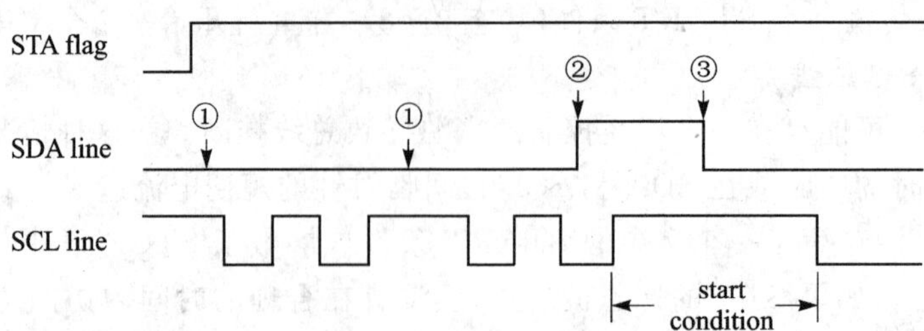

图 7-15　从 SDA 被拉低引起的总线阻塞中恢复

出反应。当检测总线错误后，I^2C 模块立即切换到不可寻址从机模式，释放 SDA 和 SCL 线，设置中断标志，并用 0x00 装载状态寄存器。此状态码可用状态服务程序的向量，状态服务程序要么企图中止一次串行传输，要么简单地从错误状态中恢复，参见前述的杂项状态："I2C0STAT = 0x00"。

(7) I^2C 接口模块初始化

I^2C 模块可以为主机和从机模式。对于每个模式，都要有一个缓冲区用于发送和接收。初始化程序执行以下功能：

- 往 I2C0ADR 中加载模块自身的从地址和广播位（GC）；
- 允许 I^2C 中断并设置中断优先级；
- 同时设置 I2C0SETCON 中的 I2EN 和 SI 位，允许从设备模式；对于主模式，还要通过 I2C0SCLH 和 I2C0SCLL 寄存器定义串行时钟频率。主设备程序必须在主程序中开始。

I^2C 硬件开始在 I^2C 总线上检测自身从地址和广播位。如果检测到广播地址或自身从地址，则产生中断请求，并且在 I2C0STAT 中加载了一个合适的状态信息。

(8) 中断服务程序、状态服务程序

进入 I^2C 中断时，I2C0STAT 中包含一个状态代码，根据这个状态代码确定哪个状态服务程序将被执行。共计有 26 种状态，参考表 7-37、7-39、7-40、7-41 及杂项状态。每个状态服务程序都是 I^2C 中断服务程序的一部分，读者可以阅读 LPC1110 数据手册的 I^2C 章节，了解每种状态服务所对应的具体操作。I^2C 通信就是通过 I^2C 中断服务程序来实现 I^2C 各种模式的所有动作。

应用程序中，在 I^2C 操作期间也可使用某种状态服务程序，比如可能需要执行某种超时程序，以处理总线无效或服务程序丢失。

7.2.3　应用程序设计

设计任务：实现 LPC1114 处理器与一个 I^2C 接口的 EEPROM 的驱动设计，也就是能通过

LPC1114 的 I^2C 接口对该 EEPROM 进行读/写操作。

硬件设计：在开发板上，LPC1114 处理器的 SCL、SDA(PIO0_4、PIO0_5)与一个 M24C64 相连接。M24C64 是一个 64 KB 的 I^2C 接口的 EEPROM，如图 7－16 所示。注意，在该 I^2C 总线上还有一个 I^2C 的温度传感器 STLM75M2E，在图 7－16 中未画出来。

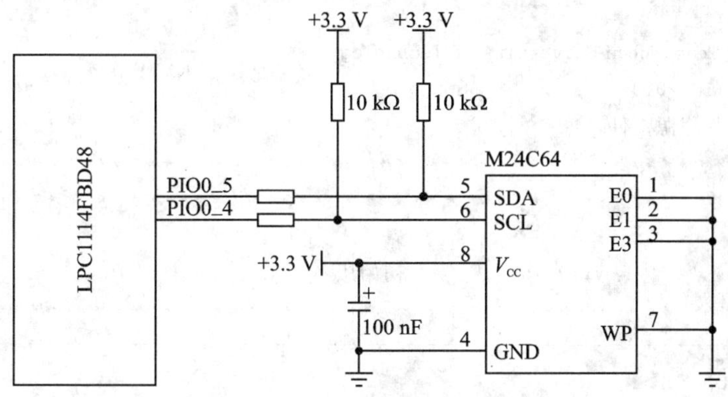

图 7－16 I^2C 例程硬件连接图

软件设计：根据设计任务之要求，将 I^2C 接口模块初始化之后，先向 EEPROM 的 0x0000 地址处写入 3 个字节 0xAA、0x12、0x34，然后再从 EEPROM 的 0x0000 读出 3 个字节与所写入的字节做比较，最后将比较结果向 UART 输出。

除了启动代码、CMSIS 文件之外，整个工程包含两个主要的源文件：uart.c、i2c.c、main.c。其中：

- uart.c 包含 UART 端口的驱动函数，可以参考 7.1 节介绍。
- i2c.c 包含 I^2C 接口的驱动函数。其中，I2CInit 函数用于初始化 I^2C 接口模块；I2C_IRQHandler 函数用于处理 I^2C 中断，包括各种状态处理服务，以实现 I^2C 各种模式的所有动作；I2CStart 函数和 I2CStop 函数分别用于产生一个 Start 条件和 Stop 条件；I2CEngine 函数用于完成一个常规 I^2C 通信的全过程，具体动作在 I2C_IRQHandler 中完成。
- main.c 包含 main 函数，功能为：初始化系统、UART 和 I^2C；然后设置 I^2C 接口读写数据长度为 I2CWriteLength ＝ 6、I2CReadLength＝0，将 EEPROM 的地址、EEPROM 内部的地址以及 3 个字节 0xAA、0x12、0x34 写入数组 I2CMasterBuffer，其中，EEPROM 的地址、EEPROM 内部的地址用于指明 EEPROM 的目的地址，调用 I2CEngine 将 3 个字节通过 I^2C 接口写入到 M24C64 中；在延时之后，设置 I^2C 接口读/写数据长度为 I2CWriteLength ＝ 3、I2CReadLength＝3，将 EEPROM 的地址、EEPROM 内部的地址写入数组 I2CMasterBuffer，调用 I2CEngine 将地址所指的 3 个 EEPROM 单元内容读入数组 I2CSlaveBuffer；比较所写 3 个字节和所读 3 个字节，将结果通过 UART

输出。

i2c.c 是由 NXP 提供的 CMSIS 外设驱动库，读者可以阅读相关手册及源代码，这里不做冗述。main.c 参考程序如下：

```
/********************(C) COPYRIGHT 2010 UP Team,WHUT ********************
 * 文件名：main.c
 * 作者  ：UP Team,Wuhan University of Technology
 * 日期  ：01/18/2010
 * 描述  ：主程序源文件
**********************************************************************
**********************************************************************
 * 历史：
 * 01/18/2010        ：V1.0          初始版本
**********************************************************************
/* Includes ------------------------------------------------------------*/
#include <stdio.h>
#include "LPC11xx.h"
#include "type.h"
#include "uart.h"
#include "i2c.h"
/* Private typedef -----------------------------------------------------*/
/* Private define ------------------------------------------------------*/
/* Private macro -------------------------------------------------------*/
/* Private variables ---------------------------------------------------*/
extern volatile uint32_t I2CCount;
extern volatile uint8_t I2CMasterBuffer[I2C_BUFSIZE];
extern volatile uint8_t I2CSlaveBuffer[I2C_BUFSIZE];
extern volatile uint32_t I2CMasterState;
extern volatile uint32_t I2CReadLength,I2CWriteLength;
uint8_t ErrorCount = 0;
/* Private function prototypes -----------------------------------------*/
/* Private functions ---------------------------------------------------*/
/**
  * @函数名:main
  * @描述:主函数
  * @参数:无
  * @返回值:无
  */
int main (void)
{
```

```
uint32_t i;
SystemInit();
/* NVIC 配置包含在 UARTInit 函数中 */
UARTInit(115200);
printf("\n\r-- Basic I2C EEPROM Project V1.0 --\n\r");
printf("\n\r-- EM-LPC1110  --\n\r");
printf("\n\r-- I2C Read/Write EEPROM test -- \n\r");
/* 初始化 I2C */
if ( I2CInit( (uint32_t)I2CMASTER ) == FALSE )
{
  /* 初始化失败 */
  while ( 1 );
}
/* 进入并启动 I2CEngine 之前,配置好所有的参数包括写数据长度,读数据长度
I2C 命令,初始化 I2CMasterBuffer
(1)如果只写,I2CWriteLength 为写入数据字节数,I2CReadLength 读长度为 0,
   所写数据填入 I2CMasterBuffer。
(2)如果只读,I2CReadLength 为读数据字节数,I2CWriteLength 为 0。读出
   的数据填充至 I2CSlaveBuffer。
(3)如果既有读又有写,I2CWriteLength 指定写入数据长度,I2CReadLength
   指定读取数据长度。
    */
I2CWriteLength = 6;
I2CReadLength = 0;
I2CMasterBuffer[0] = PCF8594_ADDR;
/* EEPROM 内部存储单元地址 */
I2CMasterBuffer[1] = 0x00;
I2CMasterBuffer[2] = 0x00;
/* 发送的第一个数据 */
I2CMasterBuffer[3] = 0xAA;
/* 第二个数据 */
I2CMasterBuffer[4] = 0x12;
/* 第三个数据 */
I2CMasterBuffer[5] = 0x34;
I2CEngine();
/* 写延迟 */
for ( i = 0; i < 0x20000; i++ );
for ( i = 0; i < I2C_BUFSIZE; i++ )
{
```

```
    I2CSlaveBuffer[i] = 0x00;
  }
  /* 先发送 3 个字节,包括从设备 EEPROM 地址,内部存储器地址,然后读取 3 个字节 */
  I2CWriteLength = 3;
  I2CReadLength = 3;
  I2CMasterBuffer[0] = PCF8594_ADDR;
  I2CMasterBuffer[1] = 0x00;
  I2CMasterBuffer[2] = 0x00;
  I2CMasterBuffer[3] = PCF8594_ADDR | RD_BIT;
  I2CEngine();
  /* 比较写入和读出的数据是否相等 */
  for (i = 0; i < 3; i++ )
  {
    if (I2CSlaveBuffer[i] != I2CMasterBuffer[i + 3])
    {
      ErrorCount++;
    }
  }
  /* 测试失败 */
  if (ErrorCount == 3)
  {
    printf("\n\r I2C EEPROM test failed! \n\r");
  }
  else    /* 测试成功 */
  {
    printf("\n\r I2C EEPROM test success! \n\r");
  }
  return 0;
}
/********** (C) COPYRIGHT 2010 UP Team,WHUT ***********文件结束***********/
```

运行过程:

① 用串口线将开发板的 UART 接口 J5 与 PC 机的串口相连,注意开发板的 UART 接口 J5 的机械尺寸是非标准的,在开套件中带有相应的连接线;

② 打开 PC 机端的串口终端,比如 Windows 下的超级终端,选择相应的 COM 口,设置数据位为 8 位,停止位 1 位,无奇偶校验位,波特率 11 520;

③ 使用 USB 线连接 PC 机与 EM－LPC1110 开发套件;

④ 打开例程包中 0802_I2C 目录下的工程,编译链接工程并下载到开发板中;

⑤ 按开发板的 Reset 按键,如果读写 EEPROM 成功,则可以看到在 PC 机的串口终端显

示如下内容：

```
- - Basic I2C EEPROM Project V1.0 - -
- - EM - LPC1110  - -
- - I2C Read/Write EEPROM test - -
I2C EEPROM test success!
```

如果不成功，则显示：

```
- - Basic I2C EEPROM Project V1.0 - -
- - EM - LPC1110  - -
- - I2C Read/Write EEPROM test - -
I2C EEPROM test failed!!
```

7.3 SPI 总线接口

LPC1110 系列处理器配置有两个 SPI 模块，第二个 SPI 模块 SPI1 只存在于 LQFP48 和 PLCC44 封装中，在 HVQFN33 封装中没有。

由于 LPC1110 处理器的 SPI 接口模块包含了全部的 SSP(同步串行端口)总线特征集，因此所有相关寄存器都使用 SSP 前缀命名。

LPC1110 处理器的 SPI 接口模块是一个 SSP 控制器，可控制 SPI、4 线 TI SSI(同步串行接口)和 Microwire 总线，可以与总线上的多个主机和从机相互作用。在数据传输过程中，总线上只能有一个主机与一个从机进行通信。原则上数据传输是全双工的，4～16 位帧的数据由主机发送到从机或由从机发送到主机。但实际上，大多数情况下只有一个方向上的数据流包含有意义的数据。

7.3.1 概　述

LPC1110 处理器 SPI 接口模块的特性如下：

- 兼容 Freescale SPI、4 线 TI SSI 和美国国家半导体公司的 Microwire 总线；
- 同步串行通信；
- 支持主机和从机操作；
- 收发均有 8 帧 FIFO；
- 每帧有 4～16 位数据。

SPI 的引脚如表 7－42 所列，也可参考 4.2 节的表 4－39。

表 7-42 SPI 接口的引脚

引 脚	类 型	SPI	SSC	Microwire	描 述
SCK0/1	I/O	SCK	CLK	SK	串行时钟。SCK/CLK/SK 是用来同步数据传输的时钟信号，由主机驱动，从机接收。当使用 SPI 接口时，时钟可编程为高电平有效或低电平有效，否则总是高电平有效。SCK 仅在数据传输过程中切换。在其他时间里，SPI/SSP 接口保持无效状态或不驱动它(使其处于高阻态)
SSEL0/1	I/O	SSEL	FS	CS	帧同步/从机选择。当 SPI/SSP 接口是总线主机时，它在串行数据启动前驱动该信号为有效状态。在数据发送出去之后又将该信号恢复为无效状态。该信号的有效状态根据所选的总线和模式可以是高或低。当 SPI/SSP 接口作为总线从机时，该信号根据使用的协议来判断主机数据的存在。 当只有一个总线主机和一个总线从机时，连至主机的帧同步信号或从机选择信号直接与从机相应的输入相连。当总线上接有多个从机时，需要管理好这些从机的帧选择/从机选择输入，以免一次传输有多个从机响应
MISO0/1	I/O	MISO	DR(M) DX(S)	SI(M) SO(S)	主机输入从机输出。MISO 信号线从从机传送串行数据传送到主机。当 SPI/SSP 作为从机时，串行数据从该信号输出。当 SPI/SSP 作为主机时，从该信号得到串行数据时钟。当 SPI/SSP 作为从机但未被 FS/SSEL 选定时，它不会驱动该信号(保持高阻态)
MOSI0/1	I/O	MOSI	DX(M) DR(S)	SO(M) SI(S)	主机输出从机输入。MOSI 信号线从主机传送串行数据到从机。当 SPI/SSP 作为主机时，串行数据从该信号输出。当 SPI/SSP 作为从机时，从该信号得到串行数据时钟

注意，SCK0 功能在 3 个不同的引脚上复用（在 HVQFN 封装上有两个引脚）。通过设置 IOCON_SCK_LOC 寄存器来选择一个引脚作为 SCK0 功能，另外还要在相应的 IOCON 寄存器中设置功能，可参见表 4-22。SCK1 引脚没有复用。

SPI 总线接口模块的时钟由 AHBCLKCTRL 寄存器控制，可通过设置 AHBCLKCTRL 寄存器 SSP0 位和 SSP1 位禁止 SPI，以节省功耗，可参见 4.1 节的表 4-17。

用于 SPI 时钟分频器和预分频器的 SPI 外设时钟由 SSP0/1CLKDIV 寄存器，可通过设置 SSP0/1CLKDIV 寄存器来禁止 SPI0/1_PCLK 时钟，可参见 4.1 节的表 4-18。

7.3.2 功能描述

本小节先简要介绍 SSP 总线规范，然后再介绍 SSP/SPI 接口相关寄存器。

1. SSP 总线规范

SSP 总线规范兼容 4 线 TI SSI、SPI 和 Microwire 总线，下面将分别简要介绍这 3 种总线的数据帧格式。

(1) TI SSI 数据帧格式

4 线 TI SSI 总线的帧格式如图 7－17 和 7－18 所示，它们分别是单帧传输和连续传输情形。

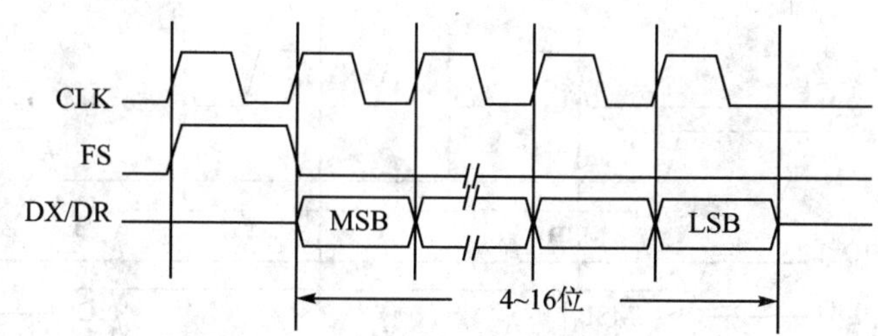

图 7－17 SSI 总线单帧传输数据格式

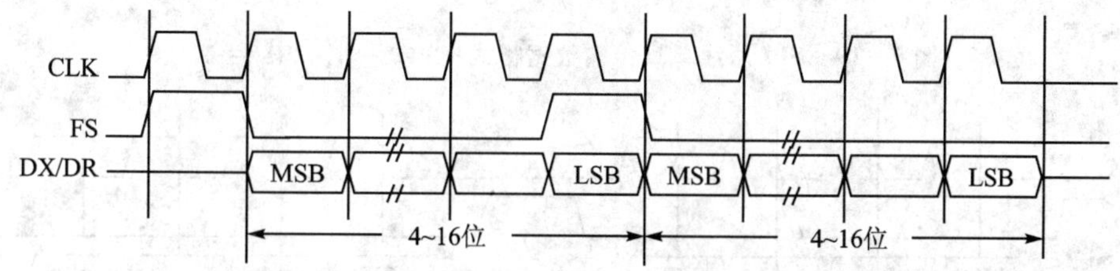

图 7－18 SSI 总线连续帧(背对背)传输数据格式

设备若在 SSI 模式下被配置为主机，每当 SSP 模块空闲时，CLK 和 FS 强制为低，发送数据线 DX 为三态模式。一旦发送 FIFO 的底部装入了数据，FS 将立即变为高电平，并维持一个 CLK 周期，须发送的数据位从发送 FIFO 转移到串行移位寄存器。下一个 CLK 上升沿到来时，4～16 位数据帧的最高位从 DX 引脚移出。同样，接收数据最高位也由片外串行从设备从 DR 引脚移入。

SSP 和片外串行从器件在每个 CLK 的下降沿将数据移位到它们的串行移位寄存器中。最低位(LSB)被锁存后，当 CLK 上升沿到来时，接收到的数据从串行移位寄存器传送到接收 FIFO。

(2) SPI 数据帧格式

SPI 接口是一个 4 线接口，它的 SSEL 信号用作从机选择。SPI 格式的主要特性是：可通过编程 SSPCR0 控制寄存器的 CPOL 位和 CPHA 位来设定 SCK 信号的无效状态和相位。

- CPOL＝0，则 SPI 总线空闲时，使 SCK 引脚产生一个稳定的低电平；
- CPOL＝1，则 SPI 总线空闲时，使 SCK 引脚产生一个稳定的高电平。

CPHA 控制位则用来选择捕获数据的时钟沿模式。它将对通信时传输的第一个位产生重要影响。当 CPHA 相位控制位为 0 时，数据在第 1 个时钟沿(SSEL 引脚由无效变为有效以后的第一个 SCK 跳变)被捕获；如果 CPHA 时钟相位控制位为 1，那么数据在第 2 个时钟沿被捕获。

1) CPOL＝0，CPHA＝0 的 SPI 帧格式

CPOL＝0，CPHA＝0 时，单 SPI 帧和连续 SPI 帧传输的时序如图 7－19 和 7－20 所示。

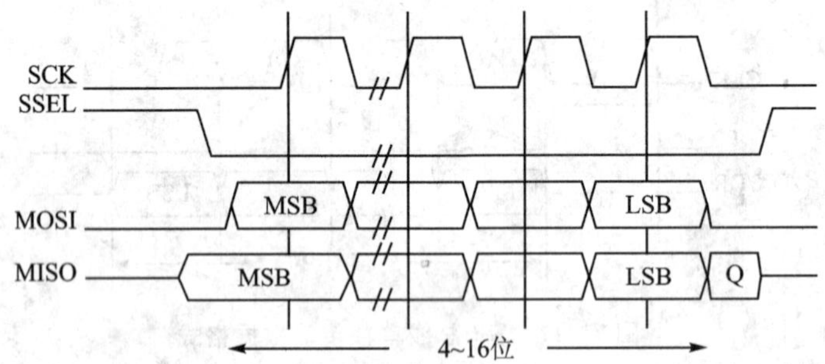

图 7－19　SPI 总线单帧传输数据格式(CPOL＝0，CPHA＝0)

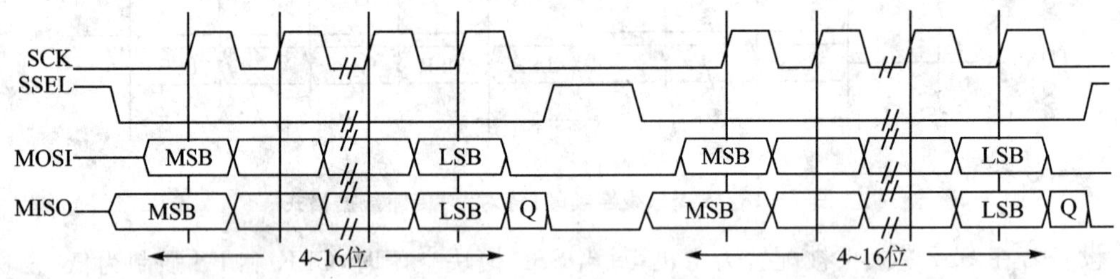

图 7－20　SPI 总线连续帧传输数据格式(CPOL＝0，CPHA＝0)

该配置下，在空闲周期内：

- CLK 信号强制为低。
- SSEL 强制为高。
- 发送引脚 MOSI/MISO 处于高阻态。

如果 SPI/SSP 被允许，且发送 FIFO 中有效数据，SSEL 主信号驱动为低指示数据发送开始。这使主机的 MOSI 被允许，从机的数据也发送到主机的 MISO 引脚上。

半个 SCK 周期后，主机的有效数据传输到 MOSI 引脚。这时主机和从机数据都已经设置好，再经过半个 SCK 周期，SCK 引脚信号变为高。

数据在 SCK 信号的上升沿被捕获，保持到 SCK 的下降沿。

发送单个帧时，当数据帧的所有位发送完，最后一个数据位被捕获后的一个 SCK 周期内，SSEL 恢复空闲高电平状态。

但是，在连续帧的发送过程中，每个数据帧之间 SSEL 信号必须为高。这是因为当 CPHA 位为 0 时，从机选择引脚将数据冻结在串行外围寄存器中，不允许其改变。因此，在每次数据帧传输之间，主设备必须拉高从器件的 SSEL 引脚来允许串行外设数据的写操作。当连续帧传输结束后，在最后一位被捕获后一个 SCK 周期内，SSEL 返回到空闲状态。

2）CPOL＝0，CPHA＝1 的 SPI 帧格式

CPOL＝0，CPHA＝1 时 SPI 帧的时序如图 7－21 所示。

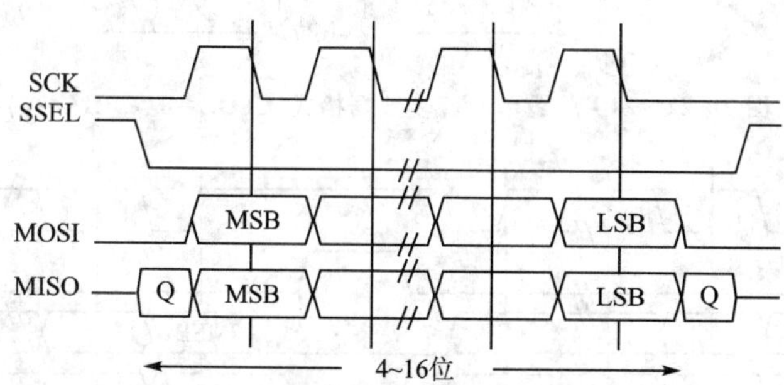

图 7－21　SPI 总线单帧传输数据格式(CPOL＝0，CPHA＝1)

该配置下，在空闲周期内：

➢ CLK 信号强制为低。

➢ SSEL 强制为高。

➢ 发送引脚 MOSI/MISO 处于高阻态。

如果 SPI/SSP 被允许并且发送 FIFO 中的有效数据，则 SSEL 被拉为低表示开始发送数据。主机 MOSI 引脚被允许。在半个 SCK 周期之后，主机和从机中的有效数据分别被允许输出到各自的发送线上。同时，SCK 出现上升沿跳变。

然后，数据在 SCK 信号的下降沿被捕获并保持到 SCK 信号的下一个上升沿。

在单个字的传输过程中，当所有位传输结束后，在最后一位被捕获后的一个 SCK 周期之后，SSEL 引脚返回到空闲的高电平状态。

对于连续背对背帧的传输，SSEL 在两个连续的数据字传输之间保持低电平，传输终止与单字传输一样。

3）CPOL＝1，CPHA＝0 的 SPI 帧格式

CPOL＝1，CPHA＝0 时，单 SPI 帧和连续 SPI 帧传输的时序如图 7－22 和 7－23 所示。

该配置下，在空闲周期内：

➢ CLK 信号强制为高。

➢ SSEL 强制为高。

➢ 发送 MOSI/MISO 引脚处于高阻态。

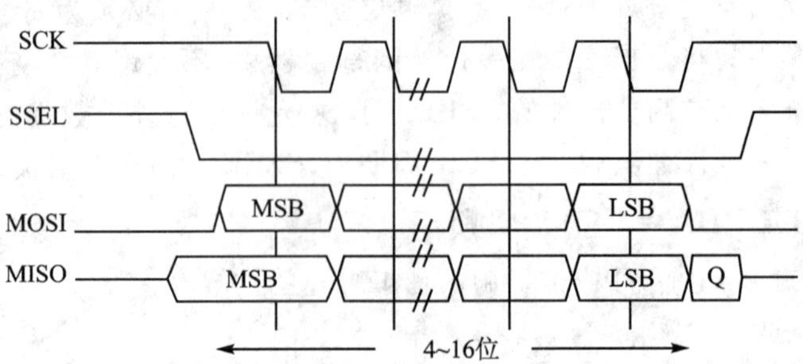

图 7-22　SPI 总线单帧传输数据格式(CPOL=1,CPHA=0)

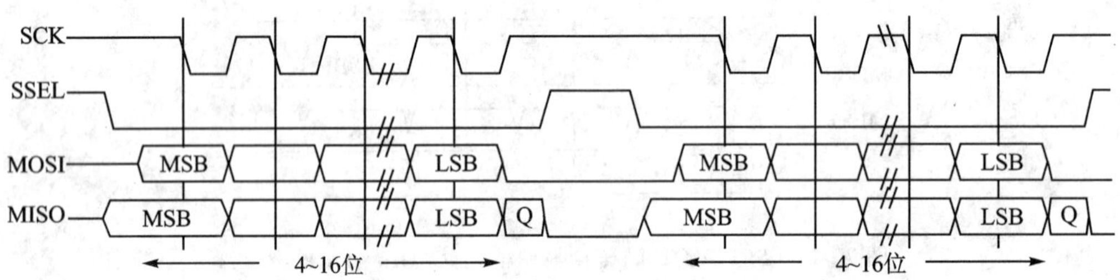

图 7-23　SPI 总线连续帧传输数据格式(CPOL=1,CPHA=0)

如果 SPI/SSP 被允许,且发送 FIFO 中有有效数据,则 SSEL 被拉为低表示开始发送数据,这使得从机数据立即被传输到主机的 MISO 线上。主机的 MOSI 引脚被允许。

半个 SCK 周期后,有效的主机数据被传输到 MOSI 线。由于主机和从机数据都被设置,再过半个 SCK 周期后 SCK 引脚将变低。这意味着数据在 SCK 信号的下降沿被捕获,并保持到 SCK 的下一个上升沿。

在发送单个字时,当数据字的所有位发送完后,在最后一位被捕获后的一个 SCK 周期之后,SSEL 引脚返回到高电平状态。

但是,在连续帧的发送过程中,在每个数据字传输之间 SSEL 信号必须为高。这是因为当 CPHA 位为逻辑 0 时,从机选择引脚冻结了串行外围寄存器中的数据,不允许其改变。因此,在每次数据传输之间主设备必须拉高从设备的 SSEL 引脚,来允许对串行外设数据的写操作。当连续传输结束后,在最后一位被捕获后一个 SCK 周期内,SSEL 引脚返回到空闲状态。

4) CPOL=1,CPHA=1 的 SPI 帧格式

CPOL=1,CPHA=1 时,SPI 帧的时序如图 7-24 所示。

该配置下,在空闲周期内:

- CLK 信号强制为高;
- SSEL 强制为高;
- 发送 MOSI/MISO 引脚处于高阻态。

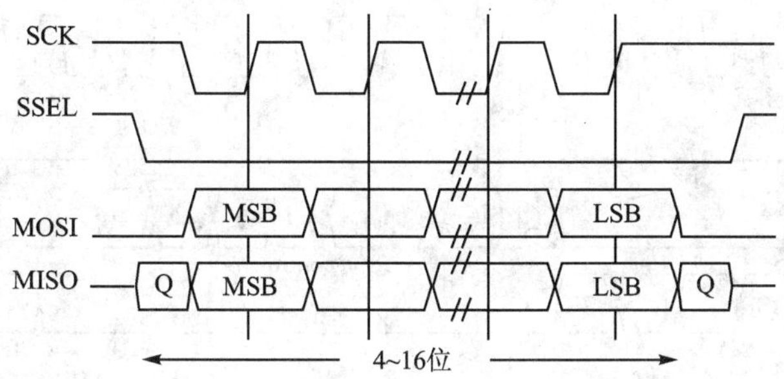

图 7-24　SPI 总线单帧传输数据格式(CPOL=1,CPHA=1)

如果 SPI/SSP 被允许,且发送 FIFO 中有有效数据,则 SSEL 主机信号被拉低,指示数据发送开始。主机的 MOSI 引脚被允许。再过半个 SCK 周期,主机和从机的有效数据都被允许输出到各自的发送线上。同时,通过下降沿跳变允许 SCK。然后,数据在 SCK 信号的上升沿被捕获并保持到 SCK 信号的下降沿。

在单个字的传输过程中,当所有位传输结束后,在最后一位被捕获的后一个 SCK 周期内,SSEL 返回到高电平状态。

对于连续帧的连续传输,SSEL 引脚仍保持有效的低电平状态,直到最后一个字的最后一位捕获之后,它再返回到空闲状态。总的说来,SSEL 引脚在两个连续的数据字传输之间保持低电平,传输终止的方法与单个字传输相同。

(3) Microwire 数据帧格式

Microwire 的数据帧格式如图 7-25 和 7-26 所示,它们分别是单帧传输和连续传输情形。

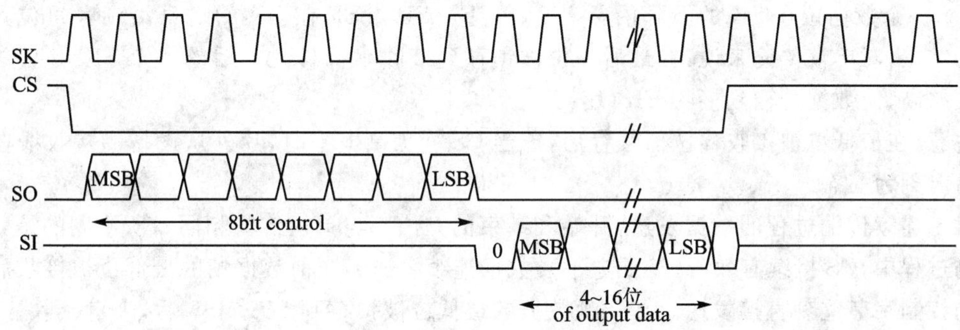

图 7-25　Microwire 单帧传输数据格式

Microwire 格式与 SPI 格式类似,但它的发送是半双工而非全双工模式,数据从主机传输到从机。每次串行发送以一个 8 位控制字开始,从 SPI/SSP 传输到片外从设备。在发送控制字的过程中,SPI/SSP 不接收数据。控制字发送结束后,片外从设备对其进行译码,在 8 位控

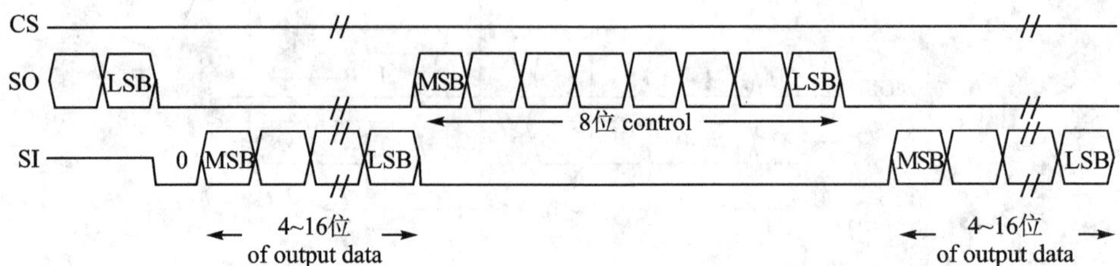

图 7－26 Microwire 连续帧传输数据格式

制信息的最后一位发送结束后的一个串行时钟之后，才返回主机所需的数据。返回的数据长度为 4～16 位，使得总的数据帧长度在 13～25 位之间。

该配置下，在空闲周期内：

➢ SK 信号强制为低。

➢ CS 强制为高。

➢ 发送数据线 SO 可强制为低。

发送过程由写一个控制字节到发送 FIFO 来触发。CS 的下降沿使发送 FIFO 底端的数据传输到串行移位寄存器，8 位控制帧的最高位被移位到 SO 引脚。CS 在帧发送过程中保持低电平。SI 在帧发送过程中保持三态。

片外串行从设备在每个 SK 的上升沿将每个控制位锁存到其串行移位器。当从设备完成最后一位的锁存后，再用一个 SK 周期对控制字节进行译码，然后从设备将数据发回给 SPI/SSP。每一个数据位在 SK 的下降沿驱动到 SI 上。SPI/SSP 在 SK 的上升沿锁存每位数据。在帧的结尾，对单帧传输来说，在最后一位被锁存到接收串行移位器后的一个 SK 周期内，CS 信号被拉高，使数据传输到接收 FIFO。

注意，在最低位被接收移位器锁存后，或当 CS 变为高电平时，片外从设备的接收线在 SK 下降沿时刻为三态。

对于连续传输过程的数据发送，开始和结束的方法都与单帧传输相同。所不同的是，在连续传输过程中，CS 持续有效（保持低电平），数据连续发送。当前数据帧的最低位被接收后，下一帧的控制字节立刻直接发送。在一帧数据的最低位被锁存到 SPI/SSP 后，来自接收移位器的每个接收到的数据在 SK 的下降沿被传送。

在 Microwire 模式中，当 CS 变低后，SPI/SSP 从机在 SK 上升沿对接收数据的首位进行采样。主机可自由驱动 SK，以确保相对 SK 的上升沿，CS 信号有足够的建立和保持时间。

图 7－27 给出了对 CS 的建立和保持时间的要求。相对 SPI/SSP 从机采样接收数据首个位的 SK 上升沿，CS 的建立时间至少为 SPI/SSP 操作的 SK 周期的 2 倍。相对于之前的 SK

上升沿，CS 的保持时间至少为一个 SK 周期。

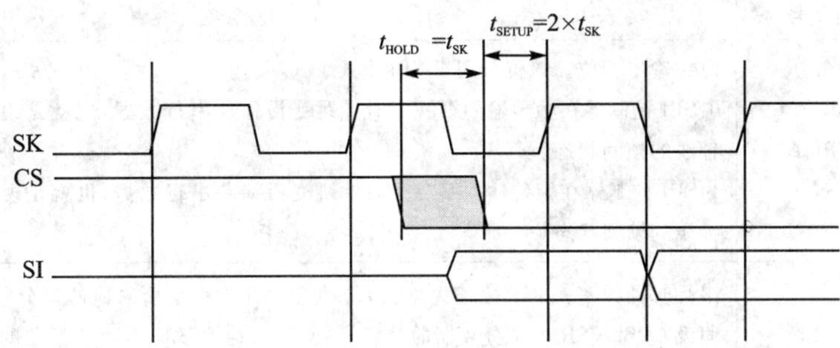

图 7-27 Microwire 帧格式建立和保持

2. 相关功能寄存器

SPI/SSP0 相关功能寄存器的基地址为 0x4004 0000；SPI/SSP1 相关功能寄存器的基地址为 0x4005 8000。两组寄存器分别控制 SPI0 和 SPI1，其功能完全一样。在后续介绍中，寄存器名中 n 表示 0 或 1，比如 SPI/SSP 控制寄存器 SSPnCR0(n=0 或 1)。

SPI/SSP 接口模块有两个控制寄存器 SSPnCR0 和 SSPnCR1。SSPnCR0 用于控制 SPI/SSP 模块的基本操作，其偏移地址为 0x00，复位值为 0x00，位域定义如表 7-43 所列；SSPnCR1 用于控制 SPI/SSP 模块工作方式的某些特征，其偏移地址为 0x04，复位值为 0x00，位域定义如表 7-44 所列。

表 7-43 SPI/SSP 控制寄存器 0 SSPnCR0

位 域	符 号	描 述
[3:0]	DSS	数据长度选择，控制着每帧传输的位数目，不支持且不使用值 0000～0010。 0011:4 位传输； 0100:5 位传输； 0101:6 位传输； 0110:7 位传输； 0111:8 位传输； 1000:9 位传输； 1001:10 位传输； 1010:11 位传输； 1011:12 位传输； 1100:13 位传输； 1101:14 位传输； 1110:15 位传输； 1111:16 位传输
[5:4]	FRF	帧格式。 00:SPI； 01:TI SSI； 10:Microwire； 11:不支持且不使用这个组合
6	CPOL	时钟输出极性。该位只用于 SPI 模式。 0:SPI 控制器使总线时钟在两帧传输之间保持低电平。 1:SPI 控制器使总线时钟在两帧传输之间保持高电平

续表 7-43

位域	符号	描述
7	CPHA	时钟输出相位。该位只用于 SPI 模式。 0:SPI 控制器在帧传输的第一个时钟跳变沿捕获串行数据,也就是说,传输远离时钟线的帧间状态。 1:SPI 控制器在帧传输的第二个时钟跳变沿捕获串行数据,也就是说,传输紧邻时钟线的帧间状态
[15:8]	SCR	串行时钟频率。SCR 之值为总线上每传输一个数据位所对应的预分频时钟数减 1。假设 CPSDVSR 为预分频器的分频值,APB 时钟 PCLK 为预分频器的时钟,则位频率为 PCLK/(CPSDVSR×[SCR+1])
[31:16]	—	保留

表 7-44 SPI/SSP 控制寄存器 1 SSPnCR1

位域	符号	描述
0	LBM	选择回环模式。 0:正常操作模式; 1:串行输入脚同时也是串行输出脚(MOSI 或 MISO),而不是仅作为串行输入脚(MISO 或 MOSI 分别起作用)
1	SSE	允许 SPI。 0:禁止 SPI 控制器。 1:SPI 控制器可与串行总线上的其他器件相互通信。在设置该位之前,软件应将合适的控制信息写入其他 SPI/SSP 寄存器和中断控制器寄存器
2	MS	主机/从机模式。该位只能在 SSE 位为 0 时写入。 0:SPI 控制器作为总线主机,驱动 SCLK、MOSI 和 SSEL 线并接收 MISO 线。 1:SPI 控制器作为总线从机,驱动 MISO 线并接收 SCLK、MOSI 和 SSEL 线
3	SOD	从机输出禁止。该位只与从机模式有关(MS=1)。如果该位为 1,将阻塞 SSI 控制器驱动发送数据线(MISO)
[31:4]	—	保留,用户软件不要向保留位写入 1。从保留位读出的值未定义

从 SPI/SSP 接口收发数据是通过软件读/写 SPI/SSP 数据寄存器 SSPnDR 来实现的。该寄存器的偏移地址为 0x08,复位值为 0x00,位域定义如表 7-45 所列。

表 7-45　SPI/SSP 数据寄存器 SSPnDR

位　域	符　号	描　述
[15:0]	DATA	写:当状态寄存器的 TNF 位为 1 时,指示 Tx FIFO 未满,软件可将要发送的帧数据写入该寄存器。如果 Tx FIFO 以前为空,且总线上的 SPI 控制器不忙,则立刻开始发送数据;否则,写入该寄存器的数据要等到所有数据发送(或接收)完后才能发送。如果数据长度小于 16 位,软件必须对数据进行右对齐后再写入该寄存器。 读:当状态寄存器的 RNE 位为 1 时,指示 Rx FIFO 不为空,软件可读取该寄存器。软件读取该寄存器时,SSP 控制器将返回 Rx FIFO 中最早收到的一帧数据。如果数据长度小于 16 位,该字段的数据必须进行右对齐,高位补零
[31:16]	—	保留

SPI/SSP 模块控制器的当前状态可通过读取 SPI/SSP 状态寄存器 SSPnSR 来获得。该寄存器只读,偏移地址为 0x0C,复位值为 0x03,位域定义如表 7-46 所列。

表 7-46　SPI/SSP 状态寄存器 SSPnSR

位　域	符　号	描　述
0	TFE	发送 FIFO 空。发送 FIFO 为空时该位为 1,反之为 0
1	TNF	发送 FIFO 未满。Tx FIFO 满时该位为 0,反之为 1
2	RNE	接收 FIFO 非空。接收 FIFO 为空时该位为 0,反之为 1
3	RFF	接收 FIFO 满。接收 FIFO 满时该位为 1,反之为 0
4	BSY	忙。SPI 控制器空闲时该位为 0,当前正在发送/接收一帧数据和/或 Tx FIFO 非空时该位为 1
[31:5]	—	保留。用户软件不要向保留位写入 1。从保留位读出的值未定义

SPI/SSP 模块的外设时钟 SPI0/1_PCLK 由 SSP0/1CLKDIV 寄存器控制,可参见 4.1 节的表 4-18。SPI0/1_PCLK 到 SPI 预分频器时钟的分频系数,则由 SPI/SSP 时钟预分频寄存器 SSPnCPSR 控制,由它决定位时钟。SSPnCPSR 寄存器的偏移地址为 0x10,复位值为 0x00,位域定义如表 7-47 所列。

注意,在使用 SPI/SSP 之前必须正确初始化 SSPnCPSR,否则 SPI 控制器不可能正常发送数据。

在从机模式时,SPI 时钟频率由主机提供,不能超过 SSP0/1CLKDIV 寄存器选定的 SPI 外设时钟频率 SPI0/1_PCLK 的 1/12。SSPnCPSR 寄存器中的值与时钟频率无关。

主机模式, CPSDVSRmin = 2 或更高(仅限偶数)。

表 7-47　SPI/SSP 时钟预分频寄存器 SSPnCPSR

位　域	符　号	描　述
[7：0]	CPSDVSR	这是 2～254 之间的一个偶数，SPI_PCLK 经分频后得到预分频器输出时钟。位 0 读总是为 0
[31：8]	—	保留

SPI/SSP 模块中有 4 种引起中断的原因，用户可以通过设置 SPI/SSP 中断屏蔽设置/清除寄存器 SSPnIMSC 对这 4 种中断源进行屏蔽设置或清除。SSPnIMSC 寄存器的偏移地址为 0x14，复位值为 0x00，位域定义如表 7-48 所列。

表 7-48　SPI/SSP 中断屏蔽设置/清除寄存器 SSPnIMSC

位　域	符　号	描　述
0	RORIM	软件设置该位来允许接收溢出中断，当 Rx FIFO 满且又完成另一帧的接收时该位置位。ARM 特别指出发生接收溢出时，新数据帧会将前面的数据帧覆盖
1	RTIM	软件设置该位来允许接收超时中断，当 Rx FIFO 非空且在"超时周期"之内没有接收到任何数据，就会产生接收超时
2	RXIM	软件置位该位，使得当 Rx FIFO 至少有一半为满时触发中断
3	TXIM	软件置位该位，使得当 Tx FIFO 至少有一半为空时触发中断
[31：4]	—	保留，用户软件不要向保留位写入 1。从保留位读出的值未定义

无论 SSPnIMSC 寄存器对 4 种中断源是否进行了屏蔽，用户仍可以通过读取 SPI/SSP 原始中断状态寄存器 SSPnRIS 来了解是否某个中断条件被满足过。SSPnRIS 寄存器的偏移地址为 0x018，复位值为 0x08，位域定义如表 7-49 所列。

表 7-49　SPI/SSP 原始中断状态寄存器 SSPnRIS

位　域	符　号	描　述
0	RORRIS	当 RxFIFO 满、又接收到另一帧数据时该位置位。ARM 特别指出，此时接收到的新数据帧会将前面的数据帧覆盖
1	RTRIS	如果 Rx FIFO 不为空，且在"超时周期"之内没有被读时，该位置位
2	RXRIS	当 Rx FIFO 至少一半为满时该位置位
3	TXRIS	当 Tx FIFO 至少一半为空时该位置位
[31：4]	—	保留，用户软件不要向保留位写入 1。从保留位读出的值未定义

当一个中断条件出现且相应的中断在 SSPnIMSC 中被允许时，SPI/SSP 屏蔽中断状态寄存器 SSPnMIS 中对应位被置位。当产生 SPI 中断时，SPI 中断服务程序可通过读该寄存器来

判断中断源。SSPnMIS 寄存器的偏移地址为 0x01C，复位值为 0x00，位域定义如表 7－50 所列。

表 7－50 SPI/SSP 屏蔽中断状态寄存器 SSPnMIS

位 域	符 号	描 述
0	RORMIS	当 Rx FIFO 满时又接收到另一帧数据，并且中断被允许时该位为 1
1	RTMIS	Rx FIFO 非空，在“超时周期”之内未被读，且中断被允许时该位为 1
2	RXMIS	当 Rx FIFO 至少一半为满且该中断被允许时，该位为 1
3	TXMIS	当 Tx FIFO 至少一半为空且该中断被允许时，该位为 1
[31：4]	—	保留，用户软件不要向保留位写入 1。从保留位读出的值未定义

当中断条件发生之后，可以通过软件清除之。对于 RX、TX 的中断条件，可通过读或写适当的 FIFO 来清除。对于其他两个中断条件，则需要通过写 SPI/SSP 中断清除寄存器 SSPnICR 来清除；该寄存器只写，其偏移地址为 0x20，位域定义如表 7－51 所列。

表 7－51 SPI/SSP 中断清除寄存器 SSP0ICR

位 域	符 号	描 述
0	RORIC	写 1 到该位清除“RxFIFO 满时，接收到帧”中断
1	RTIC	写 1 到该位清除“Rx FIFO 非空，超时周期内未读到数据”中断
[31：2]	—	保留，用户软件不要向保留位写入 1。从保留位读出的值未定义

综上，所有 SPI/SSP 相关的寄存器如表 7－52 所列，读者编程时可参考。

表 7－52 SPI/SSP 相关寄存器列表(SPI0 基地址为 0x4004 0000，SPI1 基地址为 0x4005 8000)

名 称	符 号	访问方式	偏移地址	复位值
控制寄存器 0	SSPnCR0	R/W	0x000	0
控制寄存器 1	SSPnCR1	R/W	0x004	0
数据寄存器	SSPnDR	R/W	0x008	0
状态寄存器	SSPnSR	RO	0x00C	0x03
时钟预分频寄存器	SSPnCPSR	R/W	0x010	0
中断屏蔽设置/清零寄存器	SSPnIMSC	R/W	0x014	0
原始中断状态寄存器	SSPnRIS	R/W	0x018	0x08
屏蔽中断状态寄存器	SSPnMIS	R/W	0x01C	0
中断清零寄存器	SSPnICR	R/W	0x020	NA

7.3.3 应用程序设计

设计任务：对 LPC1114 处理器的 SPI/SSP 总线接口做通信测试。如果有两块 LPC1100 开发板则可做主发送/从接收测试；如果仅有一块 LPC1100 开发板，则可进行回环测试。

硬件设计：在开发板上，LPC1114 处理器的 SCK0(PIO2_11)、SSEL0(PIO2_2)、MISO0(PIO0_8)、MOSI0(PIO00_9)已经与分别被引到连接器 J7 的第 1 脚、J6 的第 21、4、3 脚。若使用两块 LPC1100 开发板做通信测试，则需要按图 7－28 将两块开发板连接到一起。若做回环测试，则无须做任何连接。

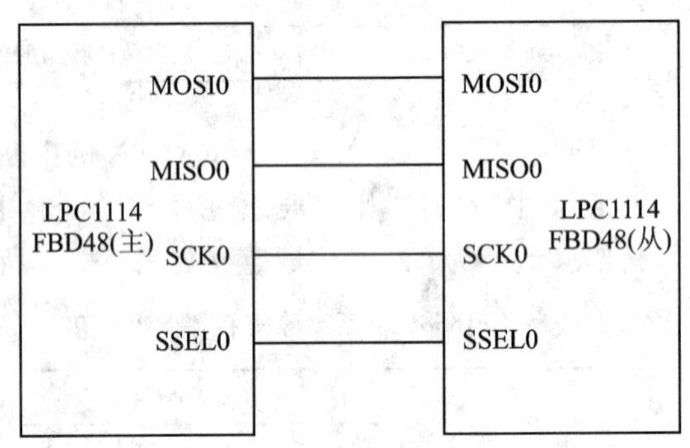

图 7－28　SPI 例程硬件连接图

软件设计：根据设计任务要求，应有 3 个不同的软件：回环测试模式、主发送模式、从接收模式。这里通过条件编译将 3 种模式整合在一起，在 ssp.h 文件中定义以下 3 个宏：

```
#define LOOPBACK_MODE      0   /* 1 为回环模式,0 为普通操作。*/
#define SSP_SLAVE      0       /* 1 为 从模式,0 为主模式 */
#define TX_RX_ONLY      0      /* 1 为 TX 还是 RX 只取决于 SSP_SLAVE 标志,0 为回环模式 */
```

只需要修改宏的值，即可配置所需测试的模式：

① LOOPBACK 测试：LOOPBACK_MODE＝1，TX_RX_ONLY＝0，USE_CS＝1；

② TX(主发送模式)：LOOPBACK_MODE＝0，SSP_SLAVE＝0，TX_RX_ONLY＝1；

③ RX(从接收模式)：LOOPBACK_MODE＝0，SSP_SLAVE＝1，TX_RX_ONLY＝1。

主发送/从接收测试的内容是：主机发出 16 个 8 位的数据，从机接收 16 个 8 位的数据，若从机收到数据则将测试结果向 UART 发送。

回环测试的内容是：自收自发 16 个 8 位数据，比较收发数据是否一致，将结果向 UART 发送。

除了启动代码、CMSIS 文件之外，整个工程包含两个主要的源文件：uart.c、ssp.c、main.c，其中：

- uart.c 包含 UART 端口的驱动函数，可以参考 7.1 节介绍。
- ssp.c 包含 SPI/SSP 接口的驱动函数。其中，SSP_Init 函数用于初始化 SPI/SSP 接口模块；SSP_IOConfig 函数用于选择和配置 SPI/SSP 接口引脚；SSP_Receive 函数用于接收数据；SSP_Send 用于发送数据；SSPn_IRQHandler 用于处理 4 种中断源。
- main.c 包含 main 函数，首先进行初始化任务，包括：初始化系统、UART，根据需求将 SPI/SSP 模块配置 3 种模式之一，初始化源数据数组 src_addr 和目的数据数组 dest_addr。之后，对于主发送模式，将 src_addr 中的数据向 SPI/SSP 接口发送；对于从接收模式，则是将从 SPI/SSP 接口接收数据存放到 dest_addr 中，并与 src_addr 进行比较，将比较结果发送到 UART 端口；对于回环测试模式，则是自收自发，然后比较数据是否一致，将比较结果发送到 UART 端口。SSP_LoopbackTest 函数用于进行回环模式。

uart.c 和 spi.c 是由 NXP 提供的 CMSIS 外设驱动库，读者可以阅读相关手册及源代码，这里不做冗述。main.c 参考程序如下：

```
/********************** (C) COPYRIGHT 2010 UP Team,WHUT **********************
 * 文件名: main.c
 * 作者  : UP Team,Wuhan University of Technology
 * 日期  : 01/18/2010
 * 描述  : 主程序源文件
*******************************************************************************
*******************************************************************************
 * 历史:
 * 01/18/2010          : V1.0          初始版本
*******************************************************************************/
/* Includes ------------------------------------------------------------------*/
#include <stdio.h>
#include "LPC11xx.h"
#include "gpio.h"
#include "ssp.h"
#if SSP_DEBUG
#include "uart.h"
#endif
/* Private typedef -----------------------------------------------------------*/
/* Private define ------------------------------------------------------------*/
#define SSP_NUM          0
/* Private macro -------------------------------------------------------------*/
/* Private variables ---------------------------------------------------------*/
uint8_t src_addr[SSP_BUFSIZE];
uint8_t dest_addr[SSP_BUFSIZE];
```

```
/* Private function prototypes ---------------------------------------------------*/
/* Private functions ---------------------------------------------------------*/
/**
  * @函数名:SSP_LoopbackTest
  * @描述:SSP Loopback 模式测试
  * @参数: port #
  * @返回值:无
  */
void SSP_LoopbackTest( uint8_t portNum )
{
  uint32_t i;

  if ( portNum == 0 )
  {
#if ! USE_CS
    /* 设置 SSEL 引脚输出低电平. */
    GPIOSetValue( PORT0,2,0 );
#endif
    i = 0;
    while ( i <= SSP_BUFSIZE )
    {
      /* 检测 RXIM、TXIM 中断,基于 FIFOSIZE(8)的大小一次发送一块数据 */
      SSP_Send( portNum,(uint8_t *)&src_addr[i],FIFOSIZE );
      /*  SSP 接收数据 */
      SSP_Receive( portNum,(uint8_t *)&dest_addr[i],FIFOSIZE );
      i += FIFOSIZE;
    }
#if ! USE_CS
    /* 设置 SSEL 引脚输出高电平. */
    GPIOSetValue( PORT0,2,1 );
#endif
  }
  else
  {
#if ! USE_CS
    /* 设置 SSEL 引脚输出低电平. */
    GPIOSetValue( PORT2,0,0 );
#endif
    i = 0;
```

```
    while ( i <= SSP_BUFSIZE )
    {
      /* 检测 RXIM、TXIM 中断,基于 FIFOSIZE(8)的大小一次发送一块数据 */
      SSP_Send( portNum,(uint8_t *)&src_addr[i],FIFOSIZE );
      /* SSP 接收数据 */
      SSP_Receive( portNum,(uint8_t *)&dest_addr[i],FIFOSIZE );
      i += FIFOSIZE;
    }
#if ! USE_CS
    /* 设置 SSEL 引脚输出高电平. */
    GPIOSetValue( PORT2,0,1 );
#endif
  }
  return;
}

/**
 * @函数名:main
 * @描述:主函数
 * @参数:无
 * @返回值:无
 */
int main (void)
{
  uint32_t i;
#if SSP_DEBUG
  int8_t temp[2];
#endif
  SystemInit();
#if SSP_DEBUG
  UARTInit(115200);
#endif
  printf("\n\r-- Basic SSP Project V1.0 --\n\r");
  printf("\n\r-- EM-LPC1100 --\n\r");
  printf("\n\r-- Synchronous Serial Communication test --\n\r");
  /* 初始化 SSP I/O 引脚(p2.0-3) */
  SSP_IOConfig( SSP_NUM );
  SSP_Init( SSP_NUM );
  for ( i = 0; i < SSP_BUFSIZE; i++ )
```

```
  {
    src_addr[i] = (uint8_t)i;
    dest_addr[i] = 0;
  }
#if TX_RX_ONLY
  /* 板间通信测试,一块板充当主发送,另一块充当从接收 */
#if SSP_SLAVE
  /* 从接收 */
  SSP_Receive( SSP_NUM,(uint8_t *)dest_addr,SSP_BUFSIZE );
  for ( i = 0; i < SSP_BUFSIZE; i++ )
  {
    if ( src_addr[i] != dest_addr[i] )
    {
      printf("\n\r SSP Receive failed! \n\r");
      /* 验证失败 */
      while ( 1 );
    }
  }
  printf("\n\r SSP Receive success! \n\r");
#else
  /* 主发送 */
  SSP_Send( SSP_NUM,(uint8_t *)src_addr,SSP_BUFSIZE);
#endif
#else
  /* TX_RX_ONLY=0,SSP 内部回环测试 */
#if LOOPBACK_MODE
  SSP_LoopbackTest( SSP_NUM );
  for ( i = 0; i < SSP_BUFSIZE; i++ )
  {
    if ( src_addr[i] != dest_addr[i] )
    {
#if SSP_DEBUG
      temp[0] = (dest_addr[i] & 0xF0) >> 4;
      if ( (temp[0] >= 0) && (temp[0] <= 9) )
      {
        temp[0] += 0x30;
      }
      else
      {
```

```
        temp[0] - = 0x0A;
        temp[0] + = 0x41;
      }
      temp[1] = dest_addr[i] & 0x0F;
      if ( (temp[1] >= 0) && (temp[1] <= 9) )
      {
        temp[1] + = 0x30;
      }
      else
      {
        temp[1] - = 0x0A;
        temp[1] + = 0x41;
      }
      UARTSend((uint8_t *)&temp[0],2);
      UARTSend("\n\r",2);
#endif
      /* 验证失败 */
      printf("\n\r SSP Loopback Test failed! \n\r");
      while( 1 );
    }
  }
#endif
#if SSP_DEBUG

  /* 测试成功 */
  printf("\n\r SSP Loopback Test success! \n\r");
#endif
#endif
  while (1);
}
/************** (C) COPYRIGHT 2010 UP Team,WHUT *************文件结束*******/
```

运行过程：

对于回环模式测试：

① 用串口线将开发板的 UART 接口 J5 与 PC 机的串口相连，注意开发板的 UART 接口 J5 的机械尺寸是非标准的，在开套件中带有相应的连接线；

② 打开 PC 机端的串口终端，比如 Windows 下的超级终端，选择相应的 COM 口，设置数据位为 8 位，停止位 1 位，无奇偶校验位，波特率 11 520；

③ 使用 USB 线连接 PC 机与 EM - LPC1110 开发套件；

④ 打开例程包中 0803_SPI 目录下的工程，根据测试模式不同，修改 ssp.h 中的宏定义，然后编译链接工程并下载到开发板中；

⑤ 按开发板的 Reset 按键，如果测试成功则可以看到在 PC 机的串口终端显示如下内容：

```
- - Basic SSP Project V1.0 - -
- - EM - LPC1100 - -
- - Synchronous Serial Communication test - -
 SSP Loopback Test success!
```

若测试失败，则显示如下内容：

```
- - Basic SSP Project V1.0 - -
- - EM - LPC1100 - -
- - Synchronous Serial Communication test - -
SSP Loopback Test failed!
```

对于主从模式测试：

① 按图 7-28 将两块开发板连接，为保证效果还可将两块开发板的 GND 相连；

② 用串口线将从机开发板的 UART 接口 J5 与 PC 机的串口相连，注意开发板的 UART 接口 J5 的机械尺寸是非标准的，在开套件中带有相应的连接线；

③ 打开 PC 机端的串口终端，比如 Windows 下的超级终端，选择相应的 COM 口，设置数据位为 8 位，停止位 1 位，无奇偶校验位，波特率 11 520；

④ 使用 2 根 USB 线分别连接 PC 机与两块 EM - LPC1110 开发套件；

⑤ 打开例程包中 0803_SPI 目录下的工程，根据测试模式不同，修改 ssp.h 中的宏定义，然后分别编译链接工程并下载到两块开发板中；

⑥ 先按从机开发板的 Reset 按键等待接收，再按主机开发板的 Reset 按键发送数据。如果测试成功则可以看到在 PC 机的串口终端显示如下内容：

```
- - Basic SSP Project V1.0 - -
- - EM - LPC1100 - -
- - Synchronous Serial Communication test - -
SSP Receive success!!
```

如果不成功则会显示：

```
- Basic SSP Project V1.0 - -
- - EM - LPC1100 - -
- - Synchronous Serial Communication test - -
SSP Receive failed!
```

第8章 综合应用

本章将介绍两个 LPC1114 处理器的综合应用实例。其中，第一个应用实例是 CoOS_Blinky，主要介绍如何实时操作系统 CoOS 移植到 LPC1100 上去，并实现多任务调度；第二个应用实例是 Energy Friendly Socket，这是一个无线传感器网络节点的实例，通过 LPC1114 处理器实现对每个插座的电量检测及智能控制，实现经济、合理的用电策略。

8.1 CoOS_Blinky

在过去的 8 位、16 位的 MCU 应用中，由于处理器资源的限制，一般不会使用 RTOS，而通常会使用轮询或中断方式来实现任务之间的调度。当应用比较复杂时，这种任务调度方式无论在编程上还是调试上都会比较复杂和困难。

由于 Cortex-M0 的处理器拥有 32 位处理器的高性能，可达到 0.9 DMIPS/MHz，同时又有着比 8 位、16 位处理器更好的代码密度，因此在 Cortex-M0 上使用 RTOS 完全可能，这将给应用程序设计带来更大的灵活性，同时软件设计也会变得更简单。LPC1110 系列处理器的性能达到 45 DMIPS，RAM 达到 8 KB，Flash 达到 32 KB，未来的系列还会有更高的性能和更大的存储空间。因此，本节将通过一个实例 CoOS_Blinky 来介绍如何将一款免费的 RTOS—CoOS 移植到 LPC1114 处理器上，以及如何在 CoOS 基础之上实现多任务调度。

8.1.1 CooCox CoOS 简介

CooCox CoOS 是专门针对于 ARM Cortex-M 系列设计和优化的一款可裁减的多任务实时内核，支持时间片轮询和优先级抢占两种不同的任务调度机制，支持软件定时器，并提供多种同步通信方式，如信号量、邮箱、队列、事件标志、互斥体等。它符合 CMSIS(Cortex Microcontroller Software Interface Standard)。

(1) CoOS 特征

- 免费、开源的实时操作系统；
- 针对 Cortex-M 系列处理器设计；
- 高度可裁减性，最小系统内核仅 974 字节；

- 自适应任务调度算法；
- 支持优先级和时间片轮转两种调度算法；
- 零中断调度时间；
- 能进行堆栈溢出检查；
- 支持信号量，互斥体，事件标志，邮箱和队列 5 种同步与通信方式；
- 符合 CMSIS 规范；
- 支持多种编译器：ICCARM，ARMCC，GCC。

(2) CoOS 的技术参数

CooCox CoOS 的时间技术参数如表 8-1 所列，空间技术参数如表 8-2 所列。

表 8-1 时间特性

功 能	时间（无时间片轮转/有时间片轮转）/μs
创建已定义的任务（无任务切换）	5.3 / 5.8
创建已定义的任务（有任务切换）	7.5 / 8.6
删除任务（退出任务）	4.8 / 5.2
任务切换（切换内容）	1.5 / 1.5
任务切换（在设置事件标志的情况下）	7.5 / 8.1
任务切换（在发送信号量的情况下）	6.3 / 7.0
任务切换（在发送邮件的情况下）	6.1 / 7.1
任务切换（在发送队列的情况下）	7.0 / 7.6
设置事件标志（无任务切换）	1.3 / 1.3
发送信号量（无任务切换）	1.6 / 1.6
发送邮件（无任务切换）	1.5 / 1.5
发送队列（无任务切换）	1.8 / 1.8
IRQ 中断服务程序的最大中断延迟时间	0 / 0

表 8-2 空间特性

描 述	空间/字节	描 述	空间/字节
内核占 RAM 空间	168	一个信号量占 RAM 空间	16
内核占代码空间	＜ 1K	一个队列占 RAM 空间	32
一个任务占 RAM 空间	TaskStackSize ＋ 24(MIN)	一个互斥体占 RAM 空间	8
	TaskStackSize ＋ 48(MAX)	一个用户定时器占 RAM 空间	24
一个邮箱占 RAM 空间	16		

注：该表中数据是基于以下条件：STM32F103RB 处理器、处理器主频 72 MHz、代码从内部 Flash 中运行、Flash 延时为 2 个等待状态、预取缓存允许。

(3) 支持的器件

➢ Atmel ATSAM3U 系列；

➢ Luminary LM3S 系列；

➢ Nuvoton NUC100、NUC120、NUC130、NUC140 系列；

➢ NXP LPC11xx、LPC13xx、LPC17xx 系列；

➢ ST STM32 系列；

➢ Toshiba TMPM330 系列。

(4) 源码下载

可以从如下网站下载 CooCox CoOS 的源代码：www. coocox. org。该源代码包是完全开放和免费的，目前的最新版本是 1.13，本节应用实例也使用此版本。源码下载之后，将其加入到工程中去即可。

(5) CoOS 的配置

对于 CoOS 源码，还应根据处理器及应用需求进行相关的配置，需要修改的内容非常简单，主要是修改 OsConfig. h 文件。以下是根据 LPC1114 处理器及本节应用实例所做的修改：

```
/* 配置处理器核的类型,cortex - m3(1),cortex - m0(2) */
#define CFG_CHIP_TYPE              (2)
/* 定义可以分配的最低优先级 */
#define CFG_LOWEST_PRIO            (64)
/* 最多能够运行的任务,根据实际应用选择,这里选择 5 以节省空间 */
#define CFG_MAX_USER_TASKS         (5)
/* 空闲任务堆栈大小(字) */
#define CFG_IDLE_STACK_SIZE        (25)
/* 系统时钟频率,50000000 表示 50MHz */
#define CFG_CPU_FREQ               (50000000)
/* 系统节拍频率(Hz),100 表示 10ms,100Hz 的系统节拍 */
#define CFG_SYSTICK_FREQ           (100)
/* ISR 中最大系统 API 调用数 */
#define CFG_MAX_SERVICE_REQUEST (3)
/*任务调度方式选择,1 为时间片轮转方式,0 为优先级抢占方式 */
#define CFG_ROBIN_EN               (1)
```

关于 CoOS 的详细介绍，可以参考《Coocox CoOS User's Guide》，该手册可以在 http://www. coocox. com/CoOS. htm 下载，在 http://www. coocox. com/CN/CoOS. htm 中也有相应的中文手册。

8.1.2 应用程序设计

设计任务：使用 CoOS 操作系统；建立 4 个任务，分别控制 4 个 LED 灯 D4～D7 轮流闪

烁，每个 LED 灯亮 100 ms 之后关闭，延时 300 ms 之后下一个 LED 开始亮；循环往复。

硬件设计：在开发板上，处理器的 PIO2_0 引脚已经与 LED 灯 D4 连接了，如图 5－41 所示。关于 GPIO 控制器，前面的 4.2 节做了详细介绍，这里不做复述了。

软件设计与实现：

(1) 建立工程

按 5.5 节所描述的方法建立工程，将 CoOS 源码添加到工程中，最好把 CoOS 作为一个单独的文件组，按 8.1.1 小节描述修改 OsConfig. h 文件。工程结构如图 8－1 所示。

(2) 编写应用代码

在基于 OS 的应用开发中，一个应用程序通常由若干个任务组成。在 CoOS 中，任务通常是一个内部无限循环的 C 函数，同样有返回值和参数，由于任务永远不会返回，所以任务的返回类型必须定义为 void。下面是一个典型的任务体：

```
void myTask (void * pdata)
{
  for(;;)
    {
    }
}
```

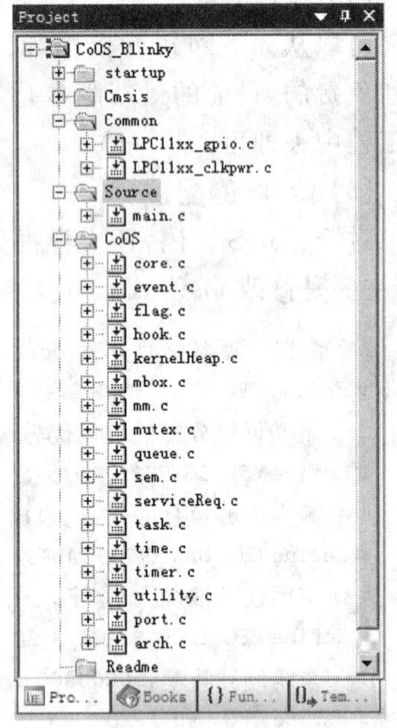

图 8－1　CoOS_Blinky 工程结构

与普通的 C 函数不同，任务退出是通过调用系统退出的 API 函数来实现的。若只是通过代码执行结束来表示任务退出，这样将会导致系统崩溃。在 CooCox CoOS 中，可以调用 ExitTask()和 DelTask(taskID)来删除一个任务。

ExitTask()删除当前正在运行的任务；DelTask(taskID)可以删除其他任务，若参数为当前任务 ID，则同 ExitTask()一样删除当前任务。具体用法可参考《Coocox CoOS User's Guide》。

1) 包含 CoOS 头文件

加入 CoOS 源代码并完成相关配置之后，使用 CoOS 只需要在 main. c 中添加如下语句：

```
#include <coos.h>
```

2) 编写任务代码

任务在创建的时候要为它指定堆栈空间，对于 CoOS，任务的堆栈指针是用户指定的，所以先要定义 4 个数组用于 4 个任务的堆栈：

```
/* define arrays used for the stack of the tasks        */
OS_STK stkTASK0[SIZE_TASK];
OS_STK stkTASK1[SIZE_TASK];
OS_STK stkTASK2[SIZE_TASK];
OS_STK stkTASK3[SIZE_TASK];
```

task0～task3 任务分别用于控制 LED 灯的 D4～D7 的闪烁。例如，task1 任务对应的 task1 函数如下：

```
/**
  * @函数名:task1
  * @描述:任务 task1,控制 PIO2_1,闪烁 LDE 灯 D5
  * @参数:无
  * @返回值:无
  */
void task1(void * param)
{
    for(;;) {
        CoTickDelay(20);     /* Delay 200ms */
        /* Turn On Led */
        GPIOSetValue(PORT2,1,0);
        CoTickDelay(20);     /* Delay 100ms */

        /* Turn Off Led */
        GPIOSetValue(PORT2,1,1);
        CoTickDelay(40);     /* Delay 100ms */
    }
}
```

3）优先级及任务调度方式

需要为每个任务设定优先级：

```
/* set the priority of the task */
#define PRIORITY_TASK0      1
#define PRIORITY_TASK1      2
#define PRIORITY_TASK2      3
#define PRIORITY_TASK3      4
```

其中，值越小优先级越高，因此首先会执行 task0，然后依次是 task1、task2、task3。

这里使用时间片轮转的任务调度方式，前面已在 OsConfig.h 中做了选择。若希望使用优先级抢占的任务调度方式，则需要根据应用选择信号量、互斥体、事件标志、邮箱和队列等同步方式之一，并在任务中做同步处理，详细内容可参考《Coocox CoOS User's Guide》。

4）创建任务，起始多任务

当所有的任务代码已经完成之后，接下来应该初始化 OS，创建任务，起始多任务调度。在使用 CoOS 之前，也就是调用任何 OS 的 API 之前，必须首先通过 CoOsInit()函数对 CoOS 进行初始化，之后就可以调用所有 CoOS 的 API 了。

创建任务使用函数 CoCreateTask，比如创建任务 task0：

```
CoCreateTask( task0,(void *)0,PRIORITY_TASK0,
              &stkTASK0[SIZE_TASK - 1],SIZE_TASK );
```

最后，系统通过 CoOsStart()函数进行第一次调度，系统正式启动。CoOsStart()之后的代码不会执行，因为 OS 在第一次调度之后不会返回。

到此，就完成了一个简单的基于 CoOS 的多任务调度应用——CoOS_Blinky 的设计。

除了启动代码、CMSIS 文件、CoOS 源码之外，整个工程还包含 3 个主要的源文件：gpio.c、clkconfig.c、main.c。其中，gpio.c、clkconfig.c 为 NXP 提供的 CMSIS 设备驱动库，读者可以阅读相关手册及源代码，这里不做冗述。main.c 参考程序如下：

```
/********************* (C) COPYRIGHT 2010 UP Team,WHUT *********************
* 文件名：main.c
* 作者  ：UP Team,Wuhan University of Technology
* 日期  ：08/08/2010
* 描述  ：主程序源文件.
****************************************************************************
****************************************************************************
* 历史：
* 08/08/2010          ：V1.0              初始版本
****************************************************************************/
/* Includes ------------------------------------------------------------*/
#include "LPC11xx.h"
#include "clkconfig.h"
#include "gpio.h"
#include "coos.h"
/* Private typedef ------------------------------------------------------*/
/* Private define -------------------------------------------------------*/
/* the size of task stack */
#define SIZE_TASK          100
/* set the priority of the task */
#define PRIORITY_TASK0      1
```

```
#define PRIORITY_TASK1      2
#define PRIORITY_TASK2      3
#define PRIORITY_TASK3      4
/* Private macro ----------------------------------------------------------*/
/* Private variables ------------------------------------------------------*/
/* Private function prototypes --------------------------------------------*/
/* Private functions ------------------------------------------------------*/
/* define arrays used for the stack of the tasks      */
OS_STK stkTASK0[SIZE_TASK];
OS_STK stkTASK1[SIZE_TASK];
OS_STK stkTASK2[SIZE_TASK];
OS_STK stkTASK3[SIZE_TASK];
 /**
  * @函数名:task0
  * @描述:任务 task0,控制 PIO2_0,闪烁 LDE 灯 D4
  * @参数: 无
  * @返回值:无
  */
void task0(void *param)
{
    for(;;) {
        /* Turn On Led */
       GPIOSetValue(PORT2,0,0);
        CoTickDelay(20);      /* Delay 100ms */

        /* Turn Off Led */
        GPIOSetValue(PORT2,0,1);
        CoTickDelay(60);      /* Delay 300ms */
    }
}

 /**
  * @函数名:task1
  * @描述:任务 task1,控制 PIO2_1,闪烁 LDE 灯 D5
  * @参数: 无
  * @返回值:无
  */
```

```
void task1(void * param)
{
    for(;;) {
        CoTickDelay(20);      /* Delay 200ms */
        /* Turn On Led */
        GPIOSetValue(PORT2,1,0);
        CoTickDelay(20);      /* Delay 100ms */

        /* Turn Off Led */
        GPIOSetValue(PORT2,1,1);
        CoTickDelay(40);      /* Delay 100ms */
    }
}
/**
 * @函数名:task2
 * @描述:任务 task2,控制 PIO2_2,闪烁 LDE 灯 D5
 * @参数:无
 * @返回值:无
 */
void task2(void * param)
{
    for(;;) {
        CoTickDelay(40);      /* Delay 200ms */
        /* Turn On Led */
        GPIOSetValue(PORT2,2,0);
        CoTickDelay(20);      /* Delay 100ms */

        /* Turn Off Led */
        GPIOSetValue(PORT2,2,1);
        CoTickDelay(20);      /* Delay 100ms */
    }
}
/**
 * @函数名:task3
 * @描述:任务 task3,控制 PIO2_3,闪烁 LDE 灯 D7
 * @参数: 无
 * @返回值:无
```

```
  */
void task3(void *param)
{
    for(;;) {
         CoTickDelay(60) ;    /* Delay 300ms */
        /* Turn On Led */
         GPIOSetValue(PORT2,3,0);

        CoTickDelay(20);    /* Delay 100ms */

        /* Turn Off Led */
        GPIOSetValue(PORT2,3,1);
        CoTickDelay(0);    /* Delay 0ms */
    }
}
 /**
  * @函数名:main
  * @描述:主函数
  * @参数: 无
  * @返回值:无
  */
int main(void)
{
    /* Set PIO2_0 as output. */
    GPIOSetDir(PORT2,0,1);
    /* Set PIO2_1 as output. */
    GPIOSetDir(PORT2,1,1);
    /* Set PIO2_2 as output. */
    GPIOSetDir(PORT2,2,1);
     /* Set PIO2_3 as output. */
    GPIOSetDir(PORT2,3,1);
    CoInitOS();    /* 初始化 CoOS */
    CLKOUT_Setup( CLKOUTCLK_SRC_MAIN_CLK );
    /* Create  Task 0 */
    CoCreateTask( task0,(void *)0,PRIORITY_TASK0,&stkTASK0[SIZE_TASK-1],SIZE_TASK );
    /* Create  Task 1 */
    CoCreateTask( task1,(void *)0,PRIORITY_TASK1,&stkTASK1[SIZE_TASK-1],SIZE_TASK );
```

```
    /* Create  Task 2 */
    CoCreateTask( task2,(void *)0,PRIORITY_TASK2,&stkTASK2[SIZE_TASK - 1],SIZE_TASK );
    /* Create  Task 3 */
    CoCreateTask( task3,(void *)0,PRIORITY_TASK3,&stkTASK3[SIZE_TASK - 1],SIZE_TASK );
    CoStartOS();          /* 启用 CoOS */
    while(1);
}
/********* (C) COPYRIGHT 2010 UP Team,WHUT ***********文件结束**********/
```

运行过程：

① 使用 USB 线连接 PC 机与 EM-LPC1100 开发套件；

② 打开例程包中 0901_CoOS_Blinky 目录下的工程，编译链接工程并下载到开发板中；

③ 按开发板的 Reset 按键，可以看到 LPC1100 开发板上 4 个 LED 灯 D4～D7 轮流闪烁。

8.2 节能插座设计与实现

Cortex-M0 处理器尺寸小、功耗低、性能强，因此非常适合作为无线传感器网络节点的处理器。本节将介绍一个用 LPC1114 处理器来实现智能电量控制网络节点的设计原型方案。

8.2.1 智能电量控制网络

智能电量控制网络的基本结构如图 8-2 所示，由若干个节能插座（EFS，Energy Friendly Socket）、一个电量监视器（E-Monitor）和一个电量分析器（E-Analyzer）组成。

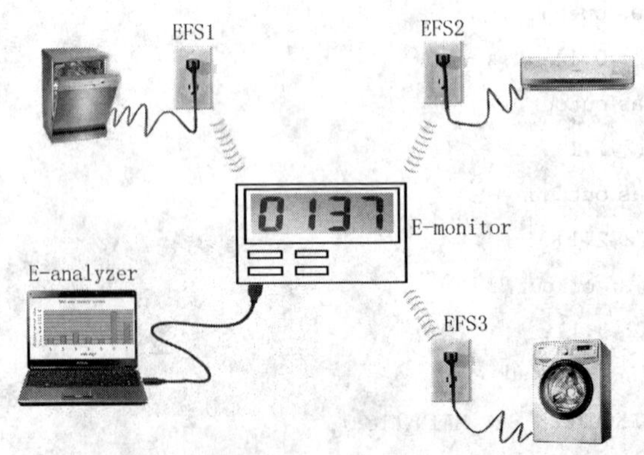

图 8-2 智能电量控制系统

EFS 是智能电量控制网络的基本节点，基本结构如图 8-3 所示，其功能是：

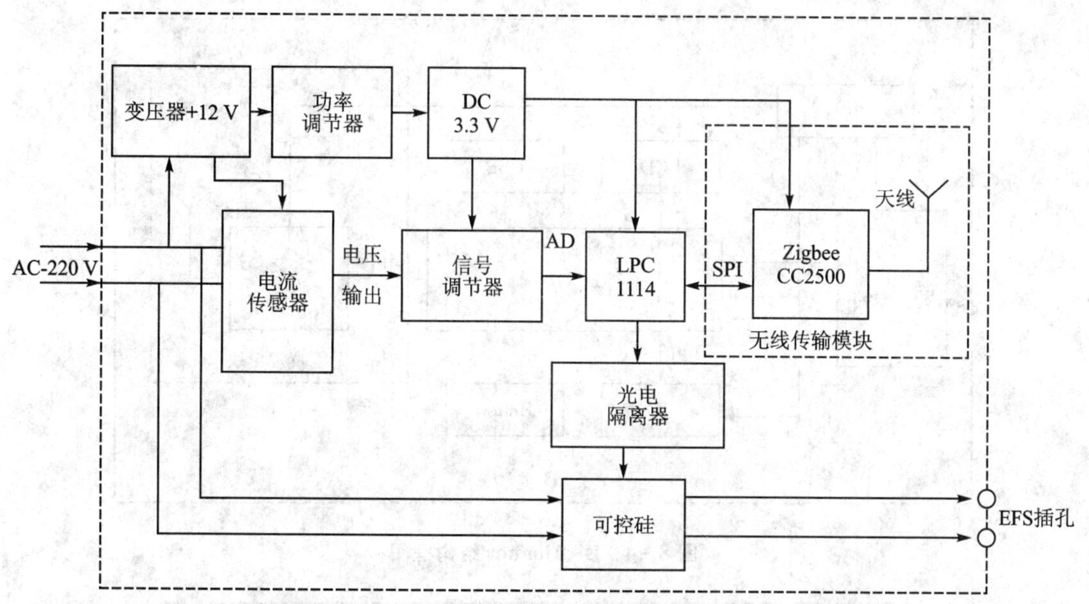

图 8-3 EFS 结构框图

- ➢ 实时采集每个插座上的功耗，通过 Zigbee 将功耗值传送给 E-Monitor(当功耗无变化时定期发送；当功耗有变化时立即发送)；
- ➢ 接收 E-Monitor 通过 Zigbee 发送来的指令开启或关闭插座。

E-Monitor 是智能电量控制网络的基本节点，基本结构如图 8-4 所示，其功能是：

- ➢ 接收每个 EFS 通过 Zigbee 发送过来的电量值，并以文件的方式记录在 SD 卡中；
- ➢ 根据 E-analyzer 制定的用电策略文件，通过 Zigbee 按时向各 EFS 发出开启或者关闭插座的命令；
- ➢ 通过操作 E-Monitor 上的按钮，LCD 可显示：当前时间、当某个 EFS 的当前功耗；
- ➢ 可通过 USB 线与 PC 机相连，将 E-Monitor 识别为 U 盘；E-analyzer 可读取 U 盘中的电量文件，也可将用电策略文件写入 U 盘中；
- ➢ 如果需要也可以扩展 Web 服务器，通过 WIFI 接入 Internet，用户可以通过网络浏览器操作 E-Monitor。

E-Analyzer 是基于 PC 的电量分析软件，界面如图 8-5 所示，其功能是：

- ➢ 可通过 USB 线将 E-Monitor 识别为 U 盘；
- ➢ 可读取 U 盘中的电量文件，并可做计算、统计及图形分析；
- ➢ 可设置每个插座的用电策略，并可将用电策略文件写入 U 盘中。

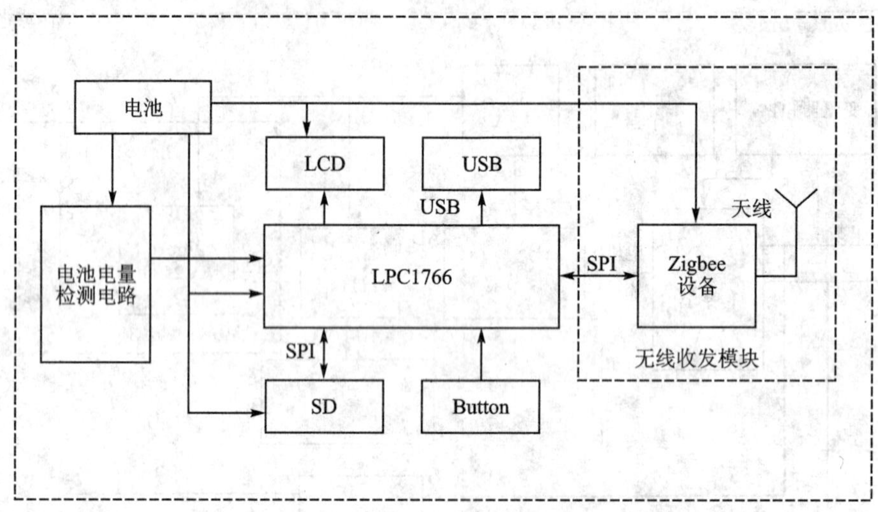

图 8-4　E-Monitor 结构框图

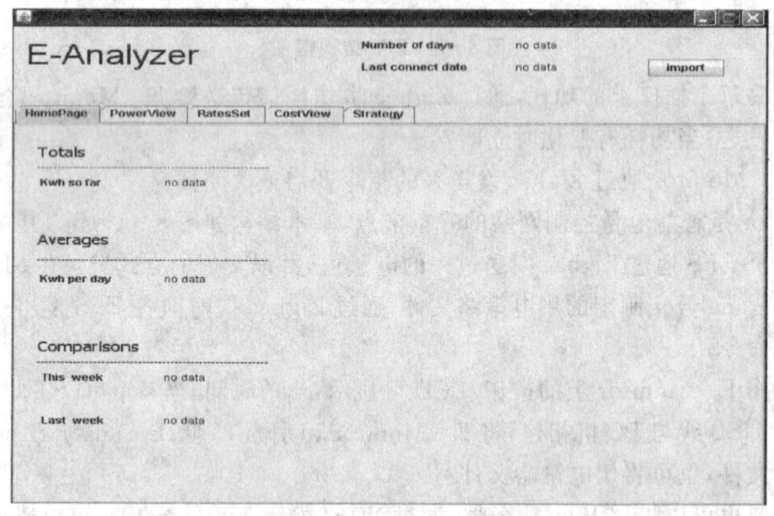

图 8-5　E-Analyzer 界面

限于篇幅，本节只介绍 EFS 的原型的设计与实现，有兴趣的读者可以访问 http://lpc1100challenge.com/detail/407，以获得所有相关资料。

8.2.2　EFS 各主要模块的设计

EFS 的结构如图 8-3 所示，下面将分别介绍其中一些主要硬件模块及驱动设计。

1. 电流传感器

EFS 中所使用的交流电流传感器为 WBI412D41(Φ4 穿心),用于检测 EFS 上所带电气设备的负载电流,以获得实时功耗值。电流传感器采用互感方式测量电流,火线从传感器中穿过,其主要指标是:

- 测量范围:0.5~8 A AC;
- 输出规格:5 V DC;
- 精度等级:0.2 级;
- 响应时间:300 ms;
- 负载能力:5 mA;
- 静态功耗:30 mW;
- 供电电源:12~24V。

注意,WBI412D41 电流传感器在参数上并非完全适合 EFS。例如,需要使用+12 V或+24 V电源,因此需要额外的变压器和稳压源;另外,其输出规格为 5 V DC,而 LPC1114 的 ADC 测量范围是 0~+3.3 V。由于这里仅是原型设计,部分器件选型上有些缺陷,有兴趣的读者可以重新选型设计。

WBI412D41 的其他指标:线性范围:0~120%标称输入;输入频响:25 Hz~5 kHz,特别适合工频至中频;过载能力:30 倍标称输入值,持续 5 s;隔离耐压:>2.5 kV DC,1 min;温度漂移:150 ppm/℃;平均无故障工作时间>5 万小时;环境条件:0~+50℃。

WBI412D41 的输出与 LPC1114 处理器的 AD5 连接,通过 ADC 转换来获取当前电流值的大小。

该部分软件设计比较简单,只需要用定时通过 ADC 通道数据,并做适当滤波即可。

2. 可控硅控制部分

这一部分用于开启和关闭电源,以便实现对 EFS 上所带电器设备的开关控制,其电路如图 8-6 所示。LPC1114 的 PIO2_9 引脚通过光电隔离器与可控硅连接。

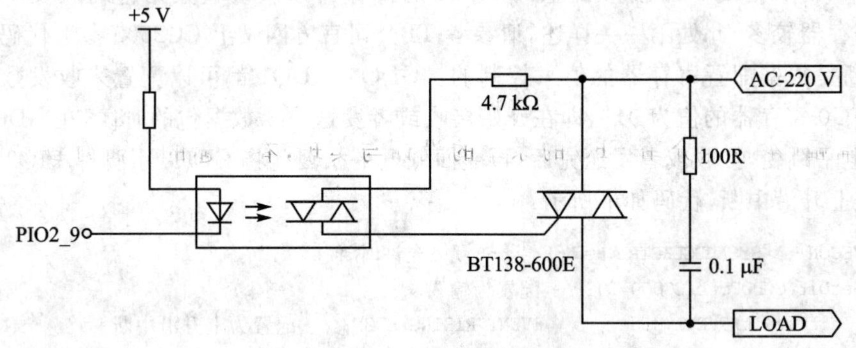

图 8-6 可控硅控制部分

其中的可控硅选择 NXP 的双向可控硅 BT138-600E，详细参数可参考其数据手册，此处不做冗述。

该部分的软件设计比较简单，通过 PIO2_9 的输出即可打开或者关断双向可控硅 BT138-600E。

3. Zigbee 无线收发模块

由于 LPC1100 系列中暂时没有带 Zigbee 模块的处理器，因此 EFS 的 Zigbee 无线收发模块使用 TI 公司的 CC2500 芯片，使用 SimpliciTI 协议来组建网络。如果未来有带 Zigbee 模块的 LPC1100 处理器，这一部分的硬件和软件设计都可大大简化。

LPC1114 与 CC2500 采用 SPI 总线连接，如图 8-7 所示。

在使用 CC2500 的时候，首先需要配置 LPC1114 的 SPI 各个引脚，另外需要将与 GDO0、GDO2 相连接的 PIO2_5、PIO2_4 引脚配置为 LPC1114 的中断，用来控制收发网络数据包。在按照 CC2500 的初始化时序初始化 CC2500 芯片之后，就可交给上层的组网函数去调用了。CC2500 的初始化步骤如下所列：

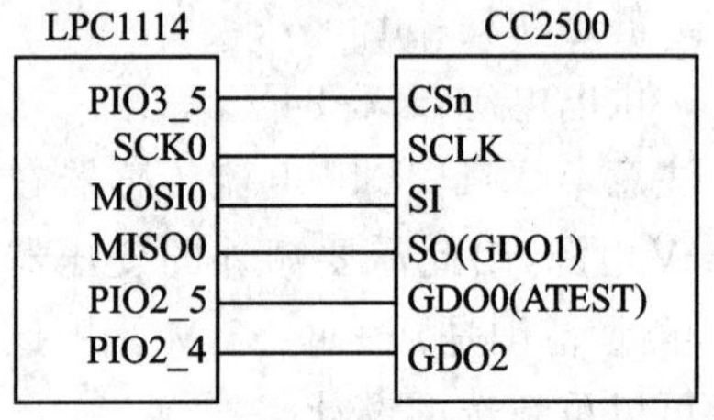

图 8-7 CC2500 与 LPC1114 的连接

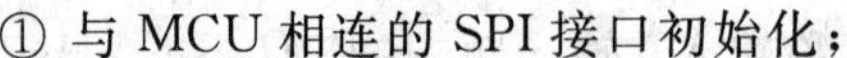

① 与 MCU 相连的 SPI 接口初始化；

② SCLK=1，SI=0；

③ CSn = 0；

④ CSn = 1，延时 40 μs；

⑤ CSn = 0；

⑥ 等待 SO 引脚变低；

⑦ 在 SI 引脚上发命令 SRES；

⑧ 等待 SO 引脚再次变低。

此时如果能正常地读/写相应寄存器，则表示 CC2500 初始化成功。

CC2500 初始化成功后，需要配置 CC2500 的寄存器以及设置数据包的收发中断。由于 CC2500 寄存器较多，此处不一一详述，请参考 TI 公司官方网站上 CC2500 参考代码。数据包的收发中断是根据配置寄存器的值来控制的。GDO0、GDO1 都可以配置来收发数据。这里配置 IOCFG0 寄存器的值为 0x6，即在开始接收或者发送一个数据包的时候，在 GDO0 引脚产生一个高电平跳变，接收或者发送完后，再变回低电平。因此将 GDO0 引脚即 PIO2_5 配置为输入引脚，上升沿中断，代码如下所示：

```
LPC_SYSCON->SYSAHBCLKCTRL |= (1<<6);/*允许时钟*/
GPIO_SetDir(CGDOPort,CGDO0,0); /*配置为输入*/
Event_InitStruct.EVENT_Mode    =   EVENT_RISING_EDGE; /*配置为上升沿中断*/
Event_InitStruct.pins               =   CGDO0;
```

```
Event_InitStruct.port          =  CGDOPort;
Event_InitStruct.INTCmd        =  ENABLE;
GPIO_EventInit(&Event_InitStruct);
GPIO_PortIntCmd(CGDOPort,ENABLE); /* 在 NVIC 中允许改中断 */
```

此时,如果发送或者接收到数据,就可以产生中断。如果是接收的话,在中断处理函数PIOINT2_IRQHandler中就必须调用一个接收函数来接收数据。

除了以上初始化SPI、CC2500,以及配置相关的寄存器、设置中断外,还有一些涉及到底层通信的地方也需要修改,比如如下函数:

```
/* 寄存器访问函数 */
static uint8_t spiRegAccess(uint8_t addrByte,uint8_t writeValue);
/* 向 CC2500 写一个命令 */
uint8_t mrfiSpiCmdStrobe(uint8_t addr);
/* 以连续模式访问寄存器 */
void spiBurstFifoAccess(uint8_t addrByte,uint8_t * pData,uint8_t len);
```

将底层与硬件相关的函数都修改好后,就可以使用上层的组网函数了。CC2500组网API函数主要包括如下几个函数:

```
/* 网络初始化 */
smplStatus_t SMPL_Init(uint8_t (*f)(linkID_t));
/* 发送链接帧 */
smplStatus_t SMPL_Link(linkID_t * lid);
/* 监听链接帧 */
smplStatus_t SMPL_LinkListen(linkID_t * linkID);
/* 接收消息 */
smplStatus_t SMPL_Receive(linkID_t lid,uint8_t * msg,uint8_t * len);
/* 发送消息 */
smplStatus_t SMPL_Send(linkID_t lid,uint8_t * msg,uint8_t len);
```

进行组网时需要先调用SMPL_Init初始化,然后根据节点的功能来调用SMPL_Link或者SMPL_LinkListen函数组成一个无线网络,最后调用SMPL_Receive以及SMPL_Send函数就可以收发数据了。

8.2.3 EFS的设计与实现

EFS的硬件设计原理图可从http://lpc1100challenge.com/detail/407获取。EFS软件所包含主要模块的基本功能是:

(1) 电量数据采集模块

该模块主要通过电流传感器和ADC完成。220 V交流电的火线从电流传感器孔心穿过

时，传感器的输出引脚将以直流电压的方式输出火线上负载的电流值，其中，1 V 对应负载的电流为 1 A。使用 ADC5 引脚与传感器的输出引脚相连，所以在软件设计中使用 ADC5 即可检测出这个值。由于 ADC 检测值有波动，故此时采用 40 次采样取平均值法得到一个较稳定的电压值，然后换算得到电流值及功率值。

(2) 可控硅控制模块

可控硅主要用来通过 PIO2_9 引脚的高低电平来控制 EFS 的通断。因此，可以将 PIO2_9 引脚初始化为输出，类似一个 LED 处理。当给这个引脚低电平时，光敏感器件导通，从而使得 BT138-600E 的过零检测电路检测到相应的门限电压而导通。

(3) Zigbee 通信模块

Zigbee 通信模块主要通过 SPI 接口与 LPC1114 通信。另外，Zigbee 通信模块主要通过 SPI 接口与 LPC1114 通信。本软件使用 LPC_SSP0 作为 SPI 接口。收发控制引脚配置成通用 I/O，输出即可。

限于篇幅，这里没有给出所有的源代码，有兴趣的读者可从北航出版社网站下载。需要注意，从 http://lpc1100challenge.com/detail/407 网站可下载整个智能电量控制网络的源代码，它是在 Coocox Tools 下实现的，移植到 MDK 下需要做少量的修改。在本书例程包中提供移植到 MDK 下 EFS 的源代码。下面分别介绍其主要源文件中一些函数重要的变量及函数(NXP 提供的 CMSIS Device Lib 中的文件就不要介绍了，比如 gpio.c)：

1) main.c

main 函数用于采集电量值并通过 CC2500 向 E-Monitor 发出；同时通过 CC2500 接收来至 E-Monitor 的命令开启或关断插座。

2) cc2500_cfg.c

主要是 CC2500 相关：

- NWK_DELAY 函数：延时函数。
- RFReceivePacket 函数：用于从 CC2500 接收数据。
- RFSendPacket 函数：通过 CC2500 发送数据。
- SendCurInfo 函数：用于发送电流信息值。
- writeRFSettings 函数：用于配置 CC2500 的内部寄存器。

3) mrfi_radio.c

- MRFI_Init 函数：用于初始化 CC2500，包括初始化 SPI、CC2500 芯片以及 CC2500 各个寄存器的配置。
- MRFI_Transmit 函数：传输一个包的数据。
- MRFI_Receive 函数：接收一个包的数据。
- Mrfi_SyncPinRxIsr 函数：配置中断收发。
- MRFI_Sleep 函数：进入睡眠。

- MRFI_WakeUp 函数:唤醒函数。

4) Appinit.c

SPI_GPIO_Configuration 函数:初始化 LPC1114 的 SPI。

5) mrfi_spi.c

主要是用来访问 CC2500 的寄存器。

- mrfiSpiCmdStrobe 函数:向 CC2500 发送一个命令。
- mrfiSpiReadReg 函数:读 CC2500 寄存器。
- mrfiSpiWriteReg 函数:写 CC2500 寄存器。
- static uint8_t spiRegAccess 函数:访问 CC2500 寄存器。
- mrfiSpiWriteTxFifo 函数:写 FIFO 寄存器。
- mrfiSpiReadRxFifo 函数:读 FIFO 寄存器。
- piBurstFifoAccess 函数:访问 FIFO 寄存器。

参 考 文 献

[1] ARM Limited. Cortex - M0 Technical Reference Manual, 2009.
[2] ARM Limited. Cortex - M0 Generic User Guide, 2009.
[3] ARM Limited. CoreSight Components Technical Reference Manual, 2004.
[4] ARM Limited. CoreSight Technology System Design Guide,2004.
[5] NXP Semiconductors. LPC1111/12/13/14 Preliminary data sheet, 2009.
[6] NXP Semiconductors. LPC111x User manual. 2010.
[7] ARM Limited. Cortex Microcontroller Software Interface Standard V1. 30, 2009.
[8] ARM Limited. RealView Compilation Tools,Version 4. 0 for μVision Assembler Guide, 2008.
[9] ARM Limited. RealView Compilation Tools,Version 4. 0 for μVision Compiler and Libraries Guide, 2008.
[10] ARM Limited. RealView Compilation Tools,Version 4. 0 for μVision Linker and Utilities Guide,2008.
[11] 李宁. ARM 开发工具 RealView MDK 使用入门. 北京:北京航天航空大学出版社,ISBN:978 - 7 - 81124 - 220 - 1,2008.
[12] 深圳市英蓓特信息技术有限公司. EM - LPC1100LK 开发板用户手册, 2010.
[13] CooCox CoOS User's Guide,www. coocox. org, 2009.
[14] Texas Instruments, CC2500: Low - Cost Low - Power 2. 4 GHz RF Transceiver (SWRS040C), 2010.
[15] Philips Semiconductors, BT138 Series E: Triacs sensitive gate, 1997.

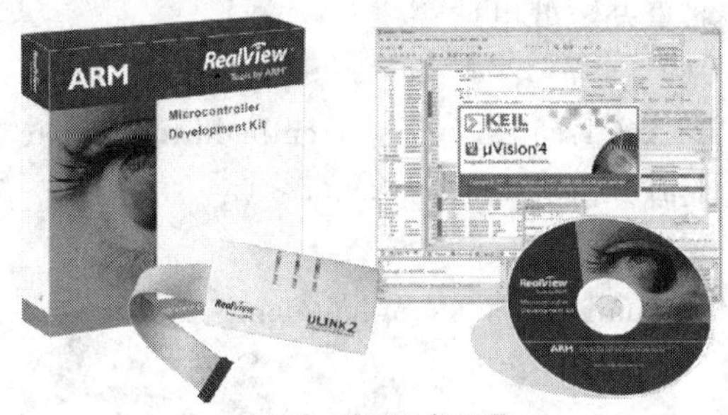

MDK-ARM开发工具

MDK - ARM 开发工具源自德国 Keil 公司，被全球超过 10 万的嵌入式开发工程师验证和使用，是 ARM 公司目前最新推出的针对各种嵌入式处理器的软件开发工具。MDK - ARM 集成了业内最领先的技术，包括 μVision4 集成开发环境与 RealView 编译器。支持 ARM7、ARM9 和最新的 Cortex - M3/M1/M0/M4/R4 内核处理器，自动配置启动代码，集成 Flash 烧写模块，强大的 Simulation 设备模拟、性能分析、逻辑分析和 Trace 等功能。

MDK 免费评估版下载地址：http://www.embedinfo.com/mdk

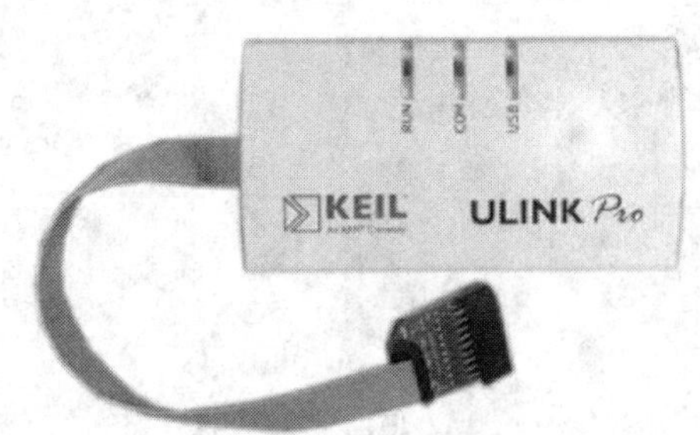
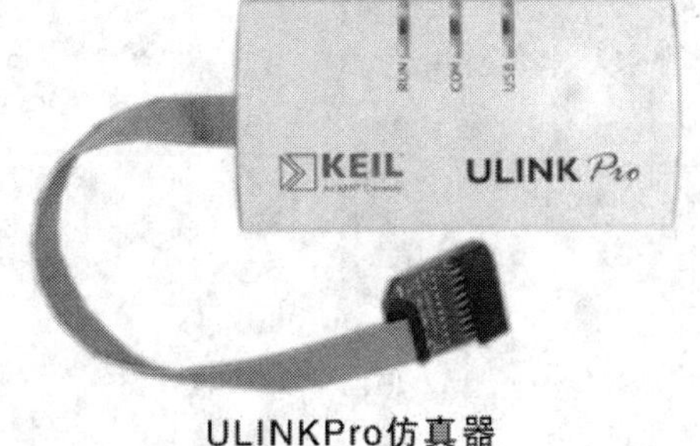

ULINKPro仿真器

Keil ULINKPro 是 ARM 公司推出的新一代高速仿真器，配合 MDK - ARM 一起使用，针对 Cortex - Mx 内核提供持续在线运行调试功能。让您能够控制处理器、设置断点和读/写内存内容，全速运行所有外部处理器。

- JTAG 接口支持 ARM7，ARM9，Cortex - Mx
- 高速 USB2.0(480Mbits/s)即插即用
- JTAG 时钟速度达到 50MHz
- 支持运行 Cortex - Mx 设备的工作频率达到 200MHz
- 高速 Flash 下载器，速度达到 600KB/s

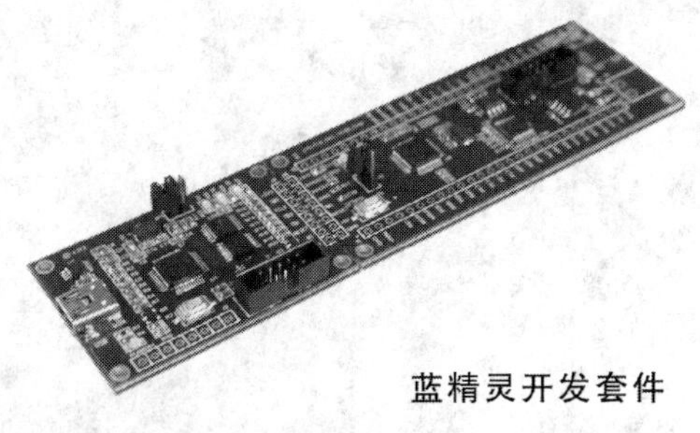
蓝精灵开发套件

蓝精灵系列开发套件是英蓓特公司新推出的一套支持 NXP LPC1000 系列处理器(Cortex - M0/M3 内核)的全功能评估板。支持 LPC1343、LPC1114、LPC11C14、LPC1229 处理器。该评估板含有 UART 接口，支持 RS485 模式。此外还包含 8 通道 10 位 ADC，两个 16 位定时器和两个 32 位定时器，包含 SSP、I2C 等丰富的接口，同时集成电源管理单元 PMU。支持 IO 口扩展，兼容 LPCXpresso 底板，外型尺寸极其小巧轻便。板上自带的调试器可以支持 MDK、IAR 等环境。

蓝精灵开发套件例程下载：http://www.embedinfo.com/down-class.asp

深圳市英蓓特信息技术有限公司深圳总部
网址:http://www.embedinfo.com
电话:0755－25504951 25638952 25532557
传真:0755－25616057
E-mail:sales.cn@embedinfo.com
地址:深圳市罗湖区太宁路85号罗湖科技大厦509室

北京办事处电话:
010－59713204－805
E-mail:sales_beijing@embedinfo.com
上海办事处电话:
021－66581106
E-mail:sales_shanghai@embedinfo.com